普通高等教育"十三五"规划教材
电子信息科学与工程类专业规划教材

单片机原理与应用
（C51 语言版）

欧伟明　刘　剑　何　静　凌　云　等编著

U0226285

电子工业出版社
Publishing House of Electronics Industry
北京 · BEIJING

内 容 简 介

本书以 89S51 为典型机，论述单片机的基本结构与工作原理，以及单片机应用系统的设计与开发方法。全书内容分为 13 章，包括概述、单片机的结构和工作原理、指令系统、单片机 C51 语言程序设计基础、中断系统、定时器/计数器、单片机的串行口 UART、单片机常用并行接口技术、串行总线接口技术、单片机应用系统开发环境、基于嵌入式实时操作系统的单片机程序设计方法、基于 RTX51 的乐曲编辑器和发生器设计、数控电流源设计。书后附录给出了 18 个单片机课程设计题，以及单片机 89S51 的指令系统。本书从工程应用出发，突出单片机应用技术的新颖性和实用性；此外，本书为任课教师免费提供电子课件。

本书可作为高等学校单片机原理与应用、微机原理与接口技术课程的教材，也可供从事单片机应用系统开发的工程技术人员参考，还可作为各类电子设计竞赛的培训教材，以及单片机课程设计的参考书和电类专业学生毕业设计的参考书。

图书在版编目（CIP）数据

单片机原理与应用：C51 语言版/欧伟明等编著．—北京：电子工业出版社，2019.4

ISBN 978-7-121-36125-8

Ⅰ．①单…　Ⅱ．①欧…　Ⅲ．①单片微型计算机－C 语言－程序设计－高等学校－教材

Ⅳ．①TP368.1 ②TP312.8

中国版本图书馆 CIP 数据核字（2019）第 043864 号

策划编辑：谭海平

责任编辑：谭海平　　特约编辑：王　崧

印　　刷：北京虎彩文化传播有限公司

装　　订：北京虎彩文化传播有限公司

出版发行：电子工业出版社

　　　　　北京市海淀区万寿路 173 信箱　　　邮编：100036

开　　本：787×1 092　1/16　印张：21.75　　字数：556.8 千字

版　　次：2019 年 4 月第 1 版

印　　次：2024 年 7 月第 9 次印刷

定　　价：55.00 元

前　言

自 1971 年微型计算机问世以来，由于实际应用的需要，微型计算机向着两个方向发展：一是向着高速度、大容量、高性能的高档微机方向发展；二是向着稳定可靠、体积小、功耗低、价格低廉的单片机方向发展。单片机是微型计算机的一个重要分支，它的出现是计算机技术发展史上的一个重要里程碑，它使计算机从海量存储与高速复杂数值计算进入智能化控制领域。从此，计算机技术的两个重要领域——通用计算机领域和嵌入式计算机领域都取得了极其重大的进展。

单片机诞生于 20 世纪 70 年代。自美国 Intel 公司于 1976 年宣布并于 1977 年推出 MCS-48 单片机以来，单片机技术已经走过了 40 余年的历程。我国自 20 世纪 70 年代末 80 年代初就开始进行单片机的应用与开发工作。1987 年 10 月 27 日，我国在上海成立中国微计算机单片机学会，中国的单片机开发与应用经历了 30 余年。几十年来，单片机不是以其位数的高低来决定优劣的，而是以如何适合千变万化的应用产品的需求、高性价比的配置来决定优劣的。因此，高性价比、多功能、低功耗的 8 位单片机一直是单片机的主角。

本书仍然保持前一版的写作风格，在内容上对原书进行了仔细的修订。前一版主要以汇编语言作为单片机编程语言，这一版主要采用 C51 语言进行单片机程序设计。在编著本书时，我们主要考虑了以下几点。

（1）关于单片机的选型

目前，国内外公认的单片机标准体系结构是美国 Intel 公司的 MCS-51 系列，其中的 8051 单片机由 Intel 公司以技术转卖的方式，被许多半导体生产厂家作为基核，发展了许多兼容系列，所有这些系列统称为 80C51 系列。因此，人们在设计单片机应用系统时，可以根据应用系统的要求，广泛选择最佳型号的单片机。然而，美国 Atmel 公司的单片机 AT89S51 是 80C51 系列的典型代表，所以本书以 89S51 芯片为主线介绍单片机的原理与应用。

（2）全书的整体架构

全书分为两大部分。第一部分，即本书的第 1 章～第 8 章，主要介绍单片机结构原理及基本应用，它既是继续学习单片机应用技术的基础，又是单片机原理与应用课程的经典内容。

第二部分，即本书的第 9 章～第 13 章，主要介绍当前的单片机应用新技术，以及单片机应用系统设计开发方法和工程设计实例。显然，第二部分是单片机原理与应用课程经典内容的扩展，主要目的是给读者提供继续学习和掌握单片机应用系统开发技术的精选内容，让读者了解当前单片机应用的新技术、开发小工具、开发环境、开发过程，从而达到初步掌握单片机应用系统设计与开发技术的目的。

（3）精心安排"经典内容"，认真撰写第 1 章～第 8 章

从工程应用的角度出发，通过精心安排本书第 1 章～第 8 章的内容，达到既讲透单片机的结构原理，又精简"经典内容"体系结构的目的。比如，单片机的工作方式有多种，但从工程应用的角度来看，主要用到的是复位工作方式、低功耗工作方式和编程工作方式。因此，本书在介绍复位电路的基础上，重点介绍复位工作方式、低功耗工作方式和 AT89S51

的 ISP 编程工作方式，而对其他工作方式只是略为提一下。又如，定时器/计数器有 4 种工作方式，其他教材一般按照顺序介绍工作方式 0～工作方式 3，但在实际的工程应用中，工作方式 0 很少采用而工作方式 1 应用最多，所以本书按照工作方式 1、工作方式 2、工作方式 3、工作方式 0 的顺序进行介绍，以便使教材的内容贴近实际需要。再如，单片机的存储器有程序存储器和数据存储器，而实际上特殊功能寄存器也属于单片机的存储器，因此本书将这三方面的内容放在一个小节内介绍，这种安排是有别于其他教材的。为保证本书中所用的实例程序的正确性，所选用的实例程序都通过了实际验证。

（4）详细介绍串行总线接口技术

随着计算机技术和半导体技术的发展，MCU 芯片的内部资源越来越丰富，总线型单片机的非总线应用模式使用得越来越广泛；在 MCU 的外部，很少采用并行三总线（数据总线、地址总线、控制总线）的结构，而常常采用具有串行总线接口的外围芯片。因此，本书用一章的篇幅来详细介绍串行总线接口技术，包括 RS-232C、RS-485、SPI、I^2C、1-Wire、CAN、USB 等。

（5）介绍 C51 语言程序设计方法

目前，在单片机程序设计部分，讲授内容大多限于"汇编语言"，而在实际应用中，单片机程序设计在多年前就已进入"高级语言"阶段，各种单片机高级语言开发工具的相继出现，使得高级语言程序设计在可读性、可靠性和编程效率上都远超过汇编语言，德国 Keil Software 公司的 Keil C51 编译器就是典型代表。Keil C51 编译器是一种专为 MCS-51 系列单片机应用开发而设计的高效率 C 语言编译器，该编译器包括 C51 交叉编译器、A51 宏汇编器、BL51 连接定位器和基于 Windows 的集成化文件管理编译环境、多视窗软件仿真调试器等一系列开发工具，具有高效、可靠、使用方便等优点，其应用如今已十分普及。面向 MCS-51 系列单片机的 C 语言称为 C51 语言，它已经成为单片机的主流程序设计语言。

本书采用 C51 语言作为单片机程序设计语言。然而，我们认为目前在教学中不宜完全忽略汇编语言程序设计方法的介绍，因为在许多实时控制时序和时间要求十分苛刻的场合，尤其在控制接口硬件时，用汇编语言进行程序设计显得非常简洁。因此，作为选学内容，本书保留了 MCS-51 单片机指令系统并简要介绍了汇编语言程序设计方法。

第 11 章～第 13 章不仅采用了 C51 语言程序设计方法，有时还采用了 C51 语言程序调用汇编语言子程序的编程方法，这种安排对读者而言具有很好的指导作用。

（6）介绍基于嵌入式实时操作系统的单片机程序设计方法

第 11 章介绍适用于 MCS-51 系列 8 位单片机的嵌入式实时操作系统 RTX51 及其应用方法。这个内容有别于嵌入式系统课程的内容：一方面，实时操作系统 RTX51 是适用于 MCS-51 系列 8 位单片机的，而嵌入式系统课程中介绍的实时操作系统是适用于 32 位嵌入式微处理器或 64 位嵌入式微处理器的；另一方面，实时操作系统 RTX51 易学好用，作者在实际的工程项目中使用它后觉得很好，因此将其放到本书中，这也是本书的亮点之一。

（7）简单介绍单片机应用系统设计开发环境

第 10 章主要介绍单片机开发小工具、开发环境 Keil μVision4 和 Proteus 以及开发步骤，目的是让读者了解单片机应用系统设计开发的方法和工程设计步骤，建立单片机应用系统开发的全局观念。一般来说，单片机开发环境的介绍需要较大的篇幅，且已有专门的书籍进行了介绍，而要真正掌握单片机的开发环境，只有经过大量的训练后才能实现，因此对于这部分内容本书只做简单介绍，读者必须通过实际操作，不断积累经验，直至熟练运用单片机开发环境。

（8）与工程应用相结合，选取完整的设计实例

第 12 章和第 13 章是两个完整的单片机应用系统的设计实例，取材于全国大学生电子设计竞赛的国家级获奖作品和实际的工程设计。这两章都给出了完整的系统设计过程，不仅给出了完整的系统硬件电路原理图，而且给出了完整的系统软件设计源程序代码，系统应用程序采用 C51 语言进行编写，或采用 C51 语言和 MCS-51 汇编语言混合编写。此外，这两章的编写体例是按照电气信息类专业本科毕业设计的论文格式要求进行撰写的，在书中还给出了所设计与制作实物的数码照片，以便增强实际效果。因此，本书的这两章不仅可供从事单片机应用系统开发的工程技术人员参考，还可作为各类电子设计竞赛的培训内容，以及单片机课程设计的参考内容和电气信息类专业学生毕业设计的参考内容。

本书以 89S51 为典型机，主要论述单片机的基本结构与工作原理，以及单片机应用系统的设计与开发方法。全书内容分为 13 章，内容包括概述、单片机的结构和工作原理、指令系统、单片机 C51 语言程序设计基础、中断系统、定时器/计数器、单片机的串行口 UART、单片机常用并行接口技术、串行总线接口技术、单片机应用系统开发环境、基于嵌入式实时操作系统的单片机程序设计方法、基于 RTX51 的乐曲编辑器和发生器设计、数控电流源设计。书后附录给出了 18 个单片机课程设计题，以及单片机 89S51 的指令系统。

本书由欧伟明教授任主编，刘剑、何静、凌云任副主编。欧伟明教授撰写第 1 章、第 4 章、第 11～12 章，龙晓薇老师撰写第 2 章，李小宝博士撰写第 3 章，何静博士撰写第 5 章，李圣清教授撰写第 6 章，刘剑副教授撰写第 7 章、第 10 章，欧伟明教授、贺正芸老师撰写第 8 章，凌云教授撰写第 9 章，蒋中荣副教授撰写第 13 章，周玉副教授撰写附录 A，李朝仑老师撰写附录 B。全书由欧伟明教授统稿和定稿。

本书的撰写得到了湖南工业大学的张昌凡教授、贺素良教授（参加了本书前一版的撰写工作）、朱晓青教授、龙永红教授、张满生教授、李祥飞博士、李燕林老师的大力支持，他们给予了作者鼓励和关于本教材的编写意见；还得到了湖南工业大学电气与信息工程学院的毕业生刘张胜、庄永军、楚瑞玉、任杰、周韬、李军杰、蒙毓李、杨敬力、柳红新、付贵勇、欧阳文彦、郭仁的支持，他们对书中部分硬件电路和部分程序的初步调试做了有益的工作。在此一并表示衷心的感谢！

欧伟明

2018 年 12 月于湖南工业大学

目　　录

第1章　概述 ……………………………………………………………………………………… 1

1.1　单片机概念与发展过程 ……………………………………………………………… 1

1.1.1　单片机概念 …………………………………………………………………… 1

1.1.2　单片机技术发展过程 ………………………………………………………… 1

1.1.3　单片机技术发展方向 ………………………………………………………… 3

1.1.4　常用数制与编码 ……………………………………………………………… 4

1.2　单片机应用领域与嵌入式系统概念 ………………………………………………… 5

1.2.1　单片机应用领域 ……………………………………………………………… 6

1.2.2　嵌入式系统概念 ……………………………………………………………… 6

1.3　单片机应用系统开发过程简述 ……………………………………………………… 8

1.3.1　单片机编程语言 ……………………………………………………………… 8

1.3.2　单片机应用系统结构 ………………………………………………………… 9

1.3.3　单片机应用模式 ……………………………………………………………… 10

1.3.4　单片机应用系统开发过程简介 ……………………………………………… 11

1.4　本书特点与教材使用建议 …………………………………………………………… 12

1.4.1　本书编写指导思想 …………………………………………………………… 13

1.4.2　本书特点 ……………………………………………………………………… 15

1.4.3　教材使用建议 ………………………………………………………………… 16

1.5　本章小结 ……………………………………………………………………………… 18

1.6　思考题与习题 ………………………………………………………………………… 19

第2章　单片机的结构和工作原理 …………………………………………………………… 20

2.1　MCS-51 系列单片机概述 …………………………………………………………… 20

2.2　89S51 单片机引脚功能说明 ………………………………………………………… 21

2.2.1　89S51 的引脚图与封装 ……………………………………………………… 21

2.2.2　89S51 的引脚功能说明 ……………………………………………………… 22

2.2.3　89S51 的引脚应用特性 ……………………………………………………… 23

2.3　89S51 单片机内部结构 ……………………………………………………………… 24

2.3.1　89S51 的基本组成 …………………………………………………………… 24

2.3.2　89S51 的 CPU ………………………………………………………………… 26

2.4　89S51 单片机的存储器 ……………………………………………………………… 28

2.4.1　程序存储器 …………………………………………………………………… 29

2.4.2　数据存储器 …………………………………………………………………… 29

2.5　89S51 单片机的时钟电路与时序 …………………………………………………… 32

    2.5.1　时钟电路 ·· 32

    2.5.2　基本时序单位 ·· 33

2.6　89S51 单片机的工作方式 ·· 35

    2.6.1　复位工作方式和复位电路 ··· 35

    2.6.2　低功耗工作方式 ·· 36

    2.6.3　串行 ISP 编程方式 ··· 37

2.7　89S51 单片机的输入/输出端口 ·· 38

    2.7.1　P0 端口 ··· 38

    2.7.2　P1 端口 ··· 39

    2.7.3　P2 端口 ··· 40

    2.7.4　P3 端口 ··· 40

2.8　本章小结 ··· 41

2.9　思考题与习题 ··· 42

第 3 章　指令系统* ··· 43

3.1　MCS-51 单片机指令概述 ·· 43

    3.1.1　指令格式 ··· 43

    3.1.2　符号说明 ··· 44

3.2　寻址方式 ··· 45

    3.2.1　寄存器寻址方式 ·· 45

    3.2.2　直接寻址方式 ··· 45

    3.2.3　寄存器间接寻址方式 ·· 46

    3.2.4　立即寻址方式 ··· 46

    3.2.5　变址寻址方式 ··· 46

    3.2.6　相对寻址方式 ··· 47

    3.2.7　位寻址方式 ·· 47

3.3　89S51 单片机的指令系统 ·· 47

    3.3.1　数据传送类指令 ·· 47

    3.3.2　算术运算类指令 ·· 50

    3.3.3　逻辑运算及移位类指令 ··· 53

    3.3.4　控制转移类指令 ·· 54

    3.3.5　位操作类指令 ··· 56

3.4　单片机汇编语言简介 ··· 58

    3.4.1　汇编语言的语句格式 ·· 58

    3.4.2　伪指令 ·· 59

    3.4.3　单片机汇编语言程序设计 ··· 60

3.5　本章小结 ··· 63

3.6　思考题与习题 ··· 63

第 4 章 单片机 C51 语言程序设计基础 ··· 65

4.1 单片机 C51 语言概述 ··· 65

    4.1.1 C51 语言在单片机应用系统开发中的优势 ··· 65

    4.1.2 C51 语言与标准 C 语言的比较 ··· 65

    4.1.3 编写 C51 语言程序的基本原则 ··· 66

4.2 C51 语言关键字与数据类型 ··· 67

    4.2.1 标识符 ·· 67

    4.2.2 关键字 ·· 68

    4.2.3 数据类型 ·· 69

4.3 C51 语言数据 ··· 71

    4.3.1 常量 ·· 71

    4.3.2 变量 ·· 72

    4.3.3 存储器类型和存储器模式 ··· 72

    4.3.4 数组 ·· 74

    4.3.5 指针 ·· 75

4.4 C51 语言对单片机硬件资源的控制 ··· 76

    4.4.1 特殊功能寄存器（SFR）的定义 ··· 76

    4.4.2 位变量的定义 ·· 77

    4.4.3 存储器和外接 I/O 端口的绝对地址访问 ··· 78

4.5 C51 语言运算符和表达式 ··· 79

    4.5.1 运算符 ·· 79

    4.5.2 表达式 ·· 81

4.6 C51 语言流程控制语句 ··· 81

    4.6.1 语句的概念和分类 ··· 81

    4.6.2 判断分支（if、switch 语句） ·· 82

    4.6.3 循环控制（for、while 语句） ·· 84

    4.6.4 break、continue、return、goto 语句 ·· 85

4.7 C51 语言函数 ··· 86

    4.7.1 函数的定义 ·· 87

    4.7.2 函数的调用 ·· 88

    4.7.3 C51 语言中断函数 ··· 89

4.8 C51 语言预处理命令 ··· 90

    4.8.1 文件包含 ·· 90

    4.8.2 宏定义 ·· 90

    4.8.3 条件编译 ·· 91

4.9 C51 语言与汇编语言混合编程方法 ··· 91

    4.9.1 C51 语言程序嵌入汇编语句 ··· 92

    4.9.2 C51 语言程序调用汇编语言子程序 ·· 93

4.10　本章小结 ··· 94

4.11　思考题与习题 ··· 95

第 5 章　中断系统 ··· 96

5.1　中断 ··· 96

5.1.1　中断的概念 ··· 96

5.1.2　中断的条件和中断响应过程 ··· 97

5.2　89S51 中断系统结构与控制 ·· 98

5.2.1　89S51 的中断源和中断入口地址 ·· 98

5.2.2　89S51 的中断系统结构 ··· 99

5.2.3　中断控制 ·· 100

5.3　中断应用举例 ·· 105

5.3.1　单外部中断源系统的设计 ·· 105

5.3.2　多外部中断源系统的设计 ·· 106

5.4　本章小结 ·· 107

5.5　思考题与习题 ·· 108

第 6 章　定时器/计数器 ··· 109

6.1　定时器/计数器的结构与控制 ··· 109

6.1.1　89S51 定时器/计数器的结构 ·· 109

6.1.2　定时器/计数器的控制 ··· 110

6.2　定时器/计数器的 4 种工作方式 ·· 111

6.2.1　工作方式 1 ·· 111

6.2.2　工作方式 2 ·· 112

6.2.3　工作方式 3 ·· 113

6.2.4　工作方式 0 ·· 115

6.3　定时器/计数器的应用举例 ·· 115

6.3.1　脉冲信号的产生 ··· 115

6.3.2　脉冲宽度的测量 ··· 116

6.4　本章小结 ·· 117

6.5　思考题与习题 ·· 117

第 7 章　单片机的串行口 UART ·· 119

7.1　串行通信概述 ·· 119

7.1.1　串行通信与并行通信 ··· 119

7.1.2　串行通信的分类 ··· 119

7.1.3　串行通信的数据传送方式 ·· 121

7.2　89S51 串行口 UART 的结构与控制 ·· 122

7.2.1　串行口 UART 的结构 ·· 122

   7.2.2 串行口 UART 的工作方式·······124

   7.2.3 串行口 UART 的波特率计算·······126

  7.3 串行口 UART 的编程及应用实例·······128

   7.3.1 串行口 UART 的编程步骤·······128

   7.3.2 串行口 UART 应用实例·······128

  7.4 本章小结·······131

  7.5 思考题与习题·······131

第 8 章 单片机常用并行接口技术·······133

  8.1 键盘接口·······133

   8.1.1 独立按键·······134

   8.1.2 矩阵键盘·······136

  8.2 LED 显示器接口·······141

   8.2.1 LED 数码管·······141

   8.2.2 LED 数码管静态显示接口·······142

   8.2.3 LED 数码管动态显示接口·······144

  8.3 DAC 接口·······147

   8.3.1 DAC0832 芯片介绍·······147

   8.3.2 DAC0832 与 89S51 的接口电路·······148

   8.3.3 利用 DAC0832 输出各种电压波形·······149

  8.4 ADC 接口·······151

   8.4.1 ADC0809 芯片介绍·······151

   8.4.2 ADC0809 与 89S51 的接口电路·······153

   8.4.3 ADC0809 应用举例·······154

  8.5 液晶显示模块 LCD1602 的接口·······155

   8.5.1 LCD1602 介绍·······155

   8.5.2 LCD1602 与 89S51 的接口电路·······160

   8.5.3 LCD1602 应用举例·······161

  8.6 外部并行三总线接口·······164

  8.7 大功率器件驱动接口·······165

   8.7.1 光耦接口·······166

   8.7.2 继电器接口·······166

   8.7.3 双向晶闸管输出接口·······167

   8.7.4 固态继电器输出接口·······168

  8.8 本章小结·······169

  8.9 思考题与习题·······169

第 9 章 串行总线接口技术·······170

  9.1 EIA 系列总线标准及其接口·······170

9.1.1 RS-232C 总线 ·· 170

9.1.2 RS-485 总线 ··· 172

9.1.3 单片机与 PC 之间的通信 ································· 174

9.2 SPI 总线 ··· 176

9.2.1 SPI 总线简介 ··· 176

9.2.2 SPI 总线通信协议 ·· 177

9.2.3 E²PROM 存储器 AT93C46 及其应用 ·················· 177

9.3 I²C 总线 ··· 180

9.3.1 I²C 总线简介 ··· 180

9.3.2 I²C 总线通信协议 ·· 181

9.3.3 I²C 接口存储器 AT24C02 及其应用 ··················· 183

9.4 1-Wire 单总线 ·· 191

9.4.1 1-Wire 单总线简介 ······································· 191

9.4.2 温度传感器 DS18B20 及其应用 ························· 193

9.5 USB 总线 ··· 198

9.5.1 USB 总线原理 ·· 198

9.5.2 USB 总线通信接口设计实例 ···························· 200

9.6 CAN 总线 ··· 202

9.6.1 CAN 总线简介 ·· 203

9.6.2 CAN 总线控制器 ·· 204

9.6.3 CAN 总线通信接口设计实例 ···························· 204

9.7 本章小结 ··· 205

9.8 思考题与习题 ·· 206

第 10 章 单片机应用系统开发环境 ··· 207

10.1 单片机应用系统的调试方法 ·· 207

10.1.1 硬件调试方法 ·· 207

10.1.2 软件仿真调试方法 ·· 209

10.2 Keil μVision4 集成开发环境 ······································· 210

10.2.1 Keil μVision4 的主要特性 ······························ 210

10.2.2 Keil μVision4 集成开发环境设置方法 ·················· 211

10.2.3 Keil μVision4 工程应用 ································· 216

10.2.4 Keil C51 主要头文件介绍 ······························ 226

10.3 Proteus 8 仿真软件 ·· 228

10.3.1 Proteus 8 主界面介绍 ···································· 228

10.3.2 Proteus 8 绘制电路原理图 ······························ 230

10.3.3 Proteus 8 仿真调试 ······································ 232

10.4 单片机应用系统开发小工具 ·· 233

10.4.1 波特率初值计算工具 ······································ 233

　　　　10.4.2　数码管编码器 ··· 233

　　　　10.4.3　定时器计算工具 ··· 234

　　　　10.4.4　串口调试助手 ··· 234

　　10.5　本章小结 ·· 235

　　10.6　思考题与习题 ·· 236

第 11 章　基于嵌入式实时操作系统的单片机程序设计方法 ······················ 237

　　11.1　嵌入式实时操作系统的概念 ··· 237

　　　　11.1.1　嵌入式系统的特征 ··· 237

　　　　11.1.2　嵌入式实时操作系统的概念 ····································· 238

　　11.2　在电子系统设计中引入 RTOS 的意义 ···································· 238

　　　　11.2.1　两种软件开发模式的比较 ·· 239

　　　　11.2.2　嵌入式应用中使用嵌入式 RTOS 的必要性 ················ 239

　　　　11.2.3　嵌入式操作系统环境下的应用软件设计 ··················· 240

　　　　11.2.4　嵌入式操作系统环境下的应用软件调试 ··················· 241

　　11.3　嵌入式实时操作系统 RTX51 的介绍 ······································ 241

　　　　11.3.1　RTX51 的技术参数 ··· 241

　　　　11.3.2　几个概念 ··· 242

　　　　11.3.3　RTX Tiny 内核分析 ·· 245

　　　　11.3.4　RTX Tiny 内核源代码 ··· 249

　　11.4　基于 RTX51 的单片机程序设计方法 ······································ 251

　　　　11.4.1　目标系统需求 ·· 251

　　　　11.4.2　软件设计指导方针 ··· 251

　　　　11.4.3　任务划分的原则 ·· 252

　　　　11.4.4　应用程序架构 ·· 254

　　11.5　本章小结 ·· 256

　　11.6　思考题与习题 ·· 256

第 12 章　基于 RTX51 的乐曲编辑器和发生器设计 ······························· 257

　　12.1　设计任务 ·· 257

　　12.2　方案设计与论证 ··· 257

　　　　12.2.1　以 FPGA 为核心的实现方案 ····································· 257

　　　　12.2.2　以 MCU 为核心的实现方案 ····································· 257

　　12.3　系统硬件设计 ·· 258

　　　　12.3.1　系统硬件电路原理图 ·· 258

　　　　12.3.2　人机交互界面 ·· 259

　　12.4　基于 RTX51 的系统软件设计 ··· 260

　　　　12.4.1　乐曲的表示方法 ·· 260

　　　　12.4.2　编辑乐曲的软件实现方法 ·· 261

12.4.3 播放乐曲的软件实现方法 ·· 262

12.4.4 系统软件流程框图 ·· 264

12.5 系统源程序清单 ··· 265

12.5.1 C51 语言主程序 ·· 265

12.5.2 读 AT24C02 汇编语言子程序 ································· 276

12.5.3 写 AT24C02 汇编语言子程序 ································· 278

12.5.4 键盘扫描汇编语言子程序 ······································ 280

12.5.5 实时操作系统 RTX51 Tiny 内核程序 ······················ 282

12.6 系统设计总结 ··· 282

第 13 章 数控电流源设计 ·· 283

13.1 设计任务 ··· 283

13.2 方案设计与论证 ·· 283

13.2.1 D/A 转换模块设计方案的论证与比较 ····················· 284

13.2.2 恒流源模块设计方案的论证与比较 ························· 284

13.2.3 数据采集模块设计方案的论证与比较 ····················· 285

13.2.4 辅助电源、主电源设计方案的论证与比较 ··············· 286

13.2.5 键盘、显示器设计方案的论证与比较 ····················· 287

13.3 理论计算与 EWB 仿真 ·· 287

13.3.1 采样电阻值的确定 ·· 287

13.3.2 D/A 转换器分辨率的确定 ····································· 288

13.3.3 TLC5618 参考电压的确定 ····································· 288

13.3.4 主电源参数的确定 ·· 288

13.3.5 用 EWB 进行电路仿真 ··· 288

13.4 系统硬件设计 ··· 290

13.4.1 MCU 微控制器、键盘、显示器电路图 ··················· 290

13.4.2 D/A 转换模块、恒流源模块的电路图 ····················· 290

13.4.3 数据采集模块的电路图 ··· 293

13.4.4 辅助电源、主电源的电路图 ·································· 293

13.5 系统软件设计 ··· 297

13.5.1 主程序流程框图 ··· 297

13.5.2 设置输出电流给定值功能函数程序流程框图 ············· 298

13.5.3 设置电流步进值功能函数程序流程框图 ··················· 298

13.5.4 键盘扫描程序流程框图 ··· 299

13.6 系统测试方法与结果分析 ·· 299

13.6.1 测试使用的仪器 ··· 299

13.6.2 恒流特性的测试 ··· 300

13.6.3 电流步进值为 1mA 的测试 ···································· 300

13.6.4 纹波电流的测试 ··· 301

　　　　13.6.5　输出电流范围的测试 ·· 301

　　　　13.6.6　输出电压的测试 ·· 301

　　　　13.6.7　1~99mA 内任意电流步进值设置功能的测试 ·························· 302

　　　　13.6.8　测试结果分析 ·· 302

　　13.7　系统使用说明书 ·· 302

　　　　13.7.1　键盘界面 ·· 303

　　　　13.7.2　菜单操作 ·· 304

　　13.8　系统源程序清单 ·· 304

　　　　13.8.1　C51 语言主程序 ··· 304

　　　　13.8.2　键盘扫描汇编语言子程序 ·· 315

　　　　13.8.3　写 TLC5618 的汇编语言子程序 ··· 317

　　　　13.8.4　读 MC14433 的汇编语言子程序 ·· 318

　　　　13.8.5　显示缓冲器的汇编语言子程序 ·· 319

　　13.9　系统设计总结 ··· 320

附录 A　单片机课程设计 ··· 321

附录 B　89S51 指令表 ·· 330

参考文献 ·· 334

第1章 概　述

本章主要对单片机概念与发展过程、单片机应用领域与嵌入式系统概念、单片机应用系统开发过程、本书编写指导思想与教学安排建议等内容，进行简要介绍，以便读者对单片机及其应用技术有一个初步了解。

1.1　单片机概念与发展过程

自 1971 年微型计算机问世以来，由于实际应用的需要，微型计算机向着两个方向发展：一是向着高速度、大容量、高性能的高档微机方向发展；二是向着稳定可靠、体积小、功耗低、价格低廉的单片机方向发展。单片机是微型计算机的一个重要分支，它的出现是计算机技术发展史上的一个重要里程碑，它使计算机从海量存储与高速复杂数值计算进入智能化控制领域。从此，计算机技术的两个重要领域——通用计算机领域和嵌入式计算机领域都取得了极其重大的进展。

1.1.1　单片机概念

单片机在一块半导体硅片上集成了计算机的所有基本功能部件，包括中央处理器（CPU）、存储器（RAM 和 ROM）、输入/输出接口电路、中断系统、定时器/计数器和串行通信接口电路等。因此，单片机只需要与适当的软件及适当的外部设备相结合，就可以构成一个完整的计算机应用系统。

单芯片形式的微型计算机简称单片机，"单片机"一词真实地反映了单片机的形态和本质。由于单片机主要应用于各种测控系统中，因此目前国外普遍称单片机为微控制器（MicroController Unit, MCU）。鉴于单片机在应用时通常是测控系统的核心并融入被控对象，即以嵌入被控对象的方式进行使用，为强调其嵌入式应用特点，我们又称其为嵌入式微控制器（Embedded MicroController Unit，EMCU）。

在汉语中，单片机的称呼简洁通俗，以致单片机一词约定俗成而沿用至今，因此本书仍然使用"单片机"一词。

1.1.2　单片机技术发展过程

单片机诞生于 20 世纪 70 年代。自美国 Intel 公司于 1976 年宣布并于 1977 年推出 MCS-48 单片机以来，单片机技术已走过了 40 余年的历程。我国自 20 世纪 70 年代末 80 年代初就开始进行单片机的应用与开发工作。1987 年 10 月 27 日，我国在上海成立中国微计算机单片机学会，中国的单片机开发与应用经历了 30 余年。几十年来，单片机不以其位数的高低来决定其优劣，而以如何适合千变万化的应用产品的需求、高性价比的配置来决定其优劣。因此，高性价比、多功能、低功耗的 8 位单片机一直是单片机的主角。

单片机作为微型计算机的一个重要分支，应用面很广，发展很快。如果将 8 位单片机的推出作为起点，那么单片机的发展历史大致可分为以下几个阶段。

1. 第一阶段（1976—1978 年）：单片机探索阶段

工控领域对计算机提出了嵌入式应用的要求，首先是实现单芯片形态的计算机，以满足构成大量中小型智能化测控系统的要求。因此，这一阶段的任务是探索计算机的单芯片集成。"单片机"一词即由此而来。

在单片机探索阶段，单片机体系结构有两种模式，即通用 CPU 模式和专用 CPU 模式。

（1）通用 CPU 模式。采用通用 CPU 和通用外围单元电路的集成方式，这种模式以美国 Motorola 公司的 MC6801 单片机为代表，它将通用 CPU、增强型 6800+和 6875（时钟）、6810（128B RAM）、2×6830（1KB ROM）、1/2 6821（并行 I/O 端口）、1/3 6840（定时器/计数器）、6850（串行 I/O 端口）集成在一个芯片上构成，使用 6800 CPU 指令系统。

（2）专用 CPU 模式。采用专门为嵌入式系统要求设计的 CPU 与外围电路集成的方式。这种模式以美国 Intel 公司的 MCS-48 单片机为代表，其 CPU、存储器、定时器/计数器、中断系统、I/O 端口、时钟以及指令系统都是按嵌入式系统要求而专门设计的。

事实证明，这两种模式都是可行的。专用 CPU 模式能充分满足嵌入式应用的要求，成为今后单片机发展的主要体系结构模式；通用 CPU 模式则与通用计算机兼容，应用系统开发方便，成为后来嵌入式微处理器的发展模式。

2. 第二阶段（1978—1982 年）：单片机完善阶段

Intel 公司在 MCS-48 单片机基础上推出了完善的、典型的 MCS-51 系列单片机。它在以下几个方面奠定了典型的通用总线型单片机体系结构：

（1）规范的总线结构。有 8 位数据总线、16 位地址总线及多功能的异步串行通信接口 UART。

（2）CPU 外围功能单元电路的集中管理模式。

（3）提供体现工控特性的位地址空间及位操作方式。

（4）指令系统趋于丰富和完善，并且增加了许多突出控制功能的指令。

3. 第三阶段（1982—1990 年）：微控制器形成阶段

8 位单片机的巩固和发展以及 16 位单片机的推出阶段，正是单片机向微控制器发展的阶段。Intel 公司推出的 MCS-96 系列单片机，将一些用于测控系统的模数转换器、程序运行监视器、脉宽调制器等纳入芯片内部，体现了单片机的微控制器特征。随着 MCS-51 系列的广泛应用，许多半导体制造厂商竞相使用 80C51 为内核，将许多测控系统中使用的电路技术、接口技术、多通道 A/D 转换部件、可靠性技术等应用到单片机，增强了外围电路功能，强化了智能控制的特征。

为了满足测控系统的嵌入式应用要求，这一阶段单片机的主要技术发展方向是满足测控对象要求的外围电路的增强，从而形成了不同于 Single Chip MicroComputer 的特点的微控制器，微控制器（MicroController Unit，MCU）一词源于这一阶段，至今微控制器（MCU）是国际上对单片机的标准称呼。

在微控制器形成阶段，单片机技术的主要发展如下：

（1）外围功能电路集成到了芯片内部。满足模拟量输入的 ADC；满足伺服驱动的 PWM；满足高速 I/O 控制的高速 I/O 端口；保证程序可靠运行的程序监视定时器 WDT。

（2）出现了为满足串行外围扩展要求的串行扩展总线及接口，如 SPI、I^2C、MICROWIRE、USB、1-Wire 等。

（3）出现了为满足分布式系统、突出控制功能的现场总线接口，如 CAN 总线。

（4）在程序存储器方面，迅速推出了 OTP（一次可编程）单片机，为单片机的单片应用创造了良好的条件；随后 Flash ROM 单片机的推广，为最终取消单片机外部程序存储器奠定了良好的基础。

4. 第四阶段（1990 年至今）：微控制器全面发展阶段

随着单片机在各个领域全面深入地发展和应用，出现了高速、大寻址范围、强运算能力的 8 位/16 位/32 位通用型单片机，以及小型廉价的专用型单片机。其特点是，百花齐放、技术创新，以满足日益增长的广泛需求，将单片机用户带入了一个可以广泛选择的时代。

1.1.3　单片机技术发展方向

单片机的发展趋势是向 CMOS 化、低功耗、小体积、大容量、高性能、低价格和外围电路内装化等几个方面发展。

1. 主流机型发展趋势

在未来较长的一段时间内，8 位单片机将仍是主流机型，许多厂家还会不断改进与完善 8 位单片机，使 8 位单片机不断保持活力；在满足高速数字处理方面，32 位单片机会发挥重要作用；16 位单片机的空间有可能被 8 位单片机、32 位单片机挤占。

2. CMOS 化趋势

CMOS 工艺很早就已出现，它具有十分优异的性能，只是运行速度较慢，因而长期被冷落。HCMOS 工艺出现后，HCMOS 器件得到了飞速发展。从第三代单片机起，开始淘汰非 CMOS 工艺。CMOS 芯片除具有低功耗特性外，还具有功耗的可控性，使单片机可以工作在功耗精细管理状态。另外，如今的数字逻辑集成电路、计算机外围器件都已普遍 CMOS 化。

3. RISC 体系结构单片机的大发展

早期的单片机大多是复杂指令集计算机（CISC）体系结构，指令复杂，指令代码、周期数不统一，指令运行很难实现流水线操作，大大阻碍了运行速度的提高。例如，MCS-51 系列单片机，其晶振频率为 12MHz 时，单周期指令速度仅为 1MIPS。虽然单片机对运行速度的要求远不如通用计算机或数字信号处理器（DSP）对指令运行速度的要求，但速度的提高会带来许多好处，并拓宽单片机应用领域。如果采用精简指令集计算机（RISC）体系结构，那么精简指令后不仅绝大部分指令成为单周期指令，而且增加程序存储器的宽度（如从 8 位增加到 10 位、12 位、14 位）能实现一个地址单元存放一条指令。在这样的体系结构中，很容易实现并行流水线操作，其结果是能大大提高指令运行速度，在相同的运行速度要求下，可大大降低晶振频率，进而有利于获得良好的电磁兼容效果。

4. 大力发展专用型单片机

专用型单片机是专门针对某类产品系统的要求设计的。使用专用型单片机可最大限度地简化系统结构，提高资源利用效率。在大批量使用时，有可观的经济效益和可靠性效益。

5. 推行串行扩展总线

目前，计算机外围器件技术发展的一个重要方面是串行接口技术的发展。采用串行接口，可以大大减少器件的引脚数量，简化系统结构。采用串行接口虽然较之并行接口数据传输速度慢，但由于串行传输速度的不断提高，加之单片机所面对被控对象的有限速度要求，使单片机应用系统中的串行扩展技术有了很大发展，而单片机的并行接口技术则日渐衰退。目前，许多原有的带并行总线的单片机系列，推出了许多删去了并行总线的非总线型单片机。

1.1.4　常用数制与编码

计算机是用来处理数字信息的，单片机也是如此。各种数据信息、非数据信息在进入计算机前必须转换成二进制数、二进制编码。

1. 常用数制

每个数在计算机中是用半导体器件的物理状态来表示的，即利用半导体器件的高电平状态、低电平状态来表示，并且一般用半导体器件的高电平状态表示"1"，用半导体器件的低电平状态表示"0"。不同的 0 和 1 组合，就可以表示不同的数或值。例如，二进制数 10001000 表示十六进制数 0x88，即十进制数 136。

计算机在对数进行处理时，只认识 0 和 1，即只认识二进制数。然而，当数值较大时，二进制数很难为人们辨认，并且人们在编写单片机源程序时，书写二进制数也很不方便。因此，在单片机技术应用中，人们常使用二进制数、十进制数和十六进制数，它们之间的关系如表 1.1 所示。

表 1.1　二进制数、十进制数和十六进制数的关系

十进制数	二进制数	十六进制数	十进制数	二进制数	十六进制数	十进制数	二进制数	十六进制数
0	0000	0	6	0110	6	12	1100	C
1	0001	1	7	0111	7	13	1101	D
2	0010	2	8	1000	8	14	1110	E
3	0011	3	9	1001	9	15	1111	F
4	0100	4	10	1010	A	16	10000	10
5	0101	5	11	1011	B			

在使用不同的数制时，各种数制用简码来标示。例如，十进制数用 D（decimal）来标示或省略；二进制数用 B（binary）来标示；十六进制数用 H（hexadecimal）或 0x 来标示。

例如，十进制数 123 可以表示成 123D 或 123；二进制数 1011 表示成 1011B。在编写汇编语言源程序时，十六进制数 3A4 表示成 3A4H，十六进制数 A4 表示成 0A4H。在编写 C51 语言源程序时，十六进制数 3A4 表示成 0x3A4 或 0x3a4，十六进制数 A4 表示成 0xA4 或 0xa4。

2. 常用编码

由于计算机只能识别二进制数 0 和 1，因此计算机处理的任何信息必须以二进制形式表示，这些二进制形式的代码称为二进制编码（Encode）。计算机中常用的二进制编码有 BCD 码和 ASCII 码等。

（1）BCD 码——二-十进制码

在计算机中，各种数据要转换为二进制编码才能进行处理，而人们习惯于使用十进制数，所以在计算机的输入/输出中仍然采用十进制数，这样就产生了用 4 位二进制数表示 1 位十进制数的方法，这种用于表示十进制数的二进制代码称为二-十进制码（Binary Coded Decimal），简称 BCD 码。它具有二进制数的形式以满足计算机的要求，又具有十进制数的特点，并且只有十种有效状态。最常用的 BCD 码有 8421BCD 码，如表 1.2 所示。

表 1.2　8421BCD 码表

十进制数	8421BCD 码	二进制数	十进制数	8421BCD 码	二进制数	十进制数	8421BCD 码	二进制数
0	0000	0000	6	0110	0110	12	0001 0010	1100
1	0001	0001	7	0111	0111	13	0001 0011	1101
2	0010	0010	8	1000	1000	14	0001 0100	1110
3	0011	0011	9	1001	1001	15	0001 0101	1111
4	0100	0100	10	0001 0000	1010	16	0001 0110	10000
5	0101	0101	11	0001 0001	1011			

表 1.2 中的最后 7 行是用 1 个字节表示 2 位十进制数的代码，称为压缩 BCD 码。而用 1 个字节表示 1 位十进制数（高 4 位补 0）的代码，称为非压缩 BCD 码。在某些情况下，单片机也可对压缩 BCD 码表示的数直接进行运算，2 个压缩 BCD 码进行运算时，可能会产生非法码（代码在 1010B～1111B 范围内），此时需要对运算结果进行调整。

另外，BCD 码还有余 3 码、格雷码等，相关内容请参见数字电子技术教材。

（2）ASCII 码

ASCII（American Standard Code for Information Interchange）码是一种字符编码，它是美国信息交换标准代码的简称，如表 1.3 所示。它由 7 位二进制数码构成，共表示 128 个字符，包括英文字母、数字、标点符号、控制字符和一些其他字符。ASCII 码用于计算机和计算机之间、计算机和外围设备之间的文字交互。

表 1.3　ASCII 码字符表

高 位		低 位															
		0	1	2	3	4	5	6	7	8	9	A	B	C	D	E	F
		0000	0001	0010	0011	0100	0101	0110	0111	1000	1001	1010	1011	1100	1101	1110	1111
0	000	NUL	SOH	STX	ETX	EOT	ENQ	ACK	BEL	BS	HT	LF	VT	FF	CR	SO	SI
1	001	DLE	DC1	DC2	DC3	DC4	NAK	SYN	ETB	CAN	EM	SUB	ESC	FS	GS	RS	US
2	010	SP	!	"	#	$	%	&	'	(	)	*	+	,	-	.	/
3	011	0	1	2	3	4	5	6	7	8	9	:	;	<	=	>	?
4	100	@	A	B	C	D	E	F	G	H	I	J	K	L	M	N	O
5	101	P	Q	R	S	T	U	V	W	X	Y	Z	[	\	]	^	_
6	110	`	a	b	c	d	e	f	g	h	i	j	k	l	m	n	o
7	111	p	q	r	s	t	u	v	w	x	y	z	{			}	~	DEL

比如，字母"A"的编码是 0x41 = 65；字母"a"的编码是 0x61 = 97，PC 键盘上的空格键的编码是 0x20 = 32，等等。当然，仅用 ASCII 码是不能完全表示所有字符的，如汉字、韩文、日文等都无法用 ASCII 码直接表示。

数据在计算机中是以二进制形式表示的，单片机也是如此。正数用原码表示，负数用补码表示，相关内容请参见计算机基础方面的书籍。

1.2　单片机应用领域与嵌入式系统概念

单片机是一种经典的嵌入式系统。自 20 世纪 70 年代问世以来，单片机以极高的性价比，受到人们的重视和关注，应用很广，发展很快，已对人类社会产生了巨大的影响。在我国，单片机已广泛地应用在各个方面。单片机技术开发和应用水平已成为一个国家工业化发展水平的标志之一。

1.2.1　单片机应用领域

由于单片机具有显著的优点，因而广泛应用于家用电器、智能化仪器仪表、医用设备、汽车电子产品、航空航天、专用设备的智能化管理及工业生产过程控制等领域。下面简单介绍一些单片机的典型应用。

1. 仪器仪表

单片机广泛应用于仪器仪表中，结合不同类型的传感器，可以实现诸如电压、功率、频率、温度、湿度、流量、速度、厚度、角度、压力等物理量的测量与控制。单片机的使用加速了仪器仪表向数字化、智能化、多功能和柔性化方向发展。

2. 机电一体化

单片机作为机电一体化产品中的控制器，能大大提高产品的自动化、智能化水平。例如，可编程控制器是一种典型的机电控制器，其核心常常就是由单片机构成的。

3. 实时控制

单片机的实时数据处理能力和控制功能，使其广泛地应用于工业控制、航空航天、尖端武器等各种实时控制系统中。在现代化的飞机、军舰、坦克、大炮、导弹、火箭和雷达等各种军用装备上，都有单片机的身影。

4. 分布式多机系统

在比较复杂的控制系统中，常采用分布式多机（CPU）系统。单片机在这种系统中经常作为一个终端机，安装在系统的某些节点上，对现场信息进行实时测量与控制。

5. 消费类电子产品

这种应用主要体现在家用电器方面，如在洗衣机、电冰箱、空调机、微波炉、电饭煲、电视机、电热水器、音响、影碟机、游戏机、电子计价秤、汽车电子与保安系统等产品中，使用单片机后，其控制功能和性能大大提高，并且能实现智能化、最优化控制。

6. 终端及外部设备

计算机网络终端设备（如银行终端、商业自动收款机等）和计算机的外部设备（如键盘、鼠标、打印机、磁盘驱动器等），以及自动化办公设备（如传真机、复印机、绘图仪、考勤机等）都使用了单片机，因此具有输入、计算、存储、显示等功能，并且具有与计算机相连接的接口。

据统计，我国的单片机年产量已达 1 亿~3 亿片，并且每年以约 16% 的速度增长，而单片机的年需求量达 50 亿~60 亿片，销售额可达 400 亿元人民币。这说明单片机在我国有着广阔的应用前景。

1.2.2　嵌入式系统概念

嵌入式系统技术是 21 世纪最为重要的关键性技术之一，是继个人计算机技术和互联网技术之后人类最伟大的技术之一。

1. 嵌入式系统的定义

关于嵌入式系统的概念，目前还没有统一的说法。国内学术界通常认为嵌入式系统技术是在单片机上发展起来的，是单片机技术的延伸；而业界通常所说的嵌入式系统技术，是指应用 ARM、MIPS、PowerPC 等架构的 32 位片上系统（System of Chip，SoC）和 DSP 等专用芯片的软件与硬件技术。

关于嵌入式系统，目前国内比较公认的定义是：以应用为中心，以计算机技术为基础，软件硬件可裁剪，适应应用系统对功能、可靠性、成本、体积、功耗严格要求的专用计算机系统。

可以看出，嵌入式系统包括软件和硬件两个方面，在计算机技术基础上发展起来，同时又具有很强的行业背景。嵌入式系统是多学科的融合，在硬件上，是微电子技术和电子技术的融合，以超大规模集成电路技术和电子技术的发展为基础；在软件上，主要以计算机技术为基础。由于以应用为中心，加之与应用行业/领域密切结合，所以又以相应的应用领域学科为基础，如图 1.1 所示。

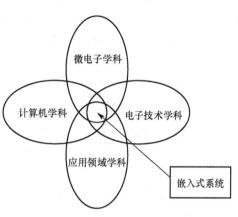

图 1.1 嵌入式系统的多学科融合

2. 嵌入式系统的种类

嵌入式系统通常分为工控计算机（简称工控机）、通用 CPU 模块、嵌入式微处理器、嵌入式微控制器。前两者是基于通用 CPU 的计算机系统，后两者是芯片形态的计算机系统。嵌入式微控制器是嵌入式系统概念广泛使用后，对传统单片机定位的称呼。

（1）工控机

工控机是早期嵌入式系统常常采用的方式。工控机大多数是对通用计算机系统进行机械加固、电气加固后构成的，以满足应用系统的应用环境要求。工控机有通用计算机丰富的软件及周边外设支持，有很强的数据处理能力，应用软件开发十分方便。但由于体积庞大，因此仅适用于具有大空间嵌入应用的环境，如航船、大型试验装置、分布式测控系统等。

（2）通用 CPU 模块

通用 CPU 模块是由通用 CPU 构成的各种形式的主机板系统。与工控机相比，其体积较小，可以满足较小空间的嵌入式应用环境。为了满足工控测控对象要求，通用 CPU 模块上常常会设置一些满足测控对象要求的接口电路。通用 CPU 模块具有较强的数据处理能力，借助通用计算机可方便地开发应用软件。通用 CPU 模块常用在需要大量数据处理、逻辑判断的系统中，如中大型试验系统、电视机顶盒（Top Box）、收银机等。

（3）嵌入式微处理器

早期，微处理器（MicroProcessor Unit，MPU）主要用来构成通用计算机系统，而后随着嵌入式应用极其庞大的市场潜力，众多的 MPU 生产厂家开始发展嵌入式微处理器。

嵌入式微处理器是在通用微处理器（MPU）的基核上，添加外围单元电路和满足对象测控要求的外围接口电路后，构成的单芯片形态计算机系统。例如，Intel 公司早期将通用微处理器 80386 与定时器/计数器、中断系统、串行口、并行口、DMA、WDT 及 MMU 存储器管理部件集成在一个芯片上，构成了 386EX，它就是典型的嵌入式微处理器。

嵌入式微处理器由于总线、I/O 地址与通用微处理器构成的 PC 兼容，有较好的操作系统支持，易于开发，又是单芯片形态的嵌入式系统，因此在许多嵌入式应用系统中使用广泛。

（4）单片机（微控制器）

由于单片机具有唯一的专门为嵌入式应用设计的体系结构与指令系统，所以它最能满足嵌入式的应用要求。目前，国内外公认的单片机标准体系结构是美国 Intel 公司的 MCS-51 系列，其中 8051 由 Intel 公司以技术转卖的方式，被许多半导体生产厂家作为基核，发展了许多兼容系列，所有这些系列统称为 80C51 系列。单片机是发展最快、品种最多、数量最大的嵌入式系统。用户可根据应用系统的要求，广泛选择最佳型号的单片机。

美国 Atmel 公司的单片机 AT89S51 是 80C51 系列的典型代表，本书以 89S51 芯片为主线介绍单片机原理与应用。

3. 单片机是经典的嵌入式系统

单片机从体系结构到指令系统，都是按照嵌入式应用特点而专门设计的，它能最好地满足面对控制对象、嵌入应用系统、现场可靠运行及非凡控制品质的要求。因此，单片机最广泛地应用在中小型工控领域，是电子系统智能化的最重要的工具。

目前，单片机尚不具备自开发能力，常常需要专门的开发工具。下一节简要介绍单片机应用系统的开发过程。

1.3　单片机应用系统开发过程简述

单片机应用系统由硬件系统和软件系统组成，因此要实现一个基于单片机的产品应用系统时，需要进行硬件开发和软件开发。

1.3.1　单片机编程语言

在单片机软件开发过程中，势必要使用到单片机的编程语言。单片机常用的编程语言包括汇编语言和高级语言，现在几乎没有人还使用机器语言来编写单片机软件，但应用系统中的单片机只能识别并运行机器语言程序。

1. 机器语言

机器语言是用二进制代码表示的指令。由汇编语言编写的单片机源程序经过汇编器的汇编后可以产生机器语言程序，由高级语言编写的单片机源程序经过编译器的编译后也可以产生机器语言程序。这里提到的汇编器和编译器是单片机开发工具，实际上是 Windows 应用程序。

2. 汇编语言

汇编语言是用助记符表示的指令，是单片机常用的程序设计语言。汇编语言与单片机硬件关系密切，可以方便地实现诸如中断管理、模拟量/数字量的输入/输出等功能，占用的单片机资源少，执行速度快。但是，对于复杂的大型单片机应用系统而言，汇编语言源程序代码的可读性差，不利于单片机软件的升级和维护。

用汇编语言编写的单片机程序称为汇编语言源程序，简称源程序。汇编语言源程序必须经过汇编器的汇编后，才能产生机器语言代码，这种机器语言代码称为目标程序，如图 1.2 所示。单片机运行时，不能执行汇编语言源程序，只能执行目标程序。

图 1.2　目标程序的产生方法之一

3. 高级语言

高级语言的程序结构清晰、可读性好、开发周期短，并具有极好的可移植性。高级语言的代码效率和长度一般不如汇编语言，但随着单片机制造技术的不断改进和编译器性能的不断提高，新型单片机内部都嵌入了大容量的 Flash E^2PROM，高级语言的代码运行效率低和代码长的缺陷已得到了弥补，因此高级语言在单片机软件的开发中得到了极其广泛的应用。

C 语言是现代单片机软件开发中常用的高级语言。经过 Keil 公司和 Franklin 公司的努力，面向单片机的 C 语言在 20 世纪 90 年代趋于成熟，已成为专业化的单片机高级语言。

C51 是面向 80C51 单片机的 C 语言编译器。采用 C51 程序设计语言，编程者只需了解变量和常数的存储器类型与 80C51 单片机存储空间的对应关系，而不必深入了解单片机芯片内部的硬件结构，C51 编译器会自动完成变量和常数的存储单元的分配。目前，C51 语言已经得到了广泛的推广和应用，成为单片机的主流程序设计语言。本书主要采用 C51 语言编写单片机程序。

用 C51 语言编写的单片机程序称为 C51 语言源程序，简称源程序。C51 语言源程序必须经过编译器的编译后，才能产生机器语言代码，这种机器语言代码也称目标程序，如图 1.3 所示。单片机运行时，不能执行 C51 语言源程序，只能执行目标程序。

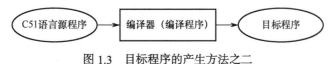

图 1.3　目标程序的产生方法之二

1.3.2　单片机应用系统结构

单片机应用系统的结构通常分为单片机、单片机系统、单片机应用系统 3 个层次，如图 1.4 所示。

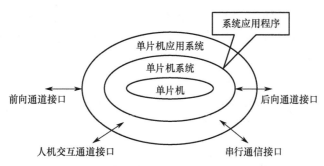

图 1.4　单片机应用系统的 3 层次结构

单片机通常是指单片机芯片本身，但一个单片机芯片并不能把计算机的全部电路都集成到其中，如组成谐振电路的石英晶体、组成复位电路的电阻电容等，这些电子元件在单片机应用系统中一般以分立元件的形式出现（最新的片上系统单片机和一些新的 MCS-51 派生产品已经可以取消这些外部元件）。

为了实现某一应用，由用户设计的以单片机为核心，配以控制、输入、输出、显示等外围电路的系统，称为单片机系统。

单片机应用系统是满足嵌入式对象要求的全部电路系统，它在单片机系统的基础上配置了面向对象的接口电路，主要包括如下电路。

1. 前向通道接口电路

这是单片机应用系统面向检测对象的输入接口，通常是各种物理量的传感器、变送器输入通道。电量输出信号类型（如小信号模拟电压、大信号模拟电压、开关信号、数字脉冲信号等）不同，接口电路也不同。通常有信号调理器、模/数转换器、开关输入、频率测量输入接口等。

2. 后向通道接口电路

这是单片机应用系统面向控制对象的输出接口。根据伺服控制要求，后向通道接口电路通常有数/模转换器、开关输出、功率驱动接口电路等。

3. 人机交互通道接口电路

人机交互通道接口是满足单片机应用系统人机交互需要的电路，如键盘、显示器、打印机等 I/O 接口电路。

4. 串行通信接口

串行通信接口是满足远程数据通信或构成多机（多 CPU）网络系统的接口，如标准的RS-232C、RS-422/485 和现场总线接口等。

单片机应用系统是最终产品的目标系统，除硬件电路外，还包括单片机应用程序。

1.3.3　单片机应用模式

按单片机应用系统的体系结构划分，单片机的应用模式大致分为通用型应用模式和专用型应用模式。通用型应用模式又分为总线应用模式、非总线应用模式、总线型单片机的非总线应用模式。

1. 专用型应用模式

这种应用模式使用专用型单片机，将应用系统所需的接口电路集成到单片机芯片中，如图 1.5(a)所示。应用系统的硬件电路简单，只有一些无法集成到单片机内部的外部设备及周边元器件。例如，freescale（飞思卡尔）单片机主要用于汽车和通信应用中。

2. 通用型应用模式

这种应用模式使用通用型单片机，应用系统中所需的外围电路可通过并行总线或串行总线进行扩展。

（1）总线应用模式

这种应用模式使用总线型单片机，外围接口电路可通过并行总线或串行总线进行扩展，如图 1.5(b)所示。并行扩展时电路较复杂，但能满足必须使用并行接口的外围器件的扩展要求。

（2）非总线应用模式

这种应用模式使用非总线型单片机，如图 1.5(c)所示。应用系统的所有外围器件都通过串行总线扩展。单片机引脚数量较少，I/O 口数量不多，常用于一些小型应用系统。

（3）总线型单片机的非总线应用模式

这种应用模式使用总线型单片机，但并行总线不用于扩展外围器件，而将这些总线的引脚作为 I/O 口使用。应用系统的所有外围器件都通过串行总线扩展，如图 1.5(d)所示。使用这种应用模式可以获得较多的 I/O 口线，通过串行扩展后，还可以简化应用系统的硬件电路，因此这种应用模式使用得越来越广泛。

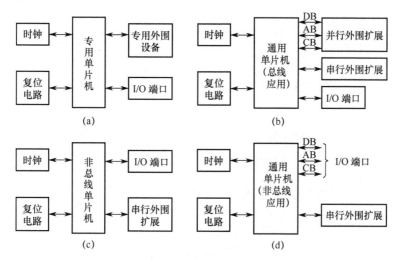

图 1.5　单片机的应用模式

1.3.4　单片机应用系统开发过程简介

正确的硬件设计和良好的软件功能设计是一个实用单片机应用系统的设计目标，完成该目标的过程称为单片机应用系统的开发。

单片机应用系统的开发过程如图 1.6 所示。除单片机应用系统产品立项后的方案论证、总体设计外，单片机应用系统的开发过程主要包括 4 部分：硬件系统的设计与调试，单片机应用程序设计，应用程序的仿真调试，系统调试。

1. 硬件系统的设计与调试

硬件系统的设计包括系统硬件电路原理图的设计、印制电路板（PCB）的设计与制作、元器件的安装与焊接。完成硬件系统的设计后，应采用适当的手段对硬件系统进行测试，测试合格后，硬件系统的设计与调试完毕。获得的硬件系统一般称为单片机目标板。

2. 单片机应用程序设计

将单片机应用程序按系统软件的功能划分成不同的子功能模块和子程序，无论是子功能模块还是子程序，都要在单片机应用系统开发环境的编辑软件支持下，先编写好源程序，并且在汇编器/编译器的支持下，通过汇编/编译来检查源程序中的语法错误。只有通过汇编/编译，没有语法错误后，才能进入应用程序的仿真调试。

3. 应用程序的仿真调试

应用程序仿真调试的目的是：检查应用程序是否有逻辑错误，是否符合软件功能要求，纠正错误并完善应用程序。应用程序的仿真调试分为模拟仿真（也称软件仿真）和硬件仿真。模拟仿真仅在 PC 上完成，与目标板没有关系；硬件仿真需要借助单片机仿真器、PC 和目标板进行，硬件仿真的前段是为了调试应用程序本身，而当确认应用程序没有问题时，硬件仿真的后段实际上属于系统调试。

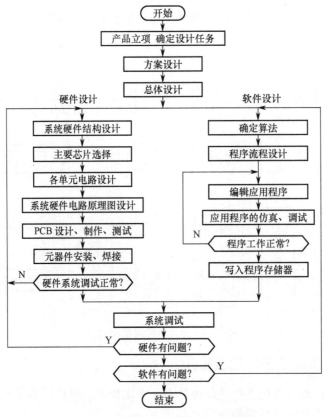

图 1.6　单片机应用系统的开发过程

因为任何单片机应用程序都是针对某个单片机硬件电路设计的，所以有条件的话，一般要采用硬件仿真。但是，具有丰富单片机设计经验的高手只用软件仿真也能完成艰巨的任务。

4. 系统调试

仿真通过的应用程序，通过编程器将目标程序下载到单片机应用系统的程序存储器中，并通过人机交互通道接口，在给定的不同运行条件下，观测系统的具体功能能否实现。根据系统运行结果，若运行正确，则系统的某项具体功能实现得到确认；若运行错误，则应根据错误的具体现象修改应用程序设计，甚至修改系统硬件电路，最终满足系统的所有功能要求。

由于单片机的实际运行环境一般是工业生产现场，即使硬件仿真调试通过的单片机应用系统，在脱机运行于工况现场时，也可能出现错误，这时应特别注意单片机应用系统的防电磁干扰措施，应对设计的单片机应用系统进行全面检查，针对可能出现的问题，修改应用程序、硬件电路、总体设计方案，直至达到用户要求。

单片机应用系统开发过程的进一步介绍，请见本书第 10 章。

1.4　本书特点与教材使用建议

随着计算机技术、大规模集成电路技术、软件技术的飞速发展，单片机技术也在快速更新。多年的单片机原理与应用课程教学经验，以及实际的单片机应用系统设计经历，促使我们有了这样的想法：撰写一本既包含较新单片机技术又适合教与学的书。

1.4.1　本书编写指导思想

下面谈一谈本书的编写指导思想。

1. 整体架构

为了将当前的单片机应用技术反映到本书中，而本书又要能适合教师的教学工作，且符合学生的学习规律，我们认为，全书可分为两大部分。

第一部分，即本书的第 1 章～第 8 章，主要介绍单片机结构、工作原理、基本应用，是继续学习单片机应用技术的基础，是单片机原理与应用课程的经典内容。

第二部分，即本书的第 9 章～第 13 章，主要介绍当前的单片机应用新技术，以及单片机应用系统设计方法和工程设计实例。显然，第二部分是单片机原理与应用课程经典内容的扩展，主要目的是给读者提供继续学习和掌握单片机应用系统开发技术的精选内容，让读者了解当前单片机应用新技术、开发小工具、开发环境、开发过程，从而达到初步掌握单片机应用系统设计和开发技术的目的。

具体来说，本书以 89S51 为典型机，从工程应用出发，主要论述单片机的基本结构与工作原理，以及单片机应用系统的设计与开发方法。全书内容分为 13 章：概述，单片机的结构和工作原理，指令系统，单片机 C51 语言程序设计基础，中断系统，定时器/计数器，单片机的串行口 UART，单片机常用并行接口技术，串行总线接口技术，单片机应用系统开发环境，基于嵌入式实时操作系统的单片机程序设计方法，基于 RTX51 的乐曲编辑器和发生器的设计，数控电流源的设计。

书后附录给出了 18 个单片机原理与应用课程设计题，以及单片机 89S51 的指令系统。本书为任课教师免费提供电子课件。

2. 贴近单片机应用技术发展现状，完善单片机原理与应用课程内容体系

（1）关于单片机的选型

目前，国内外公认的单片机标准体系结构是美国 Intel 公司的 MCS-51 系列，其中的 8051 单片机由 Intel 公司以技术转卖的方式，被许多半导体生产厂家作为基核，发展了许多兼容系列，所有这些系列统称为 80C51 系列。因此，人们在设计单片机应用系统时，可以根据应用系统的要求，广泛选择最佳型号的单片机。然而，美国 Atmel 公司的单片机 AT89S51 是 80C51 系列的典型代表，所以本书以 89S51 芯片为主线来介绍单片机原理与应用。

当然，在讲授 89S51 单片机的同时，也要时刻注意我国单片机的市场动态，根据市场的变化来选择主流单片机，只有这样，才能使单片机原理与应用课程真正适应社会需要。例如，深圳宏晶科技股份有限公司生产的 STC 系列单片机就具有很高的性价比，并且 STC 系列单片机的开发调试方法比较好——无须仿真器，直接通过 UART 串口以 ISP 方式下载目标程序查看运行结果即可，STC 系列单片机的指令系统与 MCS-51 系列单片机的指令系统完全兼容。值得一提的是，目前 STC 系列单片机在业界的使用很广泛。

（2）精心安排"经典内容"，认真撰写第 1 章～第 8 章

目前，国内所有的工科院校，包括职业技术学院，无论是本科层次还是专科层次，都无一例外地开设了单片机原理与应用课程，单片机原理与应用课程的"经典内容"是单片机初学者的必学内容，由于大家的努力，单片机原理与应用课程的教材也出版了很多。然而，当我们使用了多种类型的教材后，觉得很有必要出版一本既包含单片机当前新技术又适合当前

学与教的教材。

从工程应用的角度出发，通过精心安排本书第 1 章～第 8 章的内容，达到既能讲透单片机的结构原理，又能精简"经典内容"体系结构的目的。比如，单片机的工作方式有多种，但工程应用中主要用到的是复位工作方式、低功耗工作方式和编程工作方式，因此本书在介绍复位电路的基础上，重点介绍复位工作方式、低功耗工作方式和 AT89S51 的 ISP 编程工作方式，而对其他工作方式则只是略微提一下。又如，定时器/计数器有 4 种工作方式，其他教材一般按顺序介绍工作方式 0～工作方式 3，但在实际工程应用中，工作方式 0 很少采用而工作方式 1 应用最多，所以本书按照工作方式 1、工作方式 2、工作方式 3、工作方式 0 的顺序进行介绍，以便使教材内容贴近实际需要。再如，单片机的存储器分为程序存储器和数据存储器，而实际上特殊功能寄存器也属于单片机的存储器，所以本书将这三方面的内容放在一个小节内进行介绍，这种安排是有别于其他教材的。为了保证本书中所用实例程序的正确性，选用的实例程序都通过了实际验证。

具体来说，本书的重点注意事项如下：① 精简"经典内容"的体系结构；② 统一单片机的概念和称呼；③ 杜绝程序错误；④ 避免文字错误。

（3）详细介绍串行总线接口技术

随着计算机技术和半导体技术的发展，MCU 芯片的内部资源越来越丰富，总线型单片机的非总线应用模式使用得越来越广泛；而在 MCU 的外部很少采用并行三总线（数据总线、地址总线、控制总线）结构，使得人们常常采用具有串行总线接口的外围芯片。因此，本书简化并行扩展的内容，在介绍单片机常用并行接口技术的基础上，特别增加串行总线接口技术，用一章的篇幅详细介绍 RS-232、RS-485、SPI、I^2C、1-Wire、CAN、USB 等串行总线技术。

鉴于以上考虑，如果希望在单片机原理与应用课程中让学生基本了解微机原理与接口技术的内容，那么本书是比较适合的。

（4）介绍 C51 语言程序设计方法

目前，单片机程序设计部分的讲授内容大多限于"汇编语言"，而实际应用中单片机程序设计多年前就进入了"高级语言"阶段，各种单片机高级语言开发工具的相继出现，使得高级语言程序设计在可读性、可靠性和编程效率上都远超汇编语言，德国 Keil Software 公司的 Keil C51 编译器就是典型代表。Keil C51 编译器是一种专为 MCS-51 系列单片机应用开发而设计的高效率 C 语言编译器，它包括 C51 交叉编译器、A51 宏汇编器、BL51 连接定位器和基于 Windows 的集成化文件管理编译环境、多视窗软件仿真调试器等一系列开发工具，具有高效、可靠、使用方便等许多优点，应用如今已十分普及。因此，本书的程序设计实例全部采用 C51 语言编写。

我们认为在教学中，目前还不宜完全忽略汇编语言程序设计方法的介绍，因为在许多实时控制时序和时间要求十分苛刻的场合，尤其是在控制接口硬件时，用汇编语言进行程序设计显得非常简洁。因此，作为选学内容，本书保留了 MCS-51 单片机指令系统并简要介绍了汇编语言程序设计方法（第 3 章）。

（5）介绍基于嵌入式实时操作系统的单片机程序设计方法

第 11 章介绍适用于 MCS-51 系列 8 位单片机的嵌入式实时操作系统 RTX51 及其应用方法。这个内容有别于嵌入式系统课程的内容：一方面，实时操作系统 RTX51 是适用于 MCS-51 系列 8 位单片机的，而嵌入式系统课程中介绍的实时操作系统是适用于 32 位嵌入式微处理器或 64 位嵌入式微控制器的；另一方面，实时操作系统 RTX51 易学好用，笔者在实际工程项目中使用它后觉得很好，因此放在本书中，这是本书的亮点之一。

（6）简单介绍单片机应用系统设计的开发环境

第 10 章主要介绍单片机开发小工具、开发环境 Keil μVision4 和 Proteus 以及开发步骤，目的是让读者了解单片机应用系统设计开发的方法和工程设计步骤，建立单片机应用系统开发的全局观念。一般来说，单片机开发环境的介绍需要较大的篇幅，且已有专门的书籍进行了介绍，而要真正掌握单片机的开发环境，只有经过大量的训练后才能实现，因此对于这部分内容本书只做简单介绍，读者必须通过实际操作，不断积累经验，直至熟练运用单片机开发环境。

3. 与工程应用相结合，选取完整的设计实例

第 12 章和第 13 章是两个完整的单片机应用系统的设计实例，取材于全国大学生电子设计竞赛的国家级获奖作品和实际的工程设计。这两章都给出了完整的系统设计过程，不仅给出了完整的系统硬件电路原理图，而且给出了完整的系统软件设计源程序代码，系统应用程序采用 C51 语言进行编写，或采用 C51 语言和 MCS-51 汇编语言混合编写。此外，这两章的编写体例是按照电气信息类专业本科毕业设计的论文格式要求进行撰写的，在书中还给出了所设计与制作实物的数码照片，以便增强实际效果。因此，本书的这两章不仅可供从事单片机应用系统开发的工程技术人员参考，还可作为各类电子设计竞赛的培训内容，以及单片机原理与应用课程设计的参考内容和电气信息类专业学生毕业设计的参考内容。

确定了本书的编写指导思想后，我们撰写了一份包含 3 级标题的编写提纲，并在较广泛的范围内进行了讨论，参加讨论的人员包括长期从事单片机原理与应用课程教学的老师、学习过单片机原理与应用课程的在校学生、已走上工作岗位的电气信息类专业的毕业生等。在此讨论的基础上，对编写提纲进行了修改，并要求根据编写提纲完成各章的撰写工作。

1.4.2　本书特点

1. 全书内容结构合理，贴近单片机应用技术发展现状

全书分为两大部分。第 1 章～第 8 章为第一部分，主要介绍单片机芯片内部逻辑结构与工作原理及基本应用，是继续学习单片机应用技术的基础；第 9 章～第 13 章为第二部分，主要介绍当前的单片机应用新技术，以及单片机应用系统设计开发方法和工程设计实例。

2. 突出了单片机应用技术的新颖性和实用性

全书以单片机 89S51 芯片为主线，简化了传统教材中单片机并行扩展的内容，在介绍单片机常用并行接口技术的基础上，特别增加了串行总线技术，如 RS-232、RS-485、SPI、I^2C、1-Wire 单总线、CAN、USB 等；介绍了适用于 MCS-51 系列 8 位单片机的嵌入式实时操作系统 RTX51 及其应用方法，传统的单片机教材中一般没有介绍相关内容；本书采用的实例程序全部通过了实际验证，杜绝了程序错误；本书采用 C51 语言进行单片机程序设计；简单介绍了单片机开发小工具、集成开发环境 Keil μVision4、PC 环境下的单片机应用系统仿真软件 Proteus，目的是让读者了解单片机应用系统设计开发的方法和设计步骤，建立单片机应用系统开发的全局观念；最后两章精选了两个单片机应用系统设计实例。

3. 目标明确，本书有配套的资料

本书的目标是：让当前的单片机应用新技术较好地体现到本书中，使之适合教师的教学工作，并符合学生的学习规律。本书能满足工科院校电气信息类专业课程教学、课程设计和

毕业设计对单片机原理与应用系统设计的要求。在单片机原理与应用课程中，如果期望学生基本了解微机原理与接口技术的内容，那么本书是比较适合的。

我们精心制作了与本书相配套的 PPT 电子课件，可为选用本书作为教材的教师免费提供；此外，为提高读者的动手能力，我们特意研制了多种规格的单片机实验开发板，以提升学习单片机技术的效果与效率。

1.4.3　教材使用建议

本书内容共 13 章，任课教师可根据实际情况选用本书的内容，组织教学，并处理好与其他相关课程的关系。

1. 建立嵌入式系统课程体系

规划课程体系时，应考虑人才培养目标。电气信息类专业的嵌入式系统人才培养目标是：培养初步掌握嵌入式系统设计和底层驱动开发方法，熟练掌握上层嵌入式系统软件开发方法和技术的应用型人才。

随着集成电子技术的飞速发展及信息化社会的到来，社会对工科学生在单片机应用技术方面不仅有较高的要求，对学生在 DSP 应用技术和嵌入式微处理器的应用技术方面的要求也逐渐增高，这从目前的学生求职过程中即可看出。为适应社会的需求并提高学生的就业率，我们考虑为电气信息类专业建立一个嵌入式系统课程群，这个课程群包括 4 门课程：单片机原理与应用，EDA 技术与应用，DSP 技术与应用，ARM 嵌入式系统原理与应用。除单片机原理与应用、EDA 技术与应用为必修课外，DSP 技术与应用、ARM 嵌入式系统原理与应用可作为选修课，有条件的学校可把 DSP 技术与应用课程作为必修课。

要做好课程群建设，不仅要建立一支过硬的教师队伍，还要注意建立一个好的实践教学环境。教师队伍的建设主要考虑那些工作在科研一线并具有实践经验的青年教师。实践教学环境也是一个重要方面，实践教学环境的建设要寻求学校的大力支持。

2. 教学方法与教学手段

课堂教学除发挥教师的主导作用外，应充分利用教师与学生的互动，调动学生主动学习的积极性。在授课中，要特别注意课堂教学方法的改进。由于单片机原理与应用课程是紧密结合实际的，因此一定要让学生清楚所讲授内容的意义和目的，要与实际相结合，使学生感兴趣。讲授的内容要承上启下，先行课程为数字电子技术。如果已将微机原理与接口技术作为先修课程，那么当然更好；如果没有先修微机原理与接口技术课程，并且希望在单片机原理与应用课程中让学生基本了解微机原理与接口技术，那么教师就要把所讲授的内容与先行内容间的联系和区别讲清楚，比如微型计算机中对所有存储器采用统一编址，但单片机将程序存储器和数据存储器独立编址。教学过程中要经常与学生交流，充分利用课前的时间和课间时间，发现问题并及时讲解。

课堂教学中，要注重问题的引出，如何深入，采用何种工具和方法，都有哪些设计方案，这些设计方案各有哪些特点，适用什么场合，在做出结论时进行适当启发，尽量引导学生做出正确的结论。在介绍应用系统设计时，尤其要注意设计能力的培养，要有系统的概念。把具体的单片机应用系统的实物拿到课堂上，让学生对实际应用系统有一个感性认识。课程结束时，给学生布置一个应用系统设计的大作业，这对培养学生的设计能力、与实际联系的能力是大有益处的。要使学生自己真正地应用所学知识去设计一个应用系统。

　　单片机原理与应用课程属于应用设计类课程，它与实际紧密结合，因此一定要有市场观和成本观。在讲授有关设计方面的内容时，应注重使学生树立经济效益、性价比的观念，这对工科的学生十分重要。不能只讲授功能设计而不顾经济效益。要把几种设计方案加以比较，注重工程上的可行性、性价比，这就对教师提出了更高的要求。教师要积极参加科研，多看最新的期刊，要了解市场，了解最新元器件的性能与基本价格。

　　为了让学生注重实验、注重作业、注重教师的课堂提问，避免一张试卷就决定成绩的现象，单片机原理与应用课程的最终成绩由三部分组成：课程考试占 70%，实验占 20%，平时占 10%。

　　单片机原理与应用课程还应注重把先进的信息技术手段应用到教学中。要让精心制作的电子课件在多媒体教室投入使用，因此课堂教学内容中有较多的接口电路图与程序，而使用电子课件会感到很方便，同时也可加大讲授的信息量。

　　在讲授单片机原理与应用课程时，还要同时向学生介绍与单片机相关的后续内容，如数字信号处理器（DSP）、嵌入式微处理器 ARM 等，激发学生的兴趣，开阔学生的眼界，真正让他们把学到的内容与上述内容联系起来，做到举一反三，为就业和攻读硕士学位打好基础。

　　单片机原理与应用课程结束后，应鼓励学生积极参加各种电子设计竞赛，对学生来说这也是很好的锻炼机会。

3. 少学时单片机原理与应用课程内容的安排

　　本书第一部分是单片机原理与应用课程的"经典内容"，是初学者必须学习的内容，其中第 3 章是选讲内容，讲授完这部分内容一般需要 34～38 学时，可供任课教师参考的具体学时分配情况如表 1.4 所示。

表 1.4　少学时单片机原理与应用课程学时分配情况表

序　号	章　节	学　时
1	第 1 章　概述	2
2	第 2 章　单片机的结构和工作原理	8
3	第 3 章　指令系统*	4*
4	第 4 章　单片机 C51 语言程序设计基础	6
5	第 5 章　中断系统	4
6	第 6 章　定时器/计数器	4
7	第 7 章　单片机的串行口 UART	4
8	第 8 章　单片机常用并行接口技术	6
合计		34～38

4. 多学时单片机原理与应用课程内容的安排

　　本书第二部分是单片机原理与应用课程的"扩展内容"，具体包括第 9 章～第 13 章，任课教师宜根据学时多少选择讲授。其中，第 10 章宜在单片机实验课中介绍，第 12 章与第 13 章只需选讲一章，另一章可让学生在课后阅读。多学时情况下，可供任课教师参考的具体学时分配情况如表 1.5 所示。

表 1.5　多学时单片机原理与应用课程学时分配情况表

序　号	章　节	学　时
1	第 1 章　概述	2
2	第 2 章　单片机的结构和工作原理	8
3	第 3 章　指令系统*	4*
4	第 4 章　单片机 C51 语言程序设计基础	6
5	第 5 章　中断系统	4
6	第 6 章　定时器/计数器	4
7	第 7 章　单片机的串行口 UART	4
8	第 8 章　单片机常用并行接口技术	6
9	第 9 章　串行总线接口技术	6
10	第 10 章　单片机应用系统开发环境	4
11	第 11 章　基于嵌入式实时操作系统的单片机程序设计方法	6
12	第 12 章　基于 RTX51 的乐曲编辑器和发生器设计	4
13	第 13 章　数控电流源设计	4
合计		58～62

1.5　本章小结

单片机在一块半导体硅片上集成了计算机的所有基本功能部件，包括中央处理器、存储器、输入/输出接口电路、中断系统、定时器/计数器和串行通信接口电路等。因此，单片机只需与适当的软件及适当的外部设备相结合，就能构成一个完整的计算机应用系统。"单片机"是单片微型计算机的简称，是一种通俗的称呼。单片机的另外两种叫法是：微控制器（MCU），嵌入式微控制器（EMCU）。

自美国 Intel 公司于 1976 年宣布并于 1977 年推出 MCS-48 单片机以来，单片机技术已经走过了 30 余年的历程。几十年来，单片机不以其位数的高低来决定优劣，而以如何适合千变万化的应用产品的需求的高性价比的配置来决定优劣。因此，高性价比、多功能、低功耗的 8 位单片机一直是单片机的主角。美国 Atmel 公司的单片机 AT89S51 是 8 位单片机的典型代表。

单片机的发展趋势是，向 CMOS 化、低功耗、小体积、大容量、高性能、低价格和外围电路内装化等几个方面发展。

嵌入式系统的概念是：以应用为中心，以计算机技术为基础，软件/硬件可裁剪，适应应用系统对功能、可靠性、成本、体积、功耗严格要求的专用计算机系统。单片机是经典的嵌入式系统。

单片机具有显著的优点，因而广泛应用于家用电器、智能化仪器仪表、医用设备、汽车电子产品、航空航天、专用设备的智能化管理及工业生产过程控制等领域。

单片机常用的编程语言包括汇编语言和 C51 语言，源程序必须经过汇编器/编译器的汇编/编译后，才能产生机器语言代码，这种机器语言代码称为目标程序，单片机运行时，只能执行目标程序。

单片机的应用模式大致分为通用型应用模式和专用型应用模式。通用型应用模式又分为总线应用模式、非总线应用模式、总线型单片机的非总线应用模式。

单片机应用系统的开发过程，除产品立项后的方案论证、总体设计外，主要包括硬件系统的设计与调试、单片机应用程序设计、应用程序的仿真调试、系统调试 4 部分。

1.6　思考题与习题

1. 什么是单片机？什么是单片机系统？什么是单片机应用系统？
2. 除单片机这一名称外，单片机还可称为（　　　　）和（　　　　）。
3. 微处理器、微型计算机、CPU、单片机，它们之间有何区别？
4. 单片机与普通计算机的不同，在于其将（　　　）、（　　　）和（　　　）三部分集成在一块芯片上。
5. 单片机有哪些特点？
6. 单片机技术的发展方向如何？
7. 单片机的发展过程大致分为哪几个阶段？
8. 单片机根据其基本操作处理的数据位数可分为哪几种类型？
9. 单片机主要应用在哪些领域？
10. 举例说明单片机在嵌入式系统中的应用。
11. 举例说明单片机控制系统的组成、结构和工作原理。
12. 在单片机应用系统中，硬件与软件是什么关系？软件如何实现对硬件的控制功能？
13. 什么是总线型单片机？什么是非总线型单片机？对于总线型单片机而言，什么情况下是总线应用？什么情况下是非总线应用？
14. 单片机应用系统开发过程主要包括哪些步骤？

第 2 章 单片机的结构和工作原理

本章介绍 AT89S51 单片机芯片的引脚功能、工作方式、内部硬件资源、输入/输出端口的电路结构与工作原理。

2.1 MCS-51 系列单片机概述

MCS-51 系列单片机是美国 Intel 公司于 1980 年推出的一种 8 位单片机系列。MCS-51 系列单片机已有很多品种，可分为基本型和增强型两大系列：51 子系列和 52 子系列，以芯片型号的最末位数字作为标志，如表 2.1 所示。

表 2.1 MCS-51 系列单片机分类表

分类	芯片型号	存储器类型及容量			片内其他功能单元数量		
		ROM	RAM	并行口	串行口	定时器/计数器	中断源
51 子 系 列	8031/80C31	无	128B	4 个	1 个	2 个	5 个
	8051/80C51	4KB 掩膜	128B	4 个	1 个	2 个	5 个
	8751/87C51	4KB EPROM	128B	4 个	1 个	2 个	5 个
	89C51/89S51	4KB Flash	128B	4 个	1 个	2 个	5 个
52 子 系 列	8032/80C32	无	256B	4 个	1 个	3 个	6 个
	8052/80C52	8KB 掩膜	256B	4 个	1 个	3 个	6 个
	8752/87C52	8KB EPROM	256B	4 个	1 个	3 个	6 个
	89C52/89S52	8KB Flash	256B	4 个	1 个	3 个	6 个

51 子系列主要有 8031、8051、8751 三种机型。它们的指令系统与芯片引脚完全兼容，这三种产品之间的区别仅体现在片内程序存储器方面：8031 片内没有程序存储器；8051 的片内程序存储器（ROM）是掩膜型存储器，即在制造芯片时已将应用程序固化；8751 内部包含有用作程序存储器的 4KB EPROM。

52 子系列主要有 8032、8052、8752 三种机型。52 子系列与 51 子系列的不同之处在于：片内数据存储器增至 256B；片内程序存储器增至 8KB（8032 无）；3 个 16 位定时器/计数器，6 个中断源。其他性能均与 51 子系列的相同。

MCS-51 系列单片机优异的性价比，使得它从面世以来就获得用户的认可。20 世纪 80 年代中期以后，Intel 公司把这种单片机的内核，即 8051 内核，以出售或互换专利的方式授权给一些半导体公司，如 Atmel、Philips、SST 等，这些公司的这类产品被称为 80C51 系列单片机，其中以 Atmel、Philips、SST 等公司生产的与 80C51 兼容的 8 位单片机 89C51 最为典型。89C51 单片机具有低功耗、高性能的特点，能与 MCS-51 单片机指令系统兼容，内部增加了基于 Flash 技术的闪速可电改写的程序存储器，因而在一段时间内得到了广泛应用，各高校和专业学校的培训教材也多以 89C51 单片机作为代表进行理论基础学习。

然而，随着 Atmel 公司宣布停止生产 AT89C51/52 单片机芯片，近年来 89C51 已逐渐被 89S51 取代。89S51 除具有 89C51 的所有功能外，芯片内部集成了看门狗定时器，既可用传统方法进行编程,又支持 ISP 在系统编程技术,给单片机的开发及应用带来了极大的方便,所以近年来得到了广泛应用。

本书以 89S51 单片机为典型机,介绍单片机原理与应用。本章详细介绍 89S51 单片机芯片的引脚功能、工作方式、内部硬件资源、输入/输出接口的结构与工作原理。

2.2　89S51 单片机引脚功能说明

2.2.1　89S51 的引脚图与封装

89S51 的引脚结构图如图 2.1 所示,分为双列直插封装(PDIP 形式)和方形封装(PLCC 形式)。方形封装的芯片有 44 条引脚,但其中 4 条标有文字符号 NC 的引脚(1、12、23 和 34)是不使用的。89S51 的逻辑符号图如图 2.2 所示。

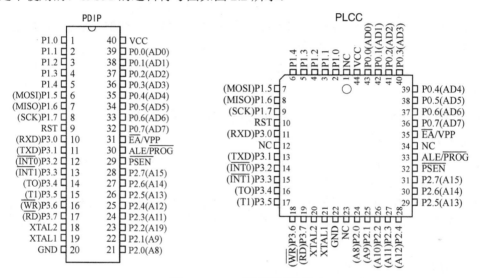

图 2.1　89S51 的引脚结构图

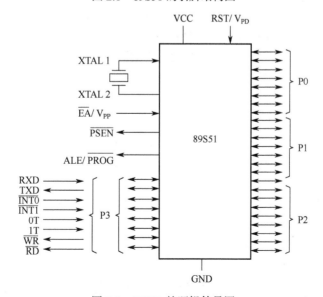

图 2.2　89S51 的逻辑符号图

2.2.2　89S51 的引脚功能说明

在 89S51 单片机的 40 条引脚中，有 2 条电源引脚，2 条外接晶体的引脚，4 条控制功能的引脚，32 条输入/输出引脚。

1. 电源引脚 VCC 和 GND

（1）VCC（40 脚）：接+5V 电源。

（2）GND（20 脚）：接地。

2. 外接晶体引脚 XTAL1 和 XTAL2

（1）XTAL1（19 脚）：接外部晶体和微调电容的一端。在单片机内部，它是一个反相放大器的输入端，这个放大器构成了片内振荡器。当采用外部时钟时，此引脚作为外部时钟输入端。

（2）XTAL2（18 脚）：接外部晶体和微调电容的另一端。在 89S51 片内，它是振荡电路反相放大器的输出端，振荡电路的频率就是晶体的固有频率。当采用外部时钟时，该引脚悬空。有时可以通过示波器查看 XTAL2 是否有脉冲输出，来判断 89S51 单片机的振荡电路是否工作正常。

3. 控制功能引脚 RST/V_{PD}、$ALE/\overline{PROG}$、$\overline{PSEN}$ 和 $\overline{EA}/V_{PP}$

（1）RST/V_{PD}（9 脚）

RST 是复位信号输入端，高电平有效。当此输入端保持两个机器周期（24 个时钟周期）的高电平时，单片机就可以完成复位操作。

VCC 掉电期间，此引脚可接上备用电源，以保持内部 RAM 的数据不丢失。当 VCC 电源下降到低于规定的电平时，而 V_{PD} 在其规定的电压范围（$5\pm0.5V$）内，V_{PD} 就向内部 RAM 提供电源。

（2）$ALE/\overline{PROG}$（30 脚）

ALE 为低 8 位地址锁存允许信号输入端。在系统扩展时，ALE 的负跳沿将 P0 端口发出的低 8 位地址锁存到外接的地址锁存器（如 74HC573）中，然后 P0 端口再作为数据端口，以实现 P0 端口的低 8 位地址和数据的分时传送。

此外，单片机在运行时，ALE 端一直有正脉冲信号输出，此频率为时钟频率 f_{osc} 的 1/6。该正脉冲信号可以作为时钟源或定时信号使用。但是要注意，每当 89S51 访问外部 RAM 时（即执行 MOVX 类指令时），要丢失一个 ALE 脉冲。因此，严格来说，用户不宜用 ALE 作为精确的定时信号。

此引脚的第二功能是 $\overline{PROG}$，在对片内带有 4KB Flash ROM 的 89S51 编程写入（固化程序）时，作为编程脉冲输入端。

（3）$\overline{PSEN}$（29 脚）

片外程序存储器的读选通信号输出端。在单片机读外部程序存储器时，此引脚输出脉冲的负跳沿作为读外部程序存储器的选通信号。此引脚接外部程序存储器的 $\overline{OE}$（输出允许）端。在访问外部 RAM 时，$\overline{PSEN}$ 信号无效，为高电平。

（4）$\overline{EA}/V_{PP}$（31 引脚）

$\overline{EA}$ 为片外程序存储器访问允许控制信号输入端。当 $\overline{EA}$ 引脚为高电平时，单片机读片内程序存储器（4KB Flash 存储器），当程序计数器（PC）的值超过 0FFFH（即超出 4KB 地址范围）时，将自动转向访问片外程序存储器中的程序；当 $\overline{EA}$ 引脚为低电平时，对程序存储器的读操作只限定在片外程序存储器，片内的 4KB Flash 程序存储器不起作用。

V_{PP} 为该引脚的第二功能，为编程使能电压输入端。对 89S51 的片内 Flash 编程时，在该引脚可以接+12V 的编程使能电压。

4. 输入/输出端口引脚 P0、P1、P2、P3

（1）P0 端口：8 位漏极开路的双向输入/输出（I/O）接口。

当 89S51 扩展外部存储器及 I/O 端口芯片时，P0 端口作为低 8 位地址总线/数据总线的分时复用端口。

P0 端口也可作为通用的 I/O 端口使用，但需加上拉电阻，这时为准双向口；当作为普通的输入端口时，应先向端口的输出锁存器写入高电平。P0 端口的每个引脚能接 8 个 TTL 电路的输入。

（2）P1 端口：8 位，准双向 I/O 端口，具有内部上拉电阻。

P1 端口是用户可以使用的准双向 I/O 端口，当作为普通的输入端口时，应先向端口的输出锁存器写入高电平。P1 端口的 P1.5、P1.6、P1.7 引脚具有第二功能，详细介绍请见 2.6.3 节。P1 端口的每个引脚能接 4 个 TTL 电路的输入。

（3）P2 端口：8 位，准双向 I/O 端口，具有内部上拉电阻。

当 CPU 从外部程序存储器取指令和访问外部数据存储器时，P2 端口输出 16 位地址中的高 8 位地址。

P2 端口也可作为普通的 I/O 端口使用。当作为普通的输入端口时，应先向端口的输出锁存器写入高电平。P2 端口的每个引脚能接 4 个 TTL 电路的输入。

（4）P3 端口：8 位，准双向 I/O 端口，具有内部上拉电阻。

P3 端口可作为通用的 I/O 端口使用。当作为普通的输入端口时，应先向端口的输出锁存器写入高电平。P3 端口的每个引脚能接 4 个 TTL 电路的输入。

P3 端口还具有第二功能，详细介绍请见 2.7.4 节。

2.2.3 89S51 的引脚应用特性

1. 外部并行三总线接口特性

外部并行三总线［数据总线（DB）、地址总线（AB）、控制总线（CB）］接口用来扩展外部程序存储器、数据存储器和具有并行接口的外围电路。89S51 设置了规范的 8 位数据总线、16 位地址总线、4 条控制线构成的控制总线。外部并行三总线接口的详细介绍见 8.5 节。

2. 引脚复用特性

为了在有限的引脚上实现尽可能多的功能，89S51 单片机的外部引脚采用了多种复用技术。

（1）端口的自动识别。无论是 P0、P2 端口的总线复用，还是 P3 端口的功能复用，内部资源会有自动选择，不需要通过指令的状态选择。

（2）准双向口的使用。P0～P3 端口可以作为通用的 I/O 端口使用，而当作为普通的输入端口时，应先向端口的输出锁存器写入高电平。

（3）当不使用并行扩展总线时，P0、P2 端口都可用作普通 I/O 端口。但 P0 端口为开漏极结构，用作 I/O 端口时必须外加上拉电阻。

3. I/O 端口的驱动特性

P0 端口的每个 I/O 端口可输出驱动 8 个 TTL 输入端，而 P1～P3 端口的每个 I/O 端口可驱动 4 个 TTL 输入端。CMOS 单片机的 I/O 端口通常只能提供几毫安的驱动电流，但外接的 CMOS 电路的输入驱动电流很小，所以此时可以不考虑单片机 I/O 端口的扇出能力。

2.3　89S51 单片机内部结构

2.3.1　89S51 的基本组成

89S51 单片机的基本组成框图如图 2.3 所示，89S51 单片机芯片内除有 CPU、存储器、输入/输出端口外，还包括定时器/计数器、中断系统、时钟电路等。

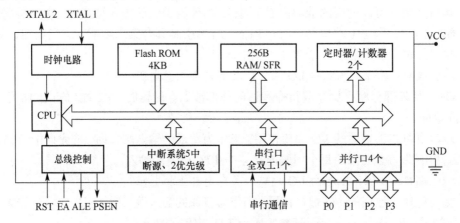

图 2.3　89S51 单片机的基本组成框图

由图 2.3 可以看出，单片机内部各功能部件都挂在内部总线上，它们通过内部总线传送数据信息和控制信息，在 CPU 的控制下，各功能部件分时使用总线。

89S51 单片机芯片内部结构图如图 2.4 所示。我们知道，一台完整的计算机应该由 CPU、存储器和 I/O 端口等基本部分组成。而单片机 89S51 芯片内部已具备一台完整计算机的各个基本组成部分。

1. 中央处理器（CPU）

中央处理器（CPU）是单片机的核心，完成运算和控制功能，由运算器、控制器和布尔处理器组成。89S51 的 CPU 能处理 8 位二进制数或代码。

2. 内部数据存储器（片内 RAM）

89S51 芯片内部共有 256 个 RAM 单元，其中能作为寄存器供用户使用的只是前 128 个单元，用于存放可读写的数据，这 128 个单元的字节地址为 00H～7FH。后 128 个单元被专用寄存器（SFR）占用，字节地址为 80H～FFH。通常所说的内部数据存储器就是指前 128 个单元，称为片内 RAM，简称内存。

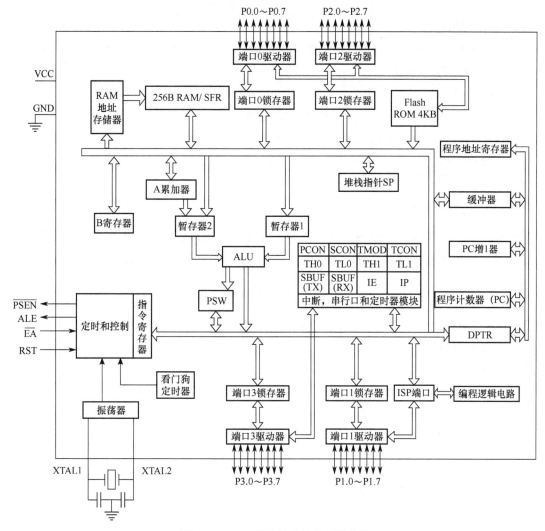

图 2.4　89S51 单片机芯片内部结构图

3. 内部程序存储器（片内 ROM）

89S51 共有 4KB Flash ROM，用于存放程序、原始数据或表格，称为程序存储器，简称片内 ROM。

4. 定时器/计数器

89S51 共有 2 个 16 位定时器/计数器，都能工作于定时器工作模式和计数器工作模式，以实现定时和计数功能。

5. 并行 I/O 端口

89S51 共有 4 个 8 位 I/O 端口（P0、P1、P2、P3），以实现信息的并行输入和输出。

6. 串行口

89S51 单片机有一个全双工的串行口，以实现单片机和其他设备之间的串行数据传送。该串行口功能较强，既可作为全双工异步通信收发器（UART）使用，又可作为 8 位同步移位寄存器使用。

7. 中断控制系统

89S51 共有 5 个中断源，其中有 2 个外部中断，3 个内部中断（即 2 个定时器/计数器溢出中断，1 个串行口中断）。

8. 时钟电路

89S51 芯片的内部有时钟电路，但石英晶体和微调电容需外接。时钟电路为单片机产生时钟脉冲序列。允许的最高晶体频率为 33MHz。

从上述内容可以看出，89S51 虽然是一个单芯片，但它包含计算机应具有的基本部件，因此实际上是一台简单的微型计算机系统。

2.3.2　89S51 的 CPU

如图 2.4 所示，89S51 内部有一个 8 位的面向控制、功能强大的中央处理器（CPU），其主要功能是运算和控制整个系统协调工作。它由运算器、控制器和布尔（位）处理器组成。

1. 运算器

运算器主要用来对操作数进行算术运算、逻辑运算和位操作。主要包括算术逻辑运算单元（ALU）、累加器（A）、位处理器、程序状态字寄存器（PSW）和两个暂存器等。

（1）算术逻辑运算单元（ALU）

ALU 由加法器和其他逻辑电路（移位电路和判断电路）组成。ALU 主要用于对数据进行算术运算、逻辑运算和位操作，运算的结果一般送回累加器（A），而运算结果的状态信息送程序状态字寄存器（PSW）。

（2）累加器（A）

累加器（A）是一个 8 位寄存器，指令助记符可简写为 "A" 或 "ACC"，它是 CPU 工作时最繁忙的寄存器。CPU 的大多数指令，都要通过累加器（A）与其他部分交换信息。A 常用于存放使用次数高的操作数或中间结果。

（3）寄存器（B）

寄存器（B）在乘法和除法指令中作为 ALU 的输入数据之一。

CPU 做乘法运算时，ALU 的两个输入分别是寄存器 A 和寄存器 B，乘积在寄存器 AB 中，A 存低 8 位，B 存高 8 位；CPU 做除法运算时，被除数取自 A，除数取自 B，商在 A 中，余数在 B 中。其他情况下，寄存器 B 可以作为一个普通的寄存器使用。

（4）程序状态字寄存器（PSW）

PSW 是一个 8 位寄存器，主要用于寄存当前指令执行后的状态信息。它供某些指令（如控制类指令）查询和判断，其各位格式如下：

	D7	D6	D5	D4	D3	D2	D1	D0
PSW	Cy	AC	F0	RS1	RS0	OV	—	P

- Cy（PSW.7）：进位/借位标志。在进行加、减运算时，如果运算结果的最高位 D7 有进位或借位，那么 Cy 为 1，否则为 0。
- AC（PSW.6）：辅助进位/借位标志。在进行加、减运算时，如果运算结果的低 4 位向高 4 位有进位或借位，那么 AC 为 1，否则为 0。
- F0（PSW.5）：用户标志位，由用户置 "1" 或清 "0"，可以作为一个用户自定义的状态标志。

- RS1（PSW.4）和 RS0（PSW.3）：寄存器组选择控制位。用于选择当前工作的寄存器组，可由用户通过指令设置 RS1、RS0，以确定当前程序选用的寄存器组。
- OV（PSW.2）：溢出标志位。当 CPU 执行指令时，根据运算结果由硬件置 "1" 或清 "0"。OV 被置 "1" 表示运算结果超出了累加器 A 所能表示的带符号数的范围（−128～+127）。详见第 3 章。
- PSW.1：在 89S51 内核中是保留位，可以作为用户标志位使用；在后来出现的某些增强型 MCS-51 系列单片机中，PSW.1 被定义为用户标志位 F1。
- P（PSW.0）：奇偶标志位。每个机器周期都由硬件来清 "0"。该位用以表示累加器 A 中为 1 的个数是奇数还是偶数。若累加器 A 中为 1 的个数是奇数，则 P 标志位被置 "1"，否则 P 标志位被清 "0"。

（5）暂存器 1 和暂存器 2

用以暂存进入运算器之前的数据。

2. 控制器

控制器是控制计算机系统各种操作的部件，它包括时钟发生器、定时控制逻辑、复位电路、指令寄存器（IR）、指令译码器（ID）、程序计数器（PC）、程序地址寄存器、数据指针（DPTR）、堆栈指针（SP）等。其功能是控制指令的读取、译码和执行，对指令的执行过程进行定时控制，并根据执行结果决定其后的操作。

（1）程序计数器（PC）

程序计数器（Program Counter，PC）是一个独立的 16 位计数器，存放下一条将要从程序存储器中取出指令的地址。当按照 PC 所指的地址从存储器中取出一条指令后，程序计数器（PC）自动加 1，指向下一条将要取出的指令或指令后续字节的地址。

（2）数据指针（DPTR）

数据指针（Data Pointer，DPTR）是一个 16 位专用寄存器，主要作用是：在 CPU 执行片外数据存储器或 I/O 端口访问时，确定访问地址；在查表和转移指令中，DPTR 可用作访问程序存储器时的基址寄存器；还可作为一个通用的 16 位寄存器或两个 8 位寄存器（DPH、DPL）使用。

（3）指令寄存器（IR）、指令译码器（ID）

指令寄存器（IR）和指令译码器（ID）的功能是对将要执行的指令进行存储与译码。当指令送入指令寄存器后，对该指令进行译码，即把指令转变成所需的电平信号，CPU 根据译码输出的电平信号，使定时控制电路产生执行该指令所需的各种控制信号，以便计算机能正确地执行指令所需要的操作。

（4）堆栈指针（SP）

堆栈是一个特殊的存储区，主要功能是暂时存放数据和地址，通常用来保护程序断点和程序运行现场。堆栈指针（Stack Pointer，SP）的内容指示堆栈顶部在片内 RAM 中的位置。它可指向片内 RAM 00H～7FH 的任何一个单元。堆栈的工作特点是按照先进后出的原则存取数据，这里的进与出是指进栈与出栈操作。单片机复位后，SP 的默认值为 07H，使得堆栈实际上从 08H 单元开始，考虑到 08H～1FH 单元分别属于 1～3 组工作寄存器区，如果在程序设计中用到这些工作寄存器区，那么最好在复位后并且运行程序前，把 SP 的值修改为 60H 或更大的值，以避免堆栈与工作寄存器区发生冲突。

堆栈的操作有两种：一种是数据压入（PUSH）堆栈，另一种是数据弹出（POP）堆栈。

数据压入堆栈时，首先 SP 自动加 1，然后将一个字节数据压入堆栈；数据弹出堆栈时，一个字节数据弹出堆栈后，SP 自动减 1。例如，假设 SP = 60H，则 CPU 执行一条子程序调用指令或响应中断后，PC 的内容（断点地址）进栈，PC 的低 8 位地址压入 61H 单元，PC 的高 8 位地址压入 62H；最后，SP 中的内容为 62H。

3. 布尔（位）处理器

89S51 片内还有一个结构完整、功能极强的布尔（位）处理器。它以 PSW 中的进位标志位 Cy 为其累加器，在指令中以 C 表示，专门用于处理位操作。例如，可执行位置"1"、位清"0"、位取反、位等于 1 转移、位等于 0 转移、位等于 1 转移并清"0"等指令。

2.4　89S51 单片机的存储器

微型计算机一般只有一个存储空间，程序存储器和数据存储器统一编址，访问时用同一个指令，这种结构称为普林斯顿型结构。89S51 单片机的存储器结构的特点是，将程序存储器和数据存储器分开，二者有各自的存储空间和访问指令，这种结构称为哈佛型结构。

89S51 单片机内集成有一定容量的程序存储器和数据存储器，并具有较大的外部存储器扩展能力。程序存储器（ROM）是指在写入信息后不易改写，断电后其中的信息保留不变的存储器，它用来存放固定的程序或数据，如系统监控程序、常数表格等。数据存储器（RAM）是指 CPU 在运行时能随时进行数据写入和读出，但在关闭电源时其所存储的信息将丢失的存储器，它用来存放暂时性的输入/输出数据、运算的中间结果或用作堆栈。

物理上，89S51 单片机有 4 个存储空间：片内程序存储器、片外程序存储器、片内数据存储器和片外数据存储器。从用户使用角度即逻辑角度来看，89S51 单片机有 3 个存储空间：片内外统一编址的 64KB 的程序存储器地址空间，256B 的内部数据存储器地址空间，64KB 的外部数据存储器地址空间。CPU 访问片内外 ROM 时，使用 MOVC 指令，访问片外 RAM 时使用 MOVX 指令，访问片内 RAM 时使用 MOV 指令。89S51 单片机的存储器配置图如图 2.5 所示。

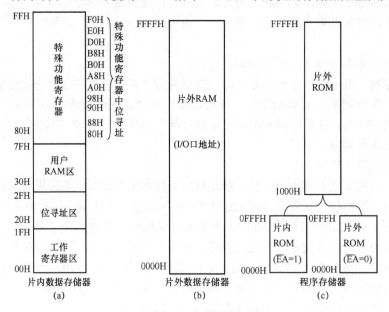

图 2.5　89S51 的存储器配置图

2.4.1　程序存储器

程序存储器的结构如图 2.5(c)所示。程序存储器用于存放用户的目标程序和表格常数，它以程序计数器（PC）作为地址指针，由于 89S51 单片机的程序计数器（PC）为 16 位，所以可寻址的地址空间为 64KB。

89S51 单片机内部有 4KB Flash ROM 程序存储器，当引脚 $\overline{EA} = 1$ 时，低 4KB 地址（0000H～0FFFH）指向片内程序存储器，而 $\overline{EA} = 0$ 时，低 4KB 地址指向片外程序存储器。

程序存储器空间原则上可以由用户任意安排使用，但是在程序存储器的开始部分，定义了一段具有特殊功能的地址，用作程序复位和 5 个中断程序的入口地址，它是固定的，用户不能改变，如表 2.2 所示。

表 2.2　单片机复位和中断入口地址

入口地址	功能说明
0000H	单片机复位后，PC = 0000H，即程序从 0000H 开始执行指令
0003H	外部中断 $\overline{INT0}$ 入口地址
000BH	T0 溢出中断入口地址
0013H	外部中断 $\overline{INT1}$ 入口地址
001BH	T1 溢出中断入口地址
0023H	串行口中断入口地址

表 2.2 中的 6 个入口地址相互离得很近，只相隔 3 个或 8 个存储单元，一般来说不能容纳稍长的程序段，所以其中实际存放的往往是一条无条件转移指令，让程序跳转到复位时用户程序的真正起始地址，或跳转到中断程序的真正入口地址。因此，程序存储器的 0000H 地址是单片机系统复位后的程序起始入口地址，在该地址中放置一条跳转指令，使程序无条件跳转到用户设计的主程序入口地址处；另外，通常在相应中断入口地址处放置一条跳转指令，使程序跳转到用户安排的中断服务程序的起始地址处。

2.4.2　数据存储器

数据存储器（RAM）用于暂存数据和运算结果等。

数据存储器分片内 RAM 和片外 RAM 两种。二者的地址空间相互独立，各自有不同的访问指令。片外 RAM 的最大地址空间是 64KB，地址为 0000H～FFFFH，通过 R0、R1 和 DPTR 间接寻址，用 MOVX 指令访问。片内 RAM 地址范围是 00H～FFH，用 MOV 指令访问。片内外 RAM 地址分配如图 2.5(a)和(b)所示。

1. 片内 RAM

由图 2.5(a)可以看出，内部数据存储器可以划分为两块：00H～7FH 为内部低 128B 地址；80H～FFH 为特殊功能寄存器（Special Function Register，SFR）所在的区域。

（1）低 128B RAM

89S51 片内 RAM 低 128B 的地址分配如表 2.3 所示。它划分为三个区域：工作寄存器区，可位寻址区、用户 RAM 区（数据缓冲区）。

表 2.3　片内低 128B 数据存储器结构

RAM 地址	D7	D6	D5	D4	D3	D2	D1	D0	区域
7FH～30H									用户 RAM 区（数据缓冲区）
2FH	7F	7E	7D	7C	7B	7A	79	78	可位寻址区
2EH	77	76	75	74	73	72	71	70	
2DH	6F	6E	6D	6C	6B	6A	69	68	
2CH	67	66	65	64	63	62	61	60	
2BH	5F	5E	5D	5C	5B	5A	59	58	
2AH	57	56	55	54	53	52	51	50	
29H	4F	4E	4D	4C	4B	4A	49	48	
28H	47	46	45	44	43	42	41	40	
27H	3F	3E	3D	3C	3B	3A	39	38	
26H	37	36	35	34	33	32	31	30	
25H	2F	2E	2D	2C	2B	2A	29	28	
24H	27	26	25	24	23	22	21	20	
23H	1F	1E	1D	1C	1B	1A	19	18	
22H	17	16	15	14	13	12	11	10	
21H	0F	0E	0D	0C	0B	0A	09	08	
20H	07	06	05	04	03	02	01	00	
1FH～18H	寄存器 3 组								工作寄存器区
17H～10H	寄存器 2 组								
0FH～08H	寄存器 1 组								
07H～00H	寄存器 0 组								

① 工作寄存器区

工作寄存器用作数据运算和传送过程中的暂存单元。工作寄存器使用内部 RAM 中地址为 00H～1FH 的 32 个单元，并分成 4 个工作寄存器组，每组有 8 个工作寄存器，名称为 R0～R7。工作寄存器和 RAM 字节地址的对应关系如表 2.4 所示。

表 2.4　工作寄存器和 RAM 字节地址对照表

RS1	RS0	寄存器组	R0	R1	R2	R3	R4	R5	R6	R7
0	0	0 组	00H	01H	02H	03H	04H	05H	06H	07H
0	1	1 组	08H	09H	0AH	0BH	0CH	0DH	0EH	0FH
1	0	2 组	10H	11H	12H	13H	14H	15H	16H	17H
1	1	3 组	18H	19H	1AH	1BH	1CH	1DH	1EH	1FH

每个工作寄存器组都可被选为 CPU 的当前工作寄存器，用户可以通过改变程序状态字寄存器（PSW）中的 RS1 和 RS0 来任选一个寄存器组作为当前工作寄存器。利用这一特点可使单片机实现快速保护现场功能，这对于提高程序的效率和响应中断的速度是很有利的。

② 可位寻址区

片内 RAM 的可位寻址区的字节地址为 20H～2FH，共 16 个字节单元。89S51 不仅具有字节寻址功能，还具有位寻址功能。这 16 个单元共 128 位，每位都赋予 1 个位地址，位地址范围是 00H～7FH，如表 2.3 所示。有了位地址，CPU 就可对其进行位寻址，对特定位进行处理、内容传送或位条件转移，给编程带来很大方便。

　　③ 用户 RAM 区

　　地址为 30H～7FH 的单元是供用户使用的一般 RAM 区，只能进行字节寻址，用来存放数据并作为堆栈区，用户 RAM 区又称数据缓冲区。

　　（2）特殊功能寄存器（SFR）

　　89S51 中的 CPU 对片内各功能部件的控制，采用特殊功能寄存器集中控制方式。特殊功能寄存器的字节地址映射到片内 RAM 的 80H～FFH 区域，共有 21 个，它们离散地分布在该区域中，如表 2.5 所示。在这 21 个 SFR 中，字节地址能被 8 整除的 SFR，是可以位寻址的，其位地址已在表 2.5 中最后一列标出。

表 2.5　SFR 的名称及地址对照表

SFR 符号	名称	字节地址	位地址	SFR 符号	名称	字节地址	位地址
B	寄存器	F0H	F7H～F0H	TH0	定时器/计数器 T0（高字节）	8CH	—
A（ACC）	累加器	E0H	E7H～E0H	TL1	定时器/计数器 T1（低字节）	8BH	—
PSW	程序状态字	D0H	D7H～D0H	TL0	定时器/计数器 T0（低字节）	8AH	—
IP	中断优先级控制	B8H	BFH～B8H	TMOD	定时器/计数器方式控制	89H	—
P3	P3 端口	B0H	B7H～B0H	TCON	定时器/计数器控制	88H	8FH～88H
IE	中断允许控制	A8H	AFH～A8H	PCON	电源控制	87H	—
P2	P2 端口	A0H	A7H～A0H	DPH	数据指针高字节	83H	—
SBUF	串行数据缓冲器	99H	—	DPL	数据指针低字节	82H	—
SCON	串行控制	98H	9FH～98H	SP	堆栈指针	81H	—
P1	P1 端口	90H	97H～90H	P0	P0 端口	80H	87H～80H
TH1	定时器/计数器 T1（高字节）	8DH	—				

　　SFR 中的累加器 A、寄存器 B、程序状态字寄存器（PSW）、数据指针（DPTR）、堆栈指针（SP）等已在前面做过介绍，余下的 SFR 将在后续的有关章节中详细介绍。

　　2. 片外 RAM

　　89S51 的数据存储器与程序存储器的全部 64KB 地址重叠，且数据存储器片内、片外的低 128B 地址也重叠。由于对片内外数据存储器的操作使用了不同指令（MOV、MOVX），因此不会发生混乱；而程序存储器和数据存储器的区分是靠单片机的引脚 $\overline{PSEN}$、$\overline{RD}$ 控制的。对于这些，用户必须非常清楚。

　　另外，单片机应用系统扩展的外部 I/O 端口与外部数据存储器是统一编址的，地址范围为 0～FFFFH。因此，CPU 将系统扩展的外部 I/O 端口与片外 RAM 完全一样对待，采用相同的指令，典型的指令如下：

　　　　MOVX　A, @DPTR　　；访问片外 RAM 或外部 I/O 端口 64KB

　　　　MOVX　@DPTR, A

MOVX　A, @Ri　　　　　　　　　;访问片外 RAM 或外部 I/O 端口 256B

MOVX　@Ri, A

在单片机 C51 语言中，以存储器类型关键字来区分单片机的上述不同存储器空间（细分为 6 个），具体情况如表 2.6 所示，我们在进行 C51 语言程序设计时，一定要掌握存储器类型关键字与存储器空间的对应关系，存储器类型关键字包括 data、bdata、idata、pdata、xdata、code，共 6 个。

表 2.6　单片机存储器空间与存储器类型关键字

序号	存储器类型	与存储器空间的对应关系
1	data	直接寻址片内数据存储区，访问速度最快（前 128B）
2	bdata	可位寻址片内数据存储区 20H～2FH，允许位和字节混合访问（16B）
3	idata	间接寻址片内数据存储区，可访问片内的全部 RAM 地址空间（256B）
4	pdata	分页寻址片外数据存储区，C51 程序编译后由指令 MOVX　@Ri 访问（256B）
5	xdata	片外数据存储区，C51 程序编译后由指令 MOVX　@DPTR 访问（64KB）
6	code	程序代码存储区，C51 程序编译后由指令 MOVC　@DPTR 访问（64KB）

2.5　89S51 单片机的时钟电路与时序

计算机在执行指令时，会将一条指令分解为若干基本的微操作，这些微操作所对应的时钟信号在时间上的先后次序称为计算机的时序。时钟电路用于产生单片机工作所需要的时钟信号，而时序所研究的是指令执行中各信号之间的相互关系，单片机本身就如一个复杂的同步时序逻辑电路，为了保证同步工作方式的实现，电路应在时钟信号控制下严格地按时序进行工作。

2.5.1　时钟电路

时钟电路控制着计算机的工作节奏。89S51 的时钟信号可以由两种方式产生：一种是内部时钟方式，它利用芯片内部的振荡电路产生时钟信号；另一种是外部时钟方式，时钟信号由外部引入。

1. 内部时钟方式

利用单片机芯片内部的振荡器（接有负反馈电阻的反相放大器），并在单片机外部引脚 XTAL1、XTAL2 两端跨接晶体谐振器（简称晶体）和电容，就构成了稳定的自激振荡器，产生的脉冲信号直接送入内部时钟电路。外接晶体时，C_1 和 C_2 的值通常选择为 30pF 左右，C_1 和 C_2 对时钟频率有微调作用，晶体的频率范围可在 3MHz 至 33MHz 之间选择。为了减小寄生电容，更好地保证振荡器稳定、可靠地工作，晶体和电容应尽可能地安装得与单片机引脚 XTAL1 和 XTAL2 靠近。

89S51 单片机的内部时钟系统如图 2.6 所示。89S51 时钟系统具有可判断功能，通过闲暇控制位 $\overline{IDL}$ 端可关闭 CPU 的时钟信号，通过掉电控制位 $\overline{PD}$ 端可关闭自激振荡器。时钟系统的可判断功能主要用于单片机的低功耗管理。

2. 外部时钟方式

外部时钟方式使用现有外部振荡器产生的脉冲信号，一般为低于 33MHz 的方波。外部时钟方式常用于多片 89S51 单片机应用系统，便于多片 89S51 单片机芯片之间的同步工作。

外部时钟信号接到 XTAL1 端，XTAL2 端悬空。

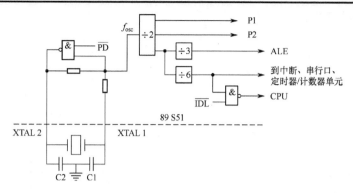

图 2.6　89S51 的内部时钟系统

2.5.2　基本时序单位

CPU 执行指令的一系列动作都是在时钟电路控制下进行的，由于指令的字节数不同，取这些指令所需要的时间就不同，即使是字节数相同的指令，由于执行操作有较大差别，不同的指令执行时间也不一定相同，即所需要的节拍数不同。为了便于对 CPU 工作时序进行分析，人们按指令的执行时间从小到大规定了几种时序单位：时钟周期、状态周期、机器周期和指令周期。

1. 时钟周期

时钟周期也称振荡周期，定义为时钟频率 f_{osc} 的倒数，它是单片机中最基本、最小的时间单位。若时钟频率为 f_{osc}，则时钟周期 $T=1/f_{osc}$。为了描述方便，下面的叙述中振荡周期用 P 表示。

2. 状态周期

时钟周期经 2 分频后成为内部两相脉冲信号 P1、P2，用作单片机内部各功能部件按序协调工作的控制信号，称为状态周期，用 S 表示。这样，一个状态周期 S 就包含两个时钟周期 P，前半个状态周期相应的时钟周期定义为 P1，后半个状态周期相应的时钟周期定义为 P2。

3. 机器周期

CPU 完成一个基本操作所需要的时间称为机器周期。89S51 采用定时控制方式，因此它有固定的机器周期。规定一个机器周期的宽度为 6 个状态周期，并依次表示为 S1～S6。由于一个状态周期包括两个时钟周期，所以一个机器周期共有 12 个节拍，分别记为 S1P1，S1P2,…, S6P2。由于一个机器周期共有 12 个时钟周期，所以机器周期信号就是振荡脉冲的 12 分频信号。例如，若使用 6MHz 频率的晶体，则一个机器周期就是 2μs，而若使用 12MHz 频率的晶体，则一个机器周期就是 1μs。

4. 指令周期

指令周期是执行一条指令所需的时间。89S51 单片机中按指令长度可分为单字节、双字节、三字节指令。从指令的执行时间看，单字节指令和双字节指令一般为单机器周期和双机器周期；三字节指令都占用双机器周期；只有乘法、除法指令占用 4 个机器周期，而乘法、除法指令是单字节的。

5. 指令的取指时序和执行时序

图 2.7 所示为单机器周期、双机器周期指令的取指时序和执行时序。图中的 ALE 信号

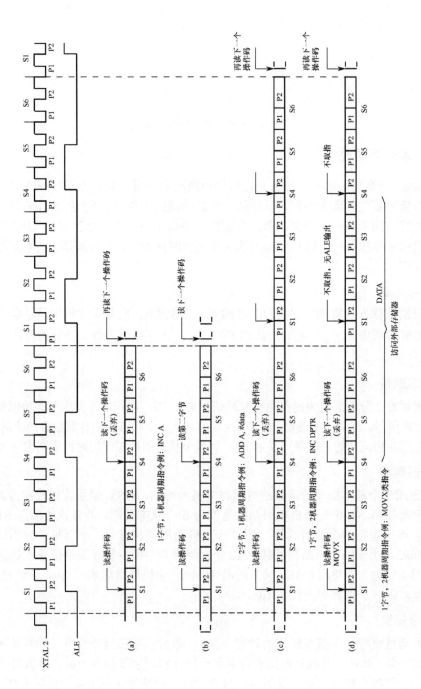

图 2.7　单机器周期和双机器周期指令的取指时序和执行时序

是用于锁存地址的选通信号，ALE 信号是由时钟频率 6 分频得到的，多数指令在整个指令执行过程中 ALE 信号是周期信号。通常，在每个机器周期内 ALE 信号出现两次，时刻为 S1P2 和 S4P2，信号的有效宽度为一个 S 状态。每出现一次 ALE 信号，CPU 进行一次读指令操作，但并不是每条指令在 ALE 信号生效时都能有效地读取指令，当 CPU 访问外部数据存储器 RAM 时，ALE 不是周期信号。如果是单机器周期指令，那么在 S4P2 期间仍有操作，但读出的字节被丢弃，且读后的 PC 值不加 1。如果是双周期指令，那么在 S4P2 期间读两字节，在 S6P2 时结束指令。

2.6　89S51 单片机的工作方式

89S51 单片机的工作方式包括：复位工作方式、低功耗工作方式、编程工作方式、程序执行工作方式、校验工作方式等。

2.6.1　复位工作方式和复位电路

1. 复位工作方式

复位是单片机的初始化操作，其主要功能是把程序计数器（PC）的内容初始化为 0000H，也就是使单片机从 0000H 单元开始执行程序，同时使 CPU 及其他功能部件都从一个确定的初始状态开始工作。除系统上电时需要进行正常的初始化外，当程序运行出错或操作错误导致系统处于"死机"状态时，都需要进行复位操作。单片机复位后，内部各寄存器的状态如表 2.7 所示，而片内 RAM 中的数据不受复位的影响。下面对表 2.7 中各寄存器复位后的状态做进一步说明。

表 2.7　复位后片内 SFR 的初始状态

寄存器	复位状态	寄存器	复位状态	寄存器	复位状态
PC	0000H	P0~P3	0FFH	TL0	00H
ACC	00H	IP	×××00000B	TH1	00H
B	00H	IE	0××00000B	TL1	00H
PSW	00H	TMOD	00H	SCON	00H
SP	07H	TCON	00H	SBUF	不确定
DPTR	0000H	TH0	00H	PCON	0×××0000B

注："×"表示未定义的位。

（1）PC = 0000H：复位后执行的第一条指令存放在程序存储器的 0000H 地址单元。

（2）PSW = 00H：使片内数据存储器选择工作寄存器 0 组，用户标志寄存器 F0 为 0，其他标志均为 0。

（3）SP = 07H：设定堆栈栈顶为 07H。

（4）TH0、TH1、TL0、TL1 都为 00H：定时器/计数器复位后计数初值为 0。

（5）TMOD = 00H：使 T0、T1 处于工作方式 0 和定时器工作模式。

（6）TCON = 00H：禁止 T0、T1 计数，无溢出中断请求，禁止外部中断源请求，外部中断源的触发方式为电平触发方式。

（7）SCON = 00H：串行口工作方式 0，即 8 位同步移位寄存器工作方式，并设定不允许串行口接收。

（8）IE = 00H：禁止 CPU 中断，每个中断源也分别被禁止。

（9）IP = 00H：中断系统所有中断源均设置为低优先级中断。

（10）P0～P3 = 0FFH：所有 I/O 端口锁存器均为 1 状态，使这些准双向口处于输入状态。

（11）复位期间，内部 RAM 不受影响。

总之，单片机复位后，特殊功能寄存器（SFR）的初始值一般为 0，但有 4 个 SFR 的值不为 0，分别是 SP = 07H 和 P0～P3 = FFH。

2. 复位电路

89S51 的复位输入引脚 RST（Reset）提供了初始化的手段，在时钟电路工作之后，只要在 RST 引脚上出现 2 个机器周期以上的高电平，就能确保单片机可靠复位。当 89S51 的 RST 引脚变为低电平后，退出复位状态，单片机从初始状态开始工作。

89S51 单片机的上电复位电路如图 2.8 所示，上电复位与手动复位电路如图 2.9 所示。复位按键被按下后，复位端通过 200Ω 小电阻与+5V 电源 VCC 接通，22μF 电容迅速放电，使 RST 引脚为高电平；复位按键弹起后，+5V 电源通过 1kΩ 电阻对 22μF 电容重新充电，RST 引脚端出现复位正脉冲，正脉冲持续时间取决于 RC 电路的时间常数。

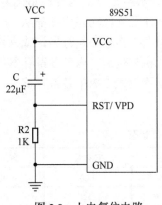

图 2.8　上电复位电路

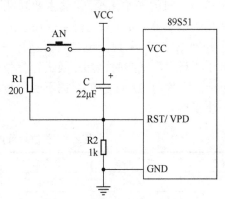

图 2.9　上电复位与手动复位电路

2.6.2　低功耗工作方式

89S51 单片机具有低功耗的特点，提供两种节电工作方式：待机方式（Idle mode）和掉电方式（Power down）。这两种方式特别适合以电池为工作电源和停电时使用备用电源供电的单片机应用场合。

待机方式和掉电方式都由电源控制寄存器（PCON）的有关位来控制。电源控制寄存器是一个逐位定义的 8 位特殊功能寄存器，字节地址为 87H，不可位寻址，其格式如下：

	D7	D6	D5	D4	D3	D2	D1	D0
PCON	SMOD	—	—	—	GF1	GF0	PD	IDL

其中，SMOD——串行口波特率倍增控制位。

GF1——通用标志位，但只能通过字节寻址访问该位。

GF0——通用标志位，但只能通过字节寻址访问该位。

PD——掉电方式控制位，PD = 1，系统进入掉电方式。

IDL——待机方式控制位，IDL = 1，系统进入待机方式。

如果想要单片机进入待机方式或掉电方式，那么只需执行一条能够使 IDL 或 PD 位置"1"的指令。

1. 待机方式

待机方式的进入方法非常简单，只需使用指令（如 ORL　PCON，#1）将 PCON.0 置"1"。单片机进入待机方式时振荡器仍然运行，而且时钟被送往中断系统、串行口和定时器/计数器，但不向 CPU 提供时钟，因此 CPU 是不工作的。单片机各引脚保持进入待机方式时的状态，引脚 ALE 和 $\overline{\text{PSEN}}$ 保持高电平，中断的功能仍然继续存在。

退出待机方式的方法有两种：中断和硬件复位。在待机方式下，任何一个中断请求信号，在单片机响应中断的同时，PCON.0 位（即 IDL 位）被芯片内部的硬件自动清"0"，单片机退出待机方式进入正常的工作状态。另一种退出待机方式的方法是硬件复位，即在 RST 引脚引入两个机器周期的高电平，复位后的状态如前述。

2. 掉电方式

掉电方式的进入类似于待机方式的进入，只需使用指令（如 ORL　PCON，#2）将 PCON.1 置"1"。进入掉电方式后，片内振荡器停止工作，从而单片机的一切工作全部停止。

退出掉电方式的方法只有一种：硬件复位。复位后单片机被初始化，但 RAM 的内容仍然保持不变。

2.6.3　串行 ISP 编程方式

用户目标程序写入程序存储器的过程称为编程。89S51 单片机芯片内部有 4KB Flash 程序存储器，对 89S51 的编程方法有两种：一种是传统的并行编程方式，另一种是串行 ISP 编程方式。

并行编程方式有两个缺点：一是需要借助编程器，增加了硬件成本；二是在实际应用开发过程中，应用程序写入程序存储器进行调试时，需要从目标系统电路板上拔下芯片，编程后再插上。由于应用程序需要反复调试，所以这种方式给实际应用开发带来了极大的不便。

串行 ISP 编程方式的优势在于改写程序存储器内的程序时，不需要把单片机芯片从工作环境中拔下，通过 PC 可直接对用户目标板上的 89S51 单片机进行系统编程，这是 89S51 单片机的显著优点。

89S51 处于串行 ISP 编程方式时，如图 2.10 所示，将 RST 引脚接至 VCC，用户目标程序通过串行 ISP 接口，由 PC 写入 89S51 单片机的内部程序存储器。89S51 的串行ISP编程接口包含3个引脚：时钟输入 SCK（P1.7 脚），MOSI 数据输

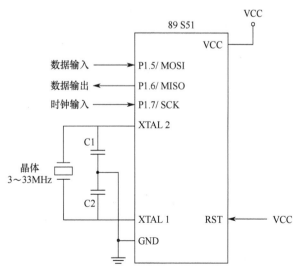

图 2.10　89S51 的串行 ISP 编程硬件原理图

入（P1.5 脚），MISO 数据输出（P1.6 脚）。

2.7　89S51 单片机的输入/输出端口

89S51 单片机有 4 个 8 位并行 I/O 端口：P0、P1、P2 和 P3，共占用 32 个引脚。每条 I/O 端口线都能独立地用作输入或输出。每个 8 位并行 I/O 端口都包括一个锁存器（即特殊功能寄存器 P0～P3）、一个输出驱动器和输入缓冲器，用作输出时数据可以锁存，用作输入时数据可以缓冲。

89S51 单片机的 4 个 8 位并行 I/O 端口的电路设计非常巧妙，其内部结构略不相同，熟悉端口的内部逻辑电路，有利于更加正确、合理地使用 I/O 端口。

2.7.1　P0 端口

P0 端口的一位（bit）结构如图 2.11 所示。它由一个输出锁存器、两个三态输入缓冲器和输出驱动电路及控制电路组成。驱动电路由上拉场效应管 T1 和驱动场效应管 T2 组成，其工作状态由与门、切换开关 MUX、反相器构成的控制电路控制。

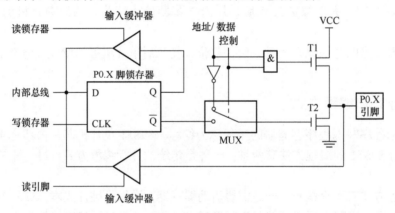

图 2.11　P0 端口位结构图

当 CPU 使控制线状态为 "0" 时，开关 MUX 拨向锁存器的 $\overline{Q}$ 输出端位置，P0 端口为通用 I/O 端口；当 CPU 使控制线状态为 "1" 时，开关 MUX 拨向反相器的输出端，P0 端口分时作为低 8 位地址/数据总线使用。

1. P0 端口作为通用 I/O 端口使用

当控制信号为低电平时，它把输出级与锁存器的 $\overline{Q}$ 端接通。同时，因为与门输出为低电平，输出级中的场效应管 T1 处于截止状态，因此输出级是漏极开路的开漏电路。这时 P0 端口可用作一般的 I/O 端口线，其输出和输入操作如下。

当 CPU 向端口输出数据时，写脉冲加在锁存器的时钟端 CLK，此时与内部总线相连的 D 端的数据经反相后出现在 $\overline{Q}$ 端，再经 T2 管反相，于是在 P0 端口这一位引脚上出现的数据正好是内部总线上的数据。显然，当 P0 端口作为输出端口使用时，输出级属于漏极开路电路，应外接上拉电阻才能提供输出高电平时的驱动电流。

进行输入操作时，P0 端口结构图中的两个输入三态缓冲器用于读操作，读操作有读引脚与读锁存器之分。图 2.11 中下面一个缓冲器用于读端口引脚的数据，当执行一般的端口输入指令时，读脉冲把三态缓冲器打开，于是端口上的数据将经过缓冲器输送到内部总线；上面一个缓冲器用于读取锁存器中 Q 端的数据，Q 端的数据实际上与引脚处的数据是一致的，结构上的这种安排是为了适应所谓的"读-修改-写"这类指令的需要。这类指令的特点是：先读端口，随之可以对读入的数据进行修改，然后再写到端口上。例如，逻辑与指令"ANL P0，A"的功能是先把 P0 端口数据读入 CPU，随后同累加器 A 中的数据按位进行逻辑与操作（相当于对读入的数据进行修改），最后把结果写回 P0 端口。

对于"读-修改-写"这类指令，不直接读引脚上的数据而读锁存器 Q 端上的数据，是为了避免可能错读引脚上的电平信号。例如，用一条口线去驱动一个场效应管的基极，当向此口线写"1"时，场效应管导通并把引脚上的电平拉低。这时，若从引脚上读取数据，则把该数错读为"0"，而若从锁存器 Q 端读入，则能得到正确的结果。

此外，进行读引脚操作时，引脚上的外部信号既加在读引脚三态缓冲器的输入端，又加在输出级场效应管 T2 的漏极上，若此时 T2 导通（例如曾输出过数据"0"），则引脚上的电位被钳制在低电平上。为能正确地读入引脚上输入的逻辑电平，在输入数据时，要先向锁存器写"1"，使其 $\overline{Q}$ 端为"0"，则输出级场效应管 T1 和 T2 均截止，引脚处于悬浮状态，为高阻抗输入。因此，作为一般的 I/O 端口使用时，P0 端口是一个准双向口。

2. P0 端口作为地址/数据复用口

假设 89S51 应用系统需要外扩存储器。当 CPU 访问片外存储器时，由内部硬件自动使控制线为"1"，开关 MUX 拨向反相器输出端。这时，P0 端口可作为低 8 位地址/数据总线分时使用。

在扩展系统中，一般用 P0 端口引脚输出低 8 位地址信息，MUX 开关把 CPU 内部地址/数据线经反相器与驱动场效应管 T2 接通。P0 端口内无内部上拉电阻，其输出驱动器上的上拉场效应管 T1 仅限于访问外部存储器时，输出"1"时使用，其余情况下，场效应管 T1 截止；在"读引脚"信号有效时，输入缓冲器打开，使数据进入内部总线，完成片外存储器的数据信息读入。

综上所述，P0 端口既可作为一般 I/O 端口使用，又可作为低 8 位地址/数据总线使用。作为 I/O 端口输出时，输出级属于开漏电路，必须外接 10kΩ 上拉电阻，才有高电平输出；作为 I/O 端口输入时，必须先向对应的锁存器写入"1"，使场效应管 T2 截止，不影响输入电平。当 P0 端口被地址/数据总线占用时，就无法再作为 I/O 端口使用。

2.7.2　P1 端口

P1 端口的结构最简单，主要作为数据输入/输出端口使用。输出的信息有锁存，输入有读引脚和读锁存器之分。P1 端口的位结构图如图 2.12 所示。

由图 2.12 可见，P1 端口是一个带有内部上拉电阻的 8 位准双向口，作为通用的 I/O 端口使用。在输出驱动部分接有内部上拉电阻。当 P1 端口用作输出口输出"1"时，内部总线将"1"写入锁存器，使输出驱动场效应管 T 截止，输出线由内部上拉电阻拉成高电平；输出"0"时，内部总线将"0"写入锁存器，驱动场效应管 T 导通，输出"0"。P1 端口作为输入口时，CPU 必须先将"1"写入锁存器，使 T 截止，再把该端口线由内部上拉电阻拉成高电平。

CPU 读 P1 端口有两种情况：读引脚和读锁存器状态。读锁存器状态时，与 P0 端口的

I/O 功能一样，P1 端口也可以进行"读-修改-写"操作。

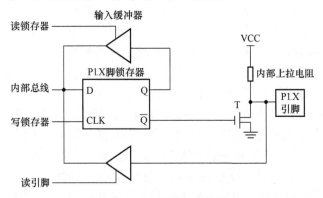

图 2.12　P1 端口的位结构图

另外，P1 端口还具有第二功能。在进行串行 ISP 编程时，P1.5～P1.7 与 PC 相连，P1.5 脚作为数据输入线（MOSI），P1.6 脚作为数据输出线（MISO），P1.7 脚作为时钟输入线（SCK）。

2.7.3　P2 端口

P2 端口为一个带有内部上拉电阻的 8 位准双向口，其位结构图如图 2.13 所示。

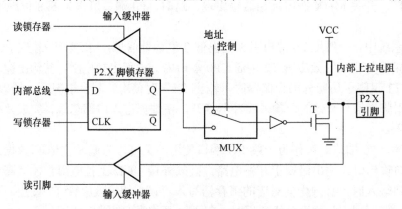

图 2.13　P2 端口的位结构图

P2 端口可以作为通用的 I/O 端口使用，外接 I/O 设备，也可以作为系统扩展时的地址总线的高 8 位地址，由控制信号控制转换开关 MUX 来实现。开关 MUX 切换到下边时，将锁存器的输出端 Q 与反相器连通，P2 端口作为通用的 I/O 端口使用，作用和 P1 端口相同。作为地址总线口使用时，开关 MUX 在 CPU 的控制下将地址/数据线与反相器接通，从而在 P2端口的引脚上输出高 8 位地址 A15～A8。

2.7.4　P3 端口

P3 端口是一个带有内部上拉电阻的 8 位准双向 I/O 端口，而且是一个双功能口，其位结构图如图 2.14 所示。当它作为通用的 I/O 端口使用时（第一功能），工作原理与 P1 端口和P2 端口的类似，此时"第二功能输出"线保持为高电平，使与非门对锁存器保持畅通，即与非门的状态由 Q 端决定。当 P3 端口用作输出线输出"1"时，CPU 将"1"写入锁存器，与非门输出低电平，场效应管 T 截止，输出引脚由内部上拉电阻拉成高电平；输出"0"时，CPU 将"0"写入锁存器，与非门输出高电平，T 导通，引脚输出"0"。

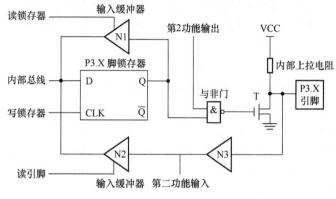

图 2.14　P3 端口的位结构图

当 P3 端口用于第二功能时，8 个引脚可以按位单独定义，如表 2.8 所示。

表 2.8　P3 端口的第二功能定义

引脚	第二功能信号	实现功能	引脚	第二功能信号	实现功能
P3.0	RXD	串行数据接收	P3.4	T0	定时器/计数器 T0 计数输入
P3.1	TXD	串行数据发送	P3.5	T1	定时器/计数器 T1 计数输入
P3.2	$\overline{INT0}$	外部中断 0 申请	P3.6	$\overline{WR}$	外部 RAM 写选通
P3.3	$\overline{INT1}$	外部中断 1 申请	P3.7	$\overline{RD}$	外部 RAM 读选通

当 P3 端口的某位作为第二功能使用时，相应位的锁存器 Q 端被内部硬件自动置"1"，与非门的输出电平由"第二功能输出"线的状态来确定，或者此时允许引脚输入第二功能信号。P3 端口不管是作为通用输入口还是作为第二功能输入口，相应位的锁存器 Q 端、"第二功能输出"线都必须为"1"。

在 P3 端口的引脚信号输入通道中，有两个缓冲器 N2 和 N3，"第二功能输入"信号取自缓冲器 N3 的输出端，内部总线上的输入信号取自缓冲器 N2 的输出端。

2.8　本章小结

首先，详细说明了 89S51 单片机芯片的引脚功能、基本组成、内部硬件结构，使读者对其有一个整体了解。

从物理上讲，89S51 单片机的存储器分为 4 部分：片内程序存储器，片外程序存储器，片内数据存储器，片外数据存储器。片内的 4KB Flash ROM 占据 64KB 程序存储器空间的低 4KB。89S51 单片机片内 RAM 的低 128B 与 64KB 的片外数据存储器空间是相互独立的。89S51 的片外数据存储器与外扩的 I/O 端口统一编址。

从逻辑上讲，89S51 单片机的存储器分为 3 部分：片内数据存储器（地址为 00～FFH），片外数据存储器（地址为 0000～FFFFH），片内外统一编址的程序存储器（地址为 0000～FFFFH）。

片内数据存储器分为两部分：低 128B 的 RAM 和高 128B 的 RAM（特殊功能寄存器，

SFR）。低 128B 的 RAM 地址为 00H～7FH，分为用户 RAM 区、可位寻址区和工作寄存器区，字节地址为 20H～2FH 的单元可位寻址（位地址为 00H～7FH），也可字节寻址。特殊功能寄存器（SFR）是片内各功能部件的状态寄存器、控制寄存器、其他具有特定功能的寄存器。SFR 的字节地址为 80H～FFH，与片内 RAM 统一编址，其中字节末位地址为 0H 或 8H 的 SFR 可位寻址。

89S51 单片机的时钟信号有内部时钟方式和外部时钟方式两种。指令的执行都以时钟周期为基准。机器周期是计算机执行一个基本操作的时序单位，一个机器周期包括 12 个时钟周期。指令周期是执行一条指令所需的时间，一个指令周期包含一个或几个机器周期。

89S51 单片机的复位操作是使单片机进入初始化状态。复位后，PC 的内容为 0000H，P0～P3 端口的内容为 FFH，SP 的内容为 07H，SBUF 的内容不定，IP、IE 和 PCON 的有效位为 0，其他的 SFR 状态均为 00H。

89S51 单片机片内有 4 个并行 I/O 端口：P0～P3。其中，P0 和 P2 端口可以作为系统的地址总线和数据总线口，也可以作为通用 I/O 端口使用；P1 端口除提供给用户作为 I/O 端口使用外，还有 3 个引脚（P1.5、P1.6、P1.7）具有第二功能，用于 ISP 编程；P3 端口是双功能端口，除作为通用 I/O 端口使用外，8 个引脚都有第二功能，而且实际使用时，更多的是使用它的第二功能，读者应熟悉 P3 端口的第二功能。

2.9　思考题与习题

1. Intel 公司的 MCS-51 系列单片机中，哪些型号为无 ROM 型？哪些型号为 ROM 型、EPROM 型？哪些型号有 Flash ROM？
2. 89S51 单片机的 $\overline{EA}/V_{PP}$ 引脚的功能是什么？该引脚接高电平和低电平时各有什么作用？
3. 89S51 单片机内包含哪些主要功能部件？它们的作用是什么？
4. 89S51 单片机的存储器地址空间如何划分？各地址空间的地址范围和容量如何？使用上有何特点？
5. 片内数据存储器低 128B 划为哪三个主要区域？各区域的主要功能是什么？
6. 89S51 单片机如何确定和改变当前工作寄存器组？
7. 字节地址 50H 和位地址 50H 有何区别？位地址 50H 在 RAM 中的哪个字节单元？
8. 89S51 单片机的 21 个特殊功能寄存器中，哪些具有位寻址能力？
9. PSW 寄存器的各标志位有什么意义？
10. 程序计数器（PC）作为不可寻址寄存器，它有哪些特点？它和数据指针（DPTR）在功能上有什么不同？
11. 堆栈有哪些功能？堆栈指针（SP）的作用是什么？设计程序时，为什么还要对 SP 重新赋值？
12. 什么是时钟周期、状态周期、机器周期和指令周期？如果晶体频率为 12MHz，那么时钟周期、机器周期为多少？
13. 89S51 单片机复位后的各特殊功能寄存器状态如何？复位方法有哪几种？
14. 89S51 单片机有几种低功耗工作方式？如何实现？
15. 详细说明 P0、P1、P2、P3 端口的工作原理？
16. P3 端口有哪些第二功能？实际应用中第二功能是怎样分配的？

第3章 指令系统*

本章为可选教学内容，可以让学生自学，或在后续的课程设计或毕业设计中结合应用系统设计自学。一台计算机所能执行的指令集合，就是它的指令系统。指令系统是计算机设计公司定义的，它成为应用计算机必须理解和遵循的标准，每种计算机都有自己专有的指令系统，单片机也如此。本章介绍 MCS-51 系列单片机的指令系统，包括寻址方式和分类介绍的指令系统，最后简要介绍伪指令和汇编语言程序设计。通过指令系统的学习，可以更好地了解计算机工作原理和 CPU 的性能，是单片机汇编语言程序设计不可或缺的重要前提。

3.1 MCS-51 单片机指令概述

指令常以英文名称或缩写形式作为助记符，用助记符表示的指令称为汇编语言，用汇编语言编写的程序称为汇编语言源程序。目前，主要使用汇编语言、C51 语言进行单片机程序设计。

3.1.1 指令格式

指令的表示方法称为指令格式。一条指令通常由两部分组成：操作码和操作数。操作码规定指令执行什么操作，而操作数是操作的对象。操作数可以是具体的数据，也可以是存储数据的地址或寄存器。指令的基本格式如下：

操作码	操作数（地址码、寄存器、立即数）

用汇编语言编写的源程序必须翻译成单片机可以执行的机器码。根据长短，机器码可分为单字节、双字节和三字节等不同长度的指令。

1. 单字节指令

指令系统中有些指令的功能专一而明确，不需要具体指定操作数，便能形成单字节指令。单字节指令的机器码只有一字节，操作码和操作数同在其中。例如，指令 INC DPTR 的功能为数据指针加 1，机器码为

1010　0011

有些指令的操作数在工作寄存器 R0～R7 中，工作寄存器的编码可用 3 位二进制数表示。例如，指令 MOV A, Rn 的功能是工作寄存器向累加器传送数据，机器码为

1110　1rrr

用 rrr 表示工作寄存器的二进制编码。对于不同的工作寄存器，指令 MOV A, Rn 的机器码如表 3.1 所示。这里，工作寄存器 Rn 是源操作数，累加器 A 是目的操作数。

表 3.1　指令 MOV A, Rn 的机器码

指　　令	机 器 码	
	二进制形式	十六进制形式
MOV　A，R0	1110　1000	E8H
MOV　A，R1	1110　1001	E9H
MOV　A，R2	1110　1010	EAH
MOV　A，R3	1110　1011	EBH
MOV　A，R4	1110　1100	ECH
MOV　A，R5	1110　1101	EDH
MOV　A，R6	1110　1110	EEH
MOV　A，R7	1110　1111	EFH

2. 双字节指令

双字节指令的第一字节是操作码，第二字节是操作数。例如，指令 MOV A, #data 的功能是将立即数#data 传送到累加器 A，机器码为

0111　0100
立即数

例如，指令 MOV A, #38H 的机器码为 7438H。这里，"立即数"是源操作数，累加器 A 是目的操作数。

3. 三字节指令

三字节指令中，操作码占 1 字节，操作数占 2 字节。其中操作数既可以是数据，又可以是地址。例如，指令 ANL　direct, #data 的功能是让直接地址单元中的内容与立即数进行"与"操作，结果存于直接地址单元中，机器码为

0101　0011
直接地址
立即数

例如，指令 ANL　35H, #38H 的机器码为 533538H。这里，立即数 38H 是源操作数，内存单元 35H 是目的操作数。

3.1.2　符号说明

在介绍指令之前，先简要说明指令中使用的一些符号的意义。

➢　Rn：当前工作寄存器 R0～R7，即 n = 0～7，在指令中表示寄存器寻址方式。
➢　Ri：间接寻址寄存器 R0 和 R1，即 i = 0, 1，在指令中表示寄存器间接寻址方式。
➢　direct：8 位直接地址，在指令中表示直接寻址方式，直接寻址范围为 00H～FFH。
➢　#data：8 位立即数，在指令中表示立即寻址方式。
➢　#data16：16 位立即数，在指令中表示立即寻址方式。
➢　addr16：16 位目的地址，只限用于 LCALL 和 LJMP 指令。
➢　addr11：11 位目的地址，只限用于 ACALL 和 AJMP 指令。
➢　rel：8 位带符号的补码数，是相对转移指令中的偏移量，在指令中表示相对寻址

方式。

- ➤ DPTR：数据指针，16 位。
- ➤ bit：片内数据存储器 RAM 的可寻址位，以及特殊功能寄存器中的可寻址位。
- ➤ A：累加器。
- ➤ ACC：直接寻址方式的累加器。
- ➤ B：寄存器 B。
- ➤ C：进位标志位，在指令中代表 Cy。可作为位处理器的位累加器，也称累加位。
- ➤ @：间址寄存器的前缀标志。
- ➤ /：加在位地址前面，表示该位状态取反。
- ➤ (X)：某个寄存器或某个地址单元中的内容。
- ➤ ((X))：由 X 间接寻址存储单元中的内容。
- ➤ →：表示指令操作流程，将箭头左边的内容传送到箭头右边的存储单元或寄存器中。
- ➤ ←：表示指令操作流程，将箭头右边的内容传送到箭头左边的存储单元或寄存器中。
- ➤ 需要说明的是，在编写汇编语言源程序时，字母符号是不区分大小写的。在本书中，汇编语言源程序一般采用大写字母。

3.2 寻址方式

指令执行时都要使用操作数，指令必须指明如何取得操作数。寻找操作数或指令的地址的方式称为寻址方式。MCS-51 有 7 种不同的寻址方式，下面分别介绍。需要说明的是，当指令的操作数大于 2 时，指令的寻址方式是指源操作数的寻址方式。

3.2.1 寄存器寻址方式

寄存器寻址时，指令中的操作数为某一寄存器的内容，指定了寄存器，也就指定了操作数。寄存器寻址方式用符号名称表示寄存器，所使用的寄存器包括：

（1）工作寄存器 R0～R7，只能寻址当前工作寄存器组，即由 PSW 中的 RS1、RS0 位的状态对应的当前工作寄存器组。

（2）部分特殊功能寄存器，如 A、AB 寄存器对、数据指针 DPTR 等。例如，

INC　R0 　　　; R0 ← (R0) + 1，其功能是寄存器 R0 的内容加 1

3.2.2 直接寻址方式

直接寻址时，指令中的操作数部分直接给出操作数的地址。例如，

MOV　A，30H 　　　　　　　; A ← (30H)

该指令的功能是将内存 30H 单元中的内容送入累加器 A。指定了地址 30H，也就得到了操作数。

直接寻址方式中的操作数以存储单元地址的形式出现，所以直接寻址方式只能用 8 位二进制数表示地址，寻址范围只限于片内 RAM，也就是说：

（1）片内 RAM 低 128 个存储单元，在指令中直接以单元地址形式给出。

（2）特殊功能寄存器。直接寻址方式是访问特殊功能寄存器的主要方法，特殊功能寄存器除用单元地址形式给出外，还可用寄存器的符号名称表示，例如，

```
MOV  A,  P1        ;A←(P1)
MOV  A,  90H       ;A←(90H)
```

由于特殊功能寄存器 P1 的地址为 90H，所以这两条指令的功能是一样的，有相同的机器码，都是直接寻址方式。

3.2.3　寄存器间接寻址方式

寄存器间接寻址时，指令中给出的寄存器内容为操作数的地址，而不是操作数本身，即寄存器为地址指针。

为了区分寄存器寻址和寄存器间接寻址，在寄存器间接寻址中，应在寄存器的名称前面加前缀@。作为间接寻址的寄存器有 R0、R1、DPTR、SP，简称间址寄存器。寄存器间接寻址方式的寻址范围如下。

（1）片内和片外 RAM 256 单元，用 R0 或 R1 间接寻址。指令形式为

```
MOV   A,  @Ri      ;访问片内 RAM 256 单元
MOVX  A,  @Ri      ;访问片外 RAM 256 单元
```

（2）片外 RAM 65536 单元，用 DPTR 间接寻址。指令形式为

```
MOVX  @DPTR,  A ;将累加器 A 的内容传送到 DPTR 指定的外部地址单元
```

3.2.4　立即寻址方式

操作数直接包含在指令中，这种给定操作数的方式称为立即寻址方式。例如，

```
MOV  A, #18H      ;A←#18H，将立即数 18H 送到累加器 A
```

其中，#作为立即数的标志符。立即寻址方式的寻址范围是程序存储器空间。除 8 位立即数指令外，MCS-51 指令系统中还有 1 条 16 位立即数传送指令，即

```
MOV  DPTR, #5678H  ;DPH←#56H，DPL←#78H
```

3.2.5　变址寻址方式

变址寻址方式以程序计数器（PC）或数据指针（DPTR）作为基址寄存器，以累加器 A 作为变址寄存器，两者的内容之和为有效地址。例如，假设在指令执行前(A)=54H，(DPTR)=3F21H，执行指令

```
MOVC  A,  @A+DPTR ;将程序存储器 3F75H 单元中的内容传送到累加器 A
```

对变址寻址方式说明如下：

（1）变址寻址方式的寻址范围是程序存储器空间。DPTR 可以指向 64KB 存储空间，@A+PC 指向以 PC 当前值为起始地址的 256 个单元。

（2）变址寻址方式特别适用于查表。变址寻址方式的指令只有 3 条，即

```
MOVC  A,  @A+DPTR
MOVC  A,  @A+PC
JMP  @A+DPTR
```

前两条是查表指令，最后一条是无条件转移指令（一般称为散转指令）。

（3）变址寻址方式指令中，A、DPTR、PC 的内容是无符号数。

（4）尽管变址寻址方式比较复杂，但变址寻址指令却是单字节指令。

3.2.6 相对寻址方式

相对寻址方式是为解决程序转移而专门设置的，为转移指令所用。相对寻址是以 PC 的相对值为基地址，加上指令中给定的偏移量，形成的有效转移地址。偏移量是带符号的 8 位二进制数，以补码的形式出现，因此，程序的转移范围为+127～-128。转移目的地址可以用下式表示：

目的地址 = 转移指令所在地址 + 转移指令的字节数 + 偏移量 rel

例如，指令

SJMP   rel ; PC ← (PC) + 2 + rel

这是一条 2 字节指令，执行这条指令时，程序转移到 PC 值加上 2 再加上 rel 的地址处。

3.2.7 位寻址方式

位寻址时，操作数是二进制数表示的地址，其位地址出现在指令中。例如，

CLR   bit   ; 该指令使地址为 bit 的位单元清 0

位寻址方式的寻址范围如下：

（1）片内 RAM 中的位寻址区。其字节地址为 20H～2FH，共 16 字节 128 位，位地址为 00H～7FH。对这 128 位的访问可使用直接位地址表示。

（2）特殊功能寄存器中的可寻址位。对这些可寻址位，在指令中常用以下几种表示形式：

① 直接地址表示法，例如 PSW 中的位 5 地址为 D5H。

② 位名称表示法，例如 PSW 中的位 5 是 F0 标志位，可使用 F0 表示。

③ 位运算符表示法，例如 PSW 中的位 5 可表示成 PSW.5。

3.3 89S51 单片机的指令系统

89S51 单片机指令系统与 MCS-51 指令系统完全兼容，共有 111 条指令，分为 5 大类：

（1）数据传送类指令（29 条）。

（2）算术运算类指令（24 条）。

（3）逻辑运算及移位类指令（24 条）。

（4）控制转移类指令（17 条）。

（5）位操作类指令（17 条）。

3.3.1 数据传送类指令

数据传送操作属于复制性质，而不是搬家性质。一般来说，传送指令的助记符为 MOV，通用格式为

MOV   <目的操作数>，<源操作数>

在传送指令中，有从右向左传送数据的约定，即指令的右边操作数是源操作数，表达的是数据的来源，而左边的操作数是目的操作数，表达的是传送数据的目的地址。

源操作数可以是：累加器 A、工作寄存器 Rn、直接地址 direct、间址寄存器、立即数。

目的操作数可以是：累加器 A、工作寄存器 Rn、直接地址 direct、间址寄存器。

除奇偶标志位 P 外，数据传送类指令一般不影响程序状态字 PSW 的其他标志位，当然，直接访问 PSW 的指令除外。

1. 一般传送指令

（1）以累加器 A 为目的操作数的数据传送指令

```
MOV    A, Rn       ; A ← (Rn)
MOV    A, direct   ; A ← (direct)
MOV    A, @Ri      ; A ← ((Ri))
MOV    A, #data    ; A ← #data
```

（2）以工作寄存器为目的操作数的数据传送指令

```
MOV    Rn, A       ; Rn ← (A)
MOV    Rn, direct  ; Rn ← (direct)
MOV    Rn, #data   ; Rn ← #data
```

（3）以直接地址为目的操作数的数据传送指令

```
MOV    direct, A        ; direct ← (A)
MOV    direct, Rn       ; direct ← (Rn)
MOV    direct, @Ri      ; direct ← ((Ri))
MOV    direct1, direct2 ; direct1 ← (direct2)
MOV    direct, #data    ; direct ← #data
```

（4）以寄存器间接地址为目的操作数的数据传送指令

```
MOV    @Ri, A       ; (Ri) ← (A)
MOV    @Ri, direct  ; (Ri) ← (direct)
MOV    @Ri, #data   ; (Ri) ← #data
```

【例 3.1】把数据 25H、10H 分别送到片内 RAM 的单元 20H、25H 中；把数据 0CAH 送到 P1 口；将 P1 口的内容送到 P2 口；将片内 RAM 单元 20H 中的内容送到以 R0 间址的片内数据存储器单元。指令如下，操作数的寻址方式如表 3.2 所示。

```
MOV    20H, #25H   ; 20H ← #25H
MOV    25H, #10H   ; 25H ← #10H
MOV    P1, #0CAH   ; P1 ← #0CAH
MOV    P2, P1      ; P2 ← (P1)
MOV    @R0, 20H    ; (Ri) ← (20H)
```

表 3.2　操作数的寻址方式

指　　令	目的操作数	源操作数	指　　令	目的操作数	源操作数
MOV 20H, #25H	直接寻址	立即寻址	MOV P2, P1	直接寻址	直接寻址
MOV 25H, #10H	直接寻址	立即寻址	MOV @R0, 20H	间接寻址	直接寻址
MOV P1, #0CAH	直接寻址	立即寻址			

2. 16 位地址指针传送指令

```
MOV DPTR, #data16  ; DPTR ← #data16
```

这条指令的功能是将 16 位常数送入数据指针 DPTR，这是指令系统中的唯一一条 16 位立即数传送指令。DPTR 由 DPH 和 DPL 组成，该指令将 16 位常数的高 8 位送到 DPH，低 8 位送到 DPL。这条指令可以用两条 8 位立即数传送指令替换。

3. 堆栈操作指令

堆栈操作有进栈操作 PUSH 和出栈操作 POP 两种。

PUSH　　direct　　　　；SP ← (SP) + 1；(SP) ← (direct)

POP　　　direct　　　　；direct ← ((SP))；SP ← (SP) − 1

堆栈操作指令的操作数寻址方式有两种，源操作数是直接寻址方式；目的操作数是间接寻址方式，以堆栈指针 SP 为间址寄存器。

对于工作寄存器 Rn 的堆栈操作，只能使用 Rn 的当前直接地址，而不能使用 Rn 的符号名称，因为堆栈操作指令不能区分 Rn 的当前组别。例如，当 Rn 为组 1 时，R1 的直接地址为 09H，则对 R1 的堆栈操作指令应写成"PUSH　09H"和"POP　09H"。

4. 累加器 A 数据交换指令

（1）字节交换指令

XCH　A，Rn　　　　　；(A) $\rightleftarrows$ (Rn)

XCH　A，direct　　　　；(A) $\rightleftarrows$ (direct)

XCH　A，@Ri　　　　　；(A) $\rightleftarrows$ ((Ri))

指令的功能是源操作数与累加器 A 中的内容相互交换。

（2）半字节交换指令

XCHD　A，@Ri　　　　；$(A)_{0-3}$ $\rightleftarrows$ $(Ri)_{0-3}$

指令的功能是，将 A 中的低 4 位与 Ri 间址单元中的低 4 位交换，各自的高 4 位不变。

（3）累加器 A 的高 4 位与低 4 位相互交换指令

SWAP　A　　　　　　；$(A)_{0-3}$ $\rightleftarrows$ $(A)_{4-7}$

例如，设 A 中内容为 18H，则执行"SWAP　A"指令后，A 中的内容就变成了 81H。

5. 累加器 A 与外部 RAM 数据传送指令

MOVX　A，@Ri　　　　；A ← ((Ri))

MOVX　A，@DPTR　　　；A ← ((DPTR))

MOVX　@Ri，A　　　　；(Ri) ← (A)

MOVX　@DPTR，A　　　；(DPTR) ← (A)

单片机在访问片外数据存储器 RAM 时，只能通过累加器 A 来实现。采用 R0 或 R1 作为间址寄存器时，可寻址片外 RAM 256 个单元；采用 DPTR 作为间址寄存器时，可寻址片外 RAM 64KB 存储空间。

6. 累加器 A 与程序存储器数据传送指令

MOVC　A，@A + DPTR　　；A ← ((A) + (DPTR))

MOVC　A，@A + PC　　　；A ← ((A) + (PC))

上述两条指令以 DPTR 或 PC 作为基址寄存器，以 A 作为变址寄存器。A 中的内容为 8 位无符号数，将基址寄存器内容与变址寄存器内容相加，得到一个 16 位地址，将该地址指出的程序存储器单元的内容送入累加器 A。这两条指令称为查表指令。

(PC)表示程序计数器的当前值，即"MOVC　A，@A + PC"指令下面的指令所对应的地址，由于"MOVC　A，@A + PC"为单字节指令，所以将该指令所在地址加 1，即为该指令执行后的 PC 当前值。

3.3.2　算术运算类指令

89S51 指令系统具有较强的加、减、乘、除四则运算功能，有 8 位数据运算指令，仅有一条 16 位数据运算指令。

1. 加法类指令

（1）不带进位加法指令

```
ADD   A,  Rn        ; A ← (A) + (Rn)
ADD   A,  direct    ; A ← (A) + (direct)
ADD   A,  @Ri       ; A ← (A) + ((Ri))
ADD   A,  #data     ; A ← (A) + #data
```

上述 4 条指令的功能是将累加器 A 中的内容与源操作数相加，结果存于 A 中。

相加结果的位 3 和位 7 有进位时，分别将 PSW 中的标志位 AC 和 Cy 置"1"，否则清"0"。无符号数相加后，Cy = 1 表示有溢出，Cy = 0 表示无溢出。

有符号数相加后结果是否溢出，取决于结果的位 7 和位 6。不妨设相加结果位 7 和位 6 分别用 D_7 和 D_6 表示，则溢出标志位 OV= D_7^D_6，符号"^"表示异或运算。OV = 1 表示两个正数相加而和变为负数的错误结果，或者表示两个负数相加而和变为正数的错误结果。

【例 3.2】片内 RAM 单元 40H、41H 中分别存放被加数、加数，相加结果存放到 41H、40H 单元，程序如下。

```
        MOV     R0,  #40H       ; 设置地址指针
        MOV     A,   @R0        ; 取被加数
        INC     R0
        ADD     A,   @R0        ; 两数相加
        DEC     R0
        MOV     @R0, A          ; 存放和的低 8 位
        INC     R0
        JC      CARRY
        MOV     @R0, #0         ; 相加结果无进位的情况
        RET
CARRY:  MOV     @R0, #1         ; 相加结果有进位的情况
        RET
```

（2）带进位加法指令

```
ADDC  A,  Rn       ; A ← (A) + (Rn) + (Cy)
ADDC  A,  direct   ; A ← (A) + (direct) + (Cy)
ADDC  A,  @Ri      ; A ← (A) + ((Ri)) + (Cy)
ADDC  A,  #data    ; A ← (A) + #data + (Cy)
```

上述 4 条指令的操作除需要加上进位 Cy 外，其余与 ADD 的 4 条指令的操作相同。

（3）加 1 指令

```
INC     A                       ; A ← (A) + 1
```

INC	Rn	; Rn ← (Rn) + 1
INC	direct	; direct ← (direct) + 1
INC	@Ri	; (Ri) ← ((Ri)) + 1
INC	DPTR	; DPTR ← (DPTR) + 1

INC 指令的功能是把指定的单元内容加 1，结果仍存放在原单元中。加 1 指令除影响奇偶标志位 P 外，不影响 PSW 的其他标志位。

当加 1 指令的操作数是 P0～P3 口时，数据来自端口锁存器（即 SFR），结果仍写回端口锁存器。这类以端口为目的操作数的指令被称为"读-修改-写"指令。

（4）二-十进制调整指令

DA   A

这是一条专用指令，用于对 BCD 码十进制数加法运算的结果进行修正。

89S51 指令系统中没有十进制加法指令，只能借助于二进制加法指令；然而，二进制数的加法用于十进制数加法运算时，有时会产生错误的结果，例如 8 + 7 和 8 + 9 时的情况。

出错的原因在于，BCD 码是 4 位的二进制编码，而 4 位的二进制编码共有 16 个编码，但 BCD 码只用了其中的 10 个，剩下的 6 个未使用。通常把这 6 个未使用的编码（1010、1011、1100、1101、1110、1111）称为无效码。

在 BCD 码的加法运算中，只要结果已进入或跳过无效编码区，结果都是错误的。相加的结果大于 9，说明已进入无效编码区；相加的结果有进位，说明已跳过无效编码区。不管是哪种出错情况，相加结果都比正确值小 6。出错是由 6 个无效编码造成的。

为此，对 BCD 码加法运算结果进行"加 6"调整，才能得到正确的结果。"加 6"的条件如下：

（1）$(A)_{3\sim0} > 9$ 或$(AC) = 1$

（2）$(A)_{7\sim4} > 9$ 或$(Cy) = 1$

二-十进制调整指令不影响溢出标志 OV。参与加法运算的操作数是紧凑的 BCD 码，调整后，A 中的结果也是紧凑的 BCD 码。

【例 3.3】试编写 4 位 BCD 码的加法程序。设被加数存放在片内 RAM 单元 40H、41H 中，加数存放在 42H、43H 单元中，相加后的结果存放到 40H、41H 单元（假定数据是高位在前低位在后，并假定相加的结果仍为 4 位 BCD 码）。汇编语言程序如下：

MOV	R0, #41H	; 设置地址指针 R0
MOV	R1, #43H	; 设置地址指针 R1
MOV	A, @R0	
ADD	A, @R1	; 十位数、个位数相加
DA	A	; 十进制调整
MOV	@R0, A	
DEC	R0	; 修改地址指针
DEC	R1	
MOV	A, @R0	
ADDC	A, @R1	; 千位数、百位数相加
DA	A	; 十进制调整

```
MOV         @R0, A
RET
```

2. 减法类指令

（1）带借位减法指令

```
SUBB  A, Rn        ;A←(A) - (Rn) - (Cy)
SUBB  A, direct    ;A←(A) - (direct) - (Cy)
SUBB  A, @Ri       ;A←(A) - ((Ri)) - (Cy)
SUBB  A, #data     ;A←(A) - #data - (Cy)
```

减法运算时，若位 7 有借位，则 Cy = 1，否则 Cy = 0；若位 3 有借位，则 AC = 1，否则 AC = 0。

溢出标志 OV 用于带符号的整数减法运算，若运算时位 7 和位 6 中只有 1 个有借位，而另 1 个没有借位，则 OV = 1。OV = 1 表示一个正数减去一个负数结果为负数的错误情况，或者表示一个负数减去一个正数结果为正数的错误情况。当无符号数进行减法运算时，溢出标志 OV 无意义。

（2）减 1 指令

```
DEC      A         ;A←(A) - 1
DEC Rn             ;Rn←(Rn) - 1
DEC direct         ;direct←(direct) - 1
DEC @Ri            ;(Ri)←((Ri)) - 1
```

减 1 指令的功能是把指定的单元内容减 1，结果仍存放在原单元中。减 1 指令除影响奇偶标志位 P 外，不影响 PSW 的其他标志位。

当减 1 指令的操作数是 P0～P3 口时，数据来自端口锁存器，结果仍写回端口锁存器，属于"读-修改-写"指令，即将端口数据读出，减 1，又送回端口。

3. 乘法和除法指令

（1）乘法指令

```
MUL      AB        ;BA←(A)×(B)
```

该指令的功能是将 A 和 B 中的无符号数相乘，16 位乘积的低 8 位存入累加器 A，16 位乘积的高 8 位存入寄存器 B。乘法指令影响 3 个标志位：

① Cy = 0。

② 若(B) = 0，则 OV = 0；若(B) ≠ 0，则 OV = 1。

③ 标志位 P 仍按累加器 A 中的内容进行设置。

（2）除法指令

```
DIV      AB        ;A←商；B←余数
```

该指令的功能是将累加器 A 中的 8 位无符号数除以寄存器 B 中的 8 位无符号数，商存于 A，余数存于 B。除法指令影响 3 个标志位：

① Cy = 0。

② 若(B) = 0，则 OV = 1，表示除法没有意义，而其他情况下 OV = 0。

③ 标志位 P 仍按累加器 A 中的内容进行设置。

3.3.3 逻辑运算及移位类指令

89S51 指令系统能对位操作数及字节操作数进行基本的逻辑运算。下面介绍字节操作数的逻辑运算，关于位操作数的逻辑运算将在后面介绍。

1. 逻辑"与"运算指令

ANL A, Rn   ; A ← (A) & (Rn)

ANL A, direct   ; A ← (A) & (direct)

ANL A, @Ri   ; A ← (A) & ((Ri))

ANL A, #data   ; A ← (A) & #data

ANL direct, A   ; direct ← (A) & (direct)

ANL direct, #data ; direct ← (direct) & #data

在上述 6 条指令中，符号"&"表示按位与逻辑运算。

2. 逻辑"或"运算指令

ORL A, Rn   ; A ← (A) | (Rn)

ORL A, direct   ; A ← (A) | (direct)

ORL A, @Ri   ; A ← (A) | ((Ri))

ORL A, #data   ; A ← (A) | #data

ORL direct, A   ; direct ← (A) | (direct)

ORL direct, #data ; direct ← (direct) | #data

在上述 6 条指令中，符号"|"表示按位或逻辑运算。

3. 逻辑"异或"运算指令

XRL A, Rn   ; A ← (A) ^ (Rn)

XRL A, direct   ; A ← (A) ^ (direct)

XRL A, @Ri   ; A ← (A) ^ ((Ri))

XRL A, #data   ; A ← (A) ^ #data

XRL direct, A   ; direct ← (A) ^ (direct)

XRL direct, #data ; direct ← (direct) ^ #data

在上述 6 条指令中，符号"^"表示按位异或逻辑运算。

使用异或逻辑运算指令可以判别两个数是否相等。若异或运算的结果为 0，则表示两数相等；若异或运算的结果不为 0，则表示两数不相等。

可以利用异或逻辑运算指令对目的操作数的某些位取反或保持不变：用 1 去"异或"的位取反；用 0 去"异或"的位保持不变。

在 89S51 指令系统中，进行逻辑"与""或""异或"运算时，若目的操作数是 P0～P3 端口，则该指令属于"读–修改–写"指令。

4. 累加器 A 清"0"及取反指令

CLR   A   ; A ← #00H

CPL   A   ; A ← !(A)

取反指令中，!(A)表示对累加器 A 中的内容按位取反。

　　在 89S51 指令系统中，没有求二进制数"补码"的指令，可以采用"取反加 1"的规则实现求二进制数"补码"的运算。

5. 移位指令

　　在 89S51 指令系统中，移位操作只对累加器 A 进行，有左移小循环、右移小循环、左移大循环、右移大循环 4 种。

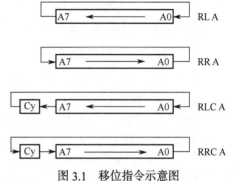

　　左移小循环：RL　　　A

　　右移小循环：RR　　　A

　　左移大循环：RLC　　A

　　右移大循环：RRC　　A

　　以上 4 条移位指令的操作过程如图 3.1 所示。

图 3.1　移位指令示意图

3.3.4　控制转移类指令

　　要改变程序的执行顺序，实现分支转向，应通过强迫改变程序计数器（PC）值的方法来实现，这就是控制转移类指令的基本功能。

1. 无条件转移指令

　　（1）长转移指令

　　LJMP　　　addr16　　　　　; PC ← addr16

　　这是一条 3 字节指令，指令执行后把 16 位地址 addr16 送入 PC，从而实现程序的转移。因为转移范围大，可达 64KB，所以称为"长转移指令"。

　　（2）绝对转移指令

　　AJMP　　　addr11　　　　　; PC ← (PC) + 2, $(PC)_{10\sim0}$ ← addr11

　　AJMP 指令中提供 11 位地址去替换 PC 的低 11 位地址内容，形成新的 PC 值，即转移目的地址。

　　AJMP 指令是 2 字节指令。addr11 是无符号整数，最小值为 000H，最大值为 7FFH，所以 AJMP 指令所能转移的最大范围是 2KB。

　　（3）短转移指令

　　SJMP　　　rel

　　SJMP 指令的功能是计算得到转移目的地址，实现程序转移。计算公式为

$$目的地址 = (PC) + 2 + rel$$

式中，(PC)称为源地址，即指令"SJMP　rel"所在程序单元的地址；rel 是相对偏移量，是一个带符号的 8 位二进制补码数。若 rel 为正，则程序向前转移；若 rel 为负（补码表示），则程序向后转移。SJMP 指令是相对寻址方式的 2 字节指令。

　　若 rel = 0FEH，即此时 rel 为负数-2 的补码，则目的地址 = (PC) + 2 - 2 = (PC)，这表明程序目的地址与指令源地址相等，那么程序就在该指令上踏步，有时称这种情况为程序落入陷阱或进入死循环。这时，指令可写成"HERE:　SJMP　HERE"或写成"SJMP　$"。

　　（4）变址寻址转移指令

　　JMP　　@A + DPTR　　; PC ← (A) + (DPTR)

　　DPTR 是基址寄存器，A 是变址寄存器。当数据指针 DPTR 固定时，累加器 A 赋值不同，

可以实现程序的多分支转移，所以该指令称为散转指令。程序转移的目的地址计算公式为

$$目的地址 = (A) + (DPTR)$$

2. 条件转移指令

条件转移指令执行时，若指令中指定的条件满足，则进行程序转移，否则程序顺序执行。

（1）累加器判 0 转移指令

JZ　　　　rel

; 若(A)=0，则 PC ← (PC) + 2 + rel，即转移；若(A) ≠ 0，则 PC ← (PC) + 2，顺序执行

JNZ　　　rel

; 若(A) ≠ 0，则 PC ← (PC) + 2 + rel，即转移；若(A) = 0，则 PC ← (PC) + 2，顺序执行

（2）比较条件转移指令

进行两个操作数的比较，若不相等则程序转移，否则程序顺序执行，共有 4 条指令：

CJNE　A，#data, rel　　; 累加器 A 内容与立即数不相等时程序转移，否则顺序执行

CJNE　A，direct, rel　　; 累加器 A 内容与片内 RAM 指定单元内容不相等时程序转移，
　　　　　　　　　　　　; 否则顺序执行

CJNE　Rn，#data, rel　　; 工作寄存器内容与立即数不相等时程序转移，否则顺序执行

CJNE　@Ri，#data，rel　; 片内 RAM 指定单元内容（间接寻址）与立即数不相等时
　　　　　　　　　　　　; 程序转移，否则顺序执行

这 4 条比较条件转移指令执行后，影响标志位 Cy，但不影响操作数本身。当左操作数等于右操作数时，Cy = 0，程序顺序执行；当左操作数大于右操作数时，Cy = 0，程序转移；当左操作数小于右操作数时，Cy = 1，程序转移。

（3）减 1 条件转移指令

这是把减 1 与条件转移功能结合在一起的指令，主要用于控制程序循环，共有两条。

① 寄存器减 1 条件转移指令（2 字节）

DJNZ　　Rn, rel　　　; Rn ← (Rn) - 1
　　　　　　　　　　　; 若(Rn) = 0，则 PC ← (PC) + 2，即程序顺序执行
　　　　　　　　　　　; 若(Rn) ≠ 0，则 PC ← (PC) + 2 + rel，即程序转移

② 直接地址单元减 1 条件转移指令（3 字节）

DJNZ　　direct，rel　; direct ← (direct) - 1
　　　　　　　　　　　; 若(direct) = 0，则 PC ← (PC) + 3，即程序顺序执行
　　　　　　　　　　　; 若(direct) ≠ 0，则 PC ← (PC) + 3 + rel，即程序转移

【例3.4】将片外 RAM 中 1100H～11FFH 的 256 个单元清 0，编写程序如下。

```
        MOV     R7, #00H              ; 设置计数初值
        CLR     A
        MOV     DPTR, #1100H          ; 设置片外 RAM 单元首址
LOOP:   MOVX    @DPTR, A
        INC     DPTR
        DJNZ    R7, LOOP
        RET
```

3. 子程序调用及返回指令

从主程序转向子程序的指令称为子程序调用，从子程序返回主程序的指令称为返回指令。

子程序调用指令与转移指令的主要区别是：转移指令不保留返回地址，而子程序调用指令在转向目的地址的同时，必须保留返回地址（称为断点地址），以便执行返回指令时回到主程序断点的位置。通常采用堆栈技术保存断点地址，这样可以允许多重子程序调用。

（1）绝对调用指令（2 字节）

ACALL   addr11

; 程序计数器 PC 指向下一条指令：$PC \leftarrow (PC) + 2$

; 断点压栈保护：$SP \leftarrow (SP) + 1$，$(SP) \leftarrow (PC)_{7\sim0}$，$SP \leftarrow (SP) + 1$，$(SP) \leftarrow (PC)_{15\sim8}$

; 程序转移：$(PC)_{10\sim0} \leftarrow addr11$，$(PC)_{15\sim11}$ 保持不变。程序转移范围为 2KB

（2）长调用指令（3 字节）

LCALL   addr16

; 程序计数器 PC 指向下一条指令：$PC \leftarrow (PC) + 3$

; 断点压栈保护：$SP \leftarrow (SP) + 1$，$(SP) \leftarrow (PC)_{7\sim0}$，$SP \leftarrow (SP) + 1$，$(SP) \leftarrow (PC)_{15\sim8}$

; 程序转移：$(PC) \leftarrow addr16$，程序转移范围为 64KB

（3）返回指令

① 子程序返回指令

RET

; 断点恢复：$(PC)_{15\sim8} \leftarrow ((SP))$，$SP \leftarrow (SP) - 1$，$(PC)_{7\sim0} \leftarrow ((SP))$，$SP \leftarrow (SP) - 1$

② 中断返回指令

RETI

; 断点恢复：$(PC)_{15\sim8} \leftarrow ((SP))$，$SP \leftarrow (SP) - 1$，$(PC)_{7\sim0} \leftarrow ((SP))$，$SP \leftarrow (SP) - 1$

RET 指令安排在子程序出口处，RETI 指令安排在中断服务程序出口处。子程序返回指令和中断返回指令的功能都是从堆栈中取出 16 位断点地址并存入程序计数器（PC），从而返回主程序。但是，RETI 指令还具有清 0 中断响应时被触发的优先级状态、开放较低级中断、恢复中断逻辑等功能。

4. 空操作指令

NOP   ; $PC \leftarrow (PC) + 1$

空操作指令是一条控制指令，控制 CPU 不做任何操作，只消耗 1 个机器周期的时间。空操作指令是单字节指令，常用于程序的等待或时间的延迟。

3.3.5 位操作类指令

位操作又称位处理，是以位（bit）为单位进行的运算和操作。位操作的地址空间是片内 RAM 的 20H～2FH 单元（位地址为 00H～7FH），以及特殊功能寄存器（SFR）中的可寻址位。位变量也称布尔变量或开关变量。

1. 位传送指令

MOV   C,   bit   ; $Cy \leftarrow (bit)$

```
MOV      bit,  C           ; bit ← (Cy)
```

上述指令格式中，bit 表示位地址。位传送就是可寻址的位 bit 与进位标志 Cy 之间的相互传送。由于没有可寻址位之间的直接传送指令，因此必须以 Cy 作为中介来实现可寻址位之间的数据传送。

2. 可寻址位的置 1 和清 0 指令

```
SETB     C                ; Cy ← 1
SETB     bit              ; bit ← 1
CLR      C                ; Cy ← 0
CLR      bit              ; bit ← 0
```

3. 位运算指令

位运算是逻辑运算，有"与""或""非"3 种逻辑运算，共 6 条指令。

```
ANL C,   bit              ; Cy ← (Cy) & (bit)
ANL C,   /bit             ; Cy ← (Cy) & (!(bit))，(bit)保持不变
ORL C,   bit              ; Cy ← (Cy) | (bit)
ORL C,   /bit             ; Cy ← (Cy) | (!(bit))，(bit)保持不变
CPL      C                ; Cy ← !(Cy)
CPL      bit              ; bit ← !(bit)
```

我们知道，3 种基本逻辑运算是"与""或""非"，由这 3 种基本逻辑运算可以构造出任何复合逻辑运算，包括"异或"逻辑运算、"与非"逻辑运算等。由此可见，利用位运算指令可以实现用软件方法获得组合逻辑电路的功能。

4. 位控制转移指令

位控制转移指令以位的状态作为实现程序转移的判断条件。

（1）以进位 C 状态为条件的转移指令（2 字节）

```
JC       rel              ; 若(Cy) = 1，则 PC ← (PC) + 2 + rel，即程序转移
; 若(CYy) = 0，则 PC ← (PC) + 2，即程序顺序执行
JNC      rel              ; 若(Cy) = 0，则 PC ← (PC) + 2 + rel，即程序转移
; 若(Cy) = 1，则 PC ← (PC) + 2，即程序顺序执行
```

（2）以 bit 状态为条件的转移指令（3 字节）

```
JB   bit, rel             ; 若(bit) = 1，则 PC ← (PC) + 3 + rel，即程序转移
; 若(bit) = 0，则 PC ← (PC) + 3，即程序顺序执行
JNB bit, rel              ; 若(bit) = 0，则 PC ← (PC) + 3 + rel，即程序转移
; 若(bit) = 1，则 PC ← (PC) + 3，即程序顺序执行
JBC bit, rel              ; 若(bit) = 1，则 PC ← (PC) + 3 + rel，bit ← 0，即程序转移并清 0 位 bit
; 若(bit) = 0，则 PC ← (PC) + 3，即程序顺序执行
```

在位操作类指令中，若 bit 是 P0～P3 端口中某一位，则该指令被称为"读-修改-写"指令。

3.4　单片机汇编语言简介

目前，单片机主要使用汇编语言和 C51 语言进行程序设计，所谓程序设计就是编写计算机程序。汇编语言程序设计就是使用汇编指令来编写计算机程序，汇编语言具有严格的语句格式。

3.4.1　汇编语言的语句格式

各种计算机汇编语言的语句格式及语法规则基本相同，MCS-51 汇编语言的语句格式如下：

　　　　　[标号:]　[操作码]　[目的操作数,]　[源操作数]　[;注释]

其中，每个部分也称字段。各部分之间用空格或字段分界符分隔。常用的字段分界符有冒号"："、逗号"，"和分号"；"。注意，字段分界符要在英文输入状态下键入。

1. 标号

标号用来说明指令的地址，用于其他语句对该句的访问。标号有以下规定：

（1）标号由 1~8 个字母和数字字符组成，以字母打头，以冒号"："结束。标号中的字符个数不超过 8 个，若超过 8 个，则前面的 8 个字符有效，后面的字符不起作用。

（2）不能用本计算机汇编语言已经定义过的符号作为标号，如指令助记符、伪指令、寄存器的符号名称等。

（3）同一标号在一个程序中只能定义一次，不能重复定义。

（4）一条语句可以有标号，也可以没有标号，取决于本程序中有无语句访问这条语句。

2. 操作码

操作码是汇编语句格式中唯一不能空缺的部分，用于规定语句执行的操作内容。

3. 操作数

操作数用于表明指令操作的数据或数据存放的地址。操作数分为目的操作数和源操作数。操作数可以是空白，也可以是 1 项、2 项，各操作数之间用逗号分开。MCS-51 指令系统的操作数有寄存器寻址方式、立即数寻址方式、直接寻址方式、间接寻址方式等 7 种寻址方式。

4. 注释

注释不属于语句的功能部分，只是对语句的解释说明，只要用分号"；"开头，即表明以下为注释的内容。使用注释可使得程序文件编制显得更加清楚，帮助程序设计人员阅读程序。注释可有可无，长度不限，一行不够时可以换行接着写，但换行时要注意在开头使用分号"；"。

5. 分界符

分界符（分隔符）用于把语句格式中的各部分隔开，以便区分，包括空格、冒号、分号、逗号等多种符号。

冒号（:），用于标号之后。

空格（ ），用于操作码和操作数之间。

分号（;），用于注释之前。

逗号（,），用于操作数之间。

3.4.2 伪指令

用指令系统编写的汇编语言程序称为源程序，必须将其翻译成机器码（目标程序）单片机方可执行。源程序转换成目标程序的过程，是由通用计算机执行一种特定的翻译程序（汇编程序）自动完成的，这个翻译过程称为汇编。

源程序中应有向汇编程序发出指示的信息。告诉汇编程序如何完成汇编工作的控制指令，称为伪指令。伪指令具有控制汇编程序的输入/输出、定义数据和符号、条件汇编和分配存储空间等功能。汇编语言不同，伪指令也有所不同，但一些基本的东西却是相同的。

伪指令是由程序员发给汇编程序的命令，也称汇编命令或汇编程序控制指令。只有在汇编前的源程序中才有伪指令，汇编后得到的目标程序中没有与伪指令相应的机器代码。

下面介绍 MCS-51 汇编语言中常见的伪指令。

1. ORG 汇编起始地址命令

在汇编语言源程序的开始，通常都要用一条 ORG（origin）伪指令规定程序的起始地址。命令格式如下：

[标号]: ORG　[地址]

其中，[标号]是选择项，根据需要选用；[地址]项通常为 16 位绝对地址，但也可使用标号或表达式。源程序中可以有多条 ORG 指令。例如，

```
        ORG     1000H
START:  MOV     A, #00H
        …
```

即规定标号 START 代表地址 1000H，目标程序的第一条指令从程序存储器的 1000H 开始存放。

2. END 汇编终止命令

END（end of assembly）是汇编语言源程序的结束标志，在整个源程序中只能有 1 条 END 指令，且位于源程序的最后。如果 END 指令出现在源程序的中间，那么其后面的源程序在汇编时将不予处理。命令格式如下：

[标号]: END

命令中的[标号]是选择项，是源程序第一条指令的符号地址。

3. EQU 赋值命令

EQU（equate）命令用于给标号赋值。赋值后，其符号值在整个程序中有效。命令格式如下：

[字符名称]　　　EQU [赋值项]

其中，[赋值项]可以是常数、地址、标号或表达式，其值为 8 位或 16 位二进制数。赋值后的字符名称可以作为立即数使用，也可以作为地址使用。

4. DB 定义字节命令

DB（define byte）命令用于从指定的地址开始，在程序存储器的连续单元中定义字节数据。命令格式如下：

[标号]: DB[8 位数据表]

其中，8 位数据就是字节数据，可以是 1 字节常数或字符，或用单引号括起来的字符串，字符串可以是汉字。例如，

　　　DB　'How are you! '

把字符串中的字符按其 ASCII 码存于连续的程序存储器单元中。

　　　常使用本命令存放数据表格。例如，存放数码管显示的十六进制数的字形码时，可使用多条 DB 指令实现：

　　　DB　3FH, 06H, 5BH, 4FH　　　　; 共阴极 LED 数码管的段码表

　　　DB　66H, 6DH, 7DH, 07H

　　　DB　7FH, 6FH, 77H, 7CH

　　　DB　39H, 5EH, 79H, 71H

5. DW 定义字命令

DW（define word）命令用于从指定的地址开始，在程序存储器的连续单元中定义 16bits 的数据字。命令格式如下：

[标号]: DW　　　[16 位数据表]

存放时，数据字的高 8 位在前（低地址），低 8 位在后（高地址）。例如，

　　　DW　'AB'　　　　　　; 存入数据为 41H、42H

　　　DW　'A'　　　　　　 ; 存入数据为 00H、41H

　　　DW　'ABC'　　　　　 ; 不合法，因为超过 2 字节

　　　DW　100H, 1ACH, 814 ; 按顺序存入 01H、00H、01H、ACH、03H、2EH

　　　DB 和 DW 定义的数据表，数的个数不得超过 80。若数据的个数较多，则可以使用多个定义命令。在汇编语言程序设计中，常用 DB 定义数据，用 DW 定义地址。

6. DS 定义存储区命令

DS（define storage）命令用于从指定的地址开始，在程序存储器的连续单元中，保留指定数目的字节单元作为存储区，供程序运行使用。汇编时，这些单元不赋值。命令格式如下：

[标号]: DS [字节数]

　　　例如，

ADDTAL: DS　20　 ; 从标号 ADDTAL 代表的地址开始，保留 20 个连续的地址单元

注意：DB、DW 和 DS 命令只能对程序存储器使用，而不能对数据存储器使用。

7. BIT 位定义命令

本命令用于给字符名称赋以位地址。命令格式如下：

[字符名称]　　　　BIT [位地址]

其中，[位地址]可以是绝对地址，也可以是符号地址（即位符号名称）。例如，

　　　SDA BIT　　　　　　P1.0

把 P1.0 的位地址赋给变量 SDA。在其后的编程中，SDA 就可以作为位地址 P1.0 使用。

3.4.3　单片机汇编语言程序设计

下面给出几个汇编语言、C51 语言程序设计对照实例。

【例 3.5】二进制数转换成 ASCII 码程序设计。将累加器 A 中的紧凑 BCD 码分解为两个 ASCII 码，并存入片内 RAM 地址 30H 开始的两个单元中。

解：

1. 汇编语言源程序如下：

```
        Result      EQU 30H
                    ORG 0000H
                    LJMP main
                    ORG 0030H
main:       MOV A, #00011010B ;给累加器 A 赋值 0x1a，方便调试程序
                    LCALL Bin2ASCII
here:       SJMP here              ;无限循环
Bin2ASCII:      MOV DPTR, #ASCIItab
                    MOV B, A
                    SWAP A
                    ANL A, #0FH             ;高 4 位
                    MOVC A, @A+DPTR
                    MOV Result, A
                    MOV A, B
                    ANL A, #0FH             ;低 4 位
                    MOVC A, @A+DPTR
                    MOV Result+1, A
                    RET
ASCIItab:  DB '0123456789ABCDEF'
                    END
```

程序调试结果：

程序运行后，片内 RAM 地址 30H、31H 单元中的数据分别为 31H、41H。

2. C51 语言源程序如下：

```
#include <reg51.h>              //在此头文件中，累加器用 ACC 表示
void main(void)
{
    unsigned char data *p = 0x30;          //片内 RAM 地址指针变量 p
    unsigned char code ASCII[16] = "0123456789ABCDEF";
    unsigned char data n;
    ACC = 0x1a;                //给累加器 ACC 赋值 0x1a，方便调试程序
    n = ACC;
    *p = ASCII[n/16];          //高 4 位
    p++;
    *p = ASCII[n&0x0f];        //低 4 位
    while(1);                  //无限循环
}
```

程序调试结果：

程序运行后，片内 RAM 地址 0x30、0x31 单元中的数据分别为 0x31、0x41。

【例 3.6】将片外数据存储器 000BH 和 000CH 单元的内容相互交换，编写汇编语言源程序和 C51 语言源程序。

解：

1. 汇编语言源程序如下：

```
        ORG 0000H
            LJMP main
            ORG 0030H
main:   MOV DPTR, #000BH
            MOVX A, @DPTR        ;将片外数据存储器 000BH 内容读入 A
            MOV B, A             ;暂存 000BH 内容到寄存器 B
            INC DPTR
            MOVX A, @DPTR        ;将片外数据存储器 000CH 内容读入 A
            MOV DPTR, #000BH
            MOVX @DPTR, A
            INC DPTR
            MOV A, B
            MOVX @DPTR, A
here:   SJMP here                ;无限循环
            END
```

2. C51 语言对地址的指示，可以采用指针变量，也可以引用头文件 absacc.h 而采用绝对地址访问。采用指针变量时，C51 语言源程序如下：

```
void main(void)
{
        char xdata *p = 0x000b;      //片外 RAM 地址指针变量 p
        char data c;
        c = *p;
        *p = *(p+1);
        p++;
        *p = c;
        while(1);                    //无限循环
}
```

3. 采用绝对地址访问片外数据存储器时，C51 语言源程序如下：

```
#include <absacc.h>
void main(void)
{
    char data c;
    c = XBYTE[11];
    XBYTE[11] = XBYTE[12];
    XBYTE[12] = c;
    while(1);            //无限循环
}
```

3.5　本章小结

89S51 单片机的指令系统共有 111 条指令，89S51 的指令表见附录 B。

按指令功能分为 5 大类：①29 条数据传送类指令；②24 条算术运算类指令；③24 条逻辑运算及移位类指令；④17 条控制转移类指令；⑤17 条位操作类指令。

按指令长度分为 3 大类：①49 条单字节指令；②45 条双字节指令；③17 条 3 字节指令。

按指令执行时间分为 3 大类：①64 条单机器周期指令；②45 条 2 机器周期指令；③2 条 4 机器周期指令，即乘法指令和除法指令。

我们要从指令的功能、指令的执行时间、指令的长度、指令执行后对 PSW 状态标志的影响等几个方面学习单片机的指令系统。

学好指令系统，对于理解计算机的工作原理和进行单片机汇编语言程序设计是很有必要的。本章主要介绍了 89S51 单片机的指令系统，简要介绍了单片机汇编语言和汇编语言程序设计，最后通过两个程序设计实例，对照给出了汇编语言源程序和 C51 语言源程序。

3.6　思考题与习题

1. 什么是寻址方式？89S51 指令系统有哪些寻址方式？相应的寻址空间在何处？

2. 访问片外数据存储器、程序存储器，可以使用哪些指令来实现？请举例说明。

3. 要访问特殊功能寄存器和片内数据存储器，应采用哪些寻址方式？

4. 说明下列指令中源操作数采用的寻址方式。

　　MOV　55H，R7

　　MOV　A，55H

　　MOV　A，#55H

　　JMP　@A+DPTR

　　MOV　30H，C

　　MOV　A，@R0

　　MOVX　A，@R0

5. 判断下列单片机指令的书写格式是否有错。若有，请说明错误原因。

　　MOV　R0，R3

　　MOV　R0，@R3

　　MOVC　　A，@R0＋DPTR

　　ADD　R0，R1

　　MUL　AR0

6. 编写一个子程序，其功能是将 PSW 中的用户标志位 F0、F1 的内容进行"异或"逻辑运算，将运算结果存放到进位标志 Cy 中。

7. 写出实现下列要求的指令或程序片段。

　　（1）将 R0 的内容传送到 R1。

　　（2）将片内 RAM 20H 单元的内容传送到寄存器 R1。

　　（3）将片内 RAM 20H 单元的位 D7 和 D3 清 0，其他位保持不变。

　　（4）将片外 RAM 1000H 单元的内容传送到片内 RAM 60H 单元。

（5）将片外 RAM 1080H 单元的内容传送到寄存器 R7。

（6）将累加器 A 的高 4 位清 0，其他位保持不变。

8. 已知(A) = 83H，(R0) = 17H，(17H) = 34H。写出执行完下列程序段后 A 的内容。

ANL　A，#17H

ORL　17H，A

XRL　A，@R0

CPL　A

9. 编写一段程序，查找片内 RAM 的 20H～50H 单元中出现 00H 的次数，并将查找的结果存入 51H 单元。

第4章　单片机C51语言程序设计基础

目前，主要使用汇编语言和C51语言进行单片机程序设计，本书主要使用C51语言。第3章简要介绍了MCS-51汇编语言及其程序设计方法，本章详细介绍单片机C51语言及其程序设计方法。由于C51语言与标准C语言的语法基本相同，并且读者一般具有标准C语言的学习经历，所以宜重点关注C51语言与单片机硬件相关的内容：C51语言数据类型、存储器类型、存储器模式、C51语言对单片机硬件资源的控制、中断函数等。

4.1　单片机C51语言概述

标准C语言已经成为举世公认的高效、简洁而又贴近计算机硬件的结构化程序设计语言，C51语言是基于标准C语言的单片机程序设计语言，它能直接对单片机硬件进行操作，既有高级语言的特点，又有汇编语言的特性。C51是面向80C51单片机的C语言编译器，面向80C51单片机的C语言称为C51语言，C51语言在20世纪90年代趋于成熟，已得到广泛推广和应用，成为单片机的主流程序设计语言。

4.1.1　C51语言在单片机应用系统开发中的优势

与汇编语言相比，单片机C51语言在单片机应用系统开发中的优势如下：
➤ 无须过多了解单片机硬件及其指令系统，只需初步了解单片机的存储器结构。
➤ C51语言能方便地管理单片机芯片内部寄存器的分配、不同存储器的寻址、数据类型等细节问题，但对单片机硬件控制有一定的限制，而汇编语言可以完全控制单片机硬件资源。
➤ C51语言源程序由若干函数组成，具有良好的模块化结构，便于程序的改进与扩充。
➤ C51语言源程序具有良好的可读性和可移植性，因为各种单片机都有自己的汇编语言，不同单片机的汇编语言之间不能通用，所以汇编语言缺乏通用性，汇编语言程序可读性差、不易移植。
➤ C51语言具有丰富的库函数，可以大大降低用户的编程工作量，显著缩短编程与调试时间，大大提高单片机程序开发效率。

4.1.2　C51语言与标准C语言的比较

ANSI C语言称为标准C语言，是一种高效、简洁、灵活方便的，既具有高级语言基本结构，又具有低级语言实用性的计算机程序设计语言。C51语言是基于标准C语言的单片机程序设计语言。C51语言与标准C语言的不同之处主要体现在以下几个方面。

1. 库函数

标准C语言中的库函数是按照通用微型计算机来定义的，而C51语言中的库函数是按照MCS-51单片机的应用情况来定义的。

2. 数据类型

C51 语言增加了几种针对 MCS-51 单片机的特有数据类型。例如，因为 MCS-51 单片机具有可以位（bit）操作的存储器空间及丰富的位操作指令，所以 C51 语言增加了 bit 数据类型，从而 C51 语言可以像汇编语言一样，灵活地进行位指令操作。

3. 存储器类型

C51 语言数据的存储器类型与 MCS-51 单片机的存储器紧密相关。C51 语言的存储器类型包括 code、data、bdata、idata、pdata、xdata，其中 code 对应 MCS-51 单片机的片内、片外 ROM 存储器空间；data、bdata 和 idata 对应 MCS-51 单片机的片内 RAM 存储器空间；pdata 和 xdata 对应 MCS-51 单片机的片外 RAM 存储器空间。但是，标准 C 语言对存储器类型要求不高。

4. 输入/输出指令

C51 语言中的输入/输出指令［scanf()函数、printf()函数］是通过 MCS-51 单片机的串行口 UART 来实现的，输入/输出指令执行前必须对串行口 UART 进行初始化。

5. 中断函数

C51 语言提供专门的中断函数，而标准 C 语言没有专门的中断函数。

4.1.3　编写 C51 语言程序的基本原则

所谓程序设计，就是编写计算机程序，在单片机应用系统开发过程中，单片机程序设计占有非常重要的地位。单片机汇编语言程序设计就是使用单片机汇编指令来编写单片机程序，单片机 C51 语言程序设计就是使用 C51 语言来编写单片机程序。

虽然 C51 语言程序不要求具有固定的格式，但我们在实际编写程序时，还是应该遵守一定的规则。C51 语言程序的编辑、编译、调试，一般在 Keil μVision 4 集成开发环境下进行，而 Keil μVision 4 本身是一个标准的 Windows 应用程序，在编辑窗口创建应用程序文件时，可以充分利用 Windows 的各种功能，如复制、剪切、粘贴等。

1. 采用清晰的书写方式

在编写 C51 语言程序时，对于 while、for、do…while、if…else、switch…case 等语句，或这些语句的嵌套组合，应采用"缩格"的书写形式。对于复合语句或函数，通常要使用花括号"{ }"。对于一个表达式中各种运算执行的顺序不太明确或容易混淆的地方，应采用圆括号"( )"明确指定它们的优先顺序。对于程序中的函数，在使用之前应对函数的类型进行说明，对函数类型的说明必须与原来定义的函数类型一致，不一致时将导致编译错误。对于具有返回值的函数，使用 return 语句时，最好使用圆括号"( )"将被返回的内容括起来，这样可使程序执行过程更清晰，便于理解和维护。

一般情况下，对于普通的变量名或函数名，采用小写字母表示，对于一些特殊变量名或由预处理命令#define 定义的常数，采用大写字母表示。由于以下画线"_"开头的变量名或函数名通常保留给 C51 编译系统使用，因此不要将下画线用作变量名或函数名的第一个字符。给变量或函数取名时，应按照见名知义的原则，例如"ext_int0"表示外部中断函数、"data_max"表示最大数据值等。

数组和指针语句具有十分密切的关系。对于一个字符数组：char *name = "hello";可以采用数组形式 name[0]或指针形式*name 来表示字符串的第一个字母 h，两者在意义上是完全相同的。在实际程序设计中，是使用数组还是使用指针应视具体情况而定，一般来说，指针比较灵活、简洁，而数组比较直观，容易理解。

2. 采用模块化的程序设计方法

对于一个较大的应用程序，为了能够集中精力考虑各种具体问题，通常将整个程序按功能分成若干模块，不同模块完成不同的功能。各个模块程序可以分别编写，甚至可以由多名人员分头编写。由于单个模块程序所完成的功能较为简单，所以程序的设计和调试也相应要容易一些。一些常用的功能模块可以作为一个应用程序库，供以后直接调用。模块以"{"开始，以"}"结束，一个 C51 语言函数就可以认为是一个模块。

所谓程序的模块化，是指不仅要将整个程序划分成若干功能模块，而且要注意保持各个模块之间变量的相对独立性，即保持模块的独立性。过多地采用外部变量会减弱各个模块的独立性，应尽量避免使用外部全局变量来传递数据信息，而应通过指定的参数来完成数据信息传递。对于不同的功能模块，可以分别指定相应的入口参数和出口参数，这样不会引起整个程序中变量管理的混乱。在 Keil μVision 4 中很容易实现模块化编程，只需将分别编写的各个程序模块文件分别添加到项目中即可。

3. 采用预处理命令的方式定义常数

对于一些常用的常数，如 π、e、EOF、TRUE、FALSE，以及不同型号 80C51 系列单片机中的各种特殊功能寄存器和位地址等，应当集中起来放在一个头文件中进行定义，需要时再采用预处理命令#include 将其包含到源程序中。这样做能够提高程序的可维护性和可移植性，能提高编程效率，能避免输入错误。C51 语言源程序中一般包含头文件 reg51.h 或 reg52.h，因为在这两个头文件中，定义了单片机的特殊功能寄存器和可寻址位。

4. 优化算法，提升程序的执行效率

一般来说，程序的执行效率主要取决于采用的算法。但对 C51 语言来说，程序的执行效率在一定程度上还与程序的结构和设计方法有关。C51 语言具有十分丰富的运算符，合理地运用这些运算符可以设计出高效率的程序。例如，当条件表达式由多个 "&&" 或 "||" 运算符连接在一起时，对于条件的判断总是从左至右逐个进行的，一旦条件满足，就不再对后面的其他条件进行判断，因此，对于条件表达式的安排，应尽可能地将满足条件的可能性较高的表达式放在整个条件式的前面。另外，合理使用中间变量往往也可以提升程序的执行效率。

4.2　C51 语言关键字与数据类型

标识符、关键字、数据类型是计算机程序设计语言的基本要素，在进行 C51 语言程序设计时，需要遵循 C51 语言标识符、关键字、数据类型的使用规则。

4.2.1　标识符

标识符用来标识源程序中某个对象的名字，这些对象可以是语句、数据类型、函数、变量、数组等。C51 语言是一种区分大小写的高级语言，标识符由字母、数字、下画线等组成，第一个字符必须是字母或下画线。需要注意的是，C51 语言中有一些库函数的标识符是以下

68

画线开头的，所以编程者一般不要以下画线开头来命名标识符。使用标识符命名时，应当简单、含义清晰，这样有助于阅读和理解程序。在 C51 编译器中，只支持标识符的前 32 个字符为有效标识。

4.2.2 关键字

关键字是编程语言保留的特殊标识符，它们具有固定名称和含义，在程序编写过程中不允许将关键字另做他用。在 C51 语言中，除有 ANSI C 语言标准的 32 个关键字外，还根据单片机的特点扩展了相关的关键字。其实，在 C51 语言的文本编辑中编写 C51 语言程序时，系统能以不同的颜色显示关键字。

表 4.1 按用途列出了 ANSI C 语言的关键字，表 4.2 列出了 C51 编译器扩展的关键字。

表 4.1 ANSI C 语言的关键字

序　号	关　键　字	用　　途	说　　明
1	auto	存储种类声明	用于声明局部变量，为默认值
2	break	程序语句	退出最内层循环体
3	case	程序语句	switch 语句的选择项
4	char	数据类型声明	单字节整型数据或字符型数据
5	const	存储种类声明	在程序执行过程中不可修改的值
6	continue	程序语句	转向下一次循环
7	default	程序语句	switch 语句中的失败选择项
8	do	程序语句	构成 do…while 循环结构
9	double	数据类型声明	双精度浮点数
10	else	程序语句	构成 if…else 选择结构
11	enum	数据类型声明	枚举
12	extern	存储种类声明	在其他程序模块中声明的全局变量
13	float	数据类型声明	单精度浮点数
14	for	程序语句	构成 for 循环结构
15	goto	程序语句	构成 goto 转移结构
16	if	程序语句	构成 if…else 选择结构
17	int	数据类型声明	基本整型数
18	long	数据类型声明	长整型数
19	register	存储种类声明	使用 CPU 内部寄存器变量
20	return	程序语句	函数返回
21	short	数据类型声明	短整型数
22	signed	数据类型声明	有符号数，二进制数据的最高位为符号位
23	sizeof	运算符	计算表达式或数据的字节数
24	static	存储种类声明	静态变量
25	struct	数据类型声明	结构类型数
26	switch	程序语句	构成 switch 选择结构
27	typedef	数据类型声明	重新进行数据类型定义
28	union	数据类型声明	联合数据类型定义
29	unsigned	数据类型声明	无符号数
30	void	数据类型声明	无类型数
31	volatile	数据类型声明	声明该变量在程序执行中可被隐含地改变
32	while	程序语句	构成 while 或 do…while 循环

表 4.2　C51 编译器扩展的关键字

序　号	关 键 字	用　途	说　明
1	_at_	地址定位	为变量进行存储器绝对地址定位
2	alien	函数特性说明	用于声明与 PL/M51 兼容的函数
3	bdata	存储器类型声明	可位寻址的 80C51 内部数据存储器
4	bit	位变量声明	声明位变量或位类型函数
5	code	存储器类型声明	80C51 程序存储器空间
6	compact	存储模式	使用 80C51 外部分页寻址数据存储器空间
7	data	存储器类型声明	直接寻址的 80C51 内部数据存储器
8	idata	存储器类型声明	间接寻址的 80C51 内部数据存储器
9	interrupt	中断函数声明	定义一个中断服务函数
10	large	存储模式	使用 80C51 外部数据存储器空间
11	pdata	存储器类型声明	分页寻址的 80C51 外部数据存储器空间
12	_priority_	多任务优先级声明	规定 RTX51 或 RTX51 Tiny 的任务优先级
13	reentrant	再入函数声明	定义一个再入函数
14	sbit	位变量声明	定义一个可位寻址变量
15	sfr	特殊功能寄存器声明	声明一个 8 位特殊功能寄存器
16	sfr16	特殊功能寄存器声明	声明一个 16 位特殊功能寄存器
17	small	存储模式	使用 80C51 内部数据存储器空间
18	_task_	任务声明	定义实时多任务函数
19	using	寄存器组声明	定义 80C51 的工作寄存器组
20	xdata	存储器类型声明	80C51 外部数据存储器

4.2.3　数据类型

数据是 MCS-51 单片机操作的对象，是具有一定格式的数字或数值。数据的不同格式称为数据类型。数据按照一定的数据类型进行排列、组合和架构后称为数据结构。

C51 语言与标准 C 语言的数据类型基本相同，但增设了位（bit）型，取消了布尔型，大体可以分为基本数据类型、构造数据类型、指针类型、空类型。其实，两者的使用方法基本类似。C51 语言数据类型如表 4.3 所示。

表 4.3　C51 语言数据类型

说　明	数据类型	长度/位	长度/字节	值　域
字符型	unsigned char	8	1	0～255
	signed char	8	1	−128～+127
整型	unsigned int	16	2	0～65535
	signed int	16	2	−32768～+32767
	unsigned long	32	4	0～4294967295
	signed long	32	4	−2147483648～+2147483647
浮点型	float	32	4	±1.176E−38～±3.40E+38（6 位数字）
双精度型	double	64	8	±1.176E−38～±3.40E+38（10 位数字）

（续表）

说　明	数 据 类 型	长度/位	长度/字节	值　域
指针型	data/idata/pdata	8	1	1B
	xdata/code	16	2	2B
	通用型指针	24	3	第 1 字节是存储器类型编码，第 2、3 字节是地址偏移量
位型	bit	1		0，1
访问 SFR	sfr	8	1	0～255
	sfr16	16	2	0～65535
	sbit	1		0，1

（1）char 字符型

char 字符型的长度是 1B，通常用于定义处理字符数据的变量或常量，分为无符号字符型 unsigned char 和有符号字符型 signed char，默认值为 signed char。无符号字符型 unsigned char 用字节中所有的位表示数值，值域为 0～255，常用于处理 ASCII 码字符、小于等于 255 的整型数。有符号字符型 signed char 用字节中的最高位表示数据的符号，0 表示正数，1 表示负数，负数用补码表示，值域为-128～+127。

（2）int 整型

int 整型的长度是 2B，用于存放 1 个双字节数据，分为有符号整型数 signed int 和无符号整型数 unsigned int。默认值为 signed int。

（3）long 长整型

long 长整型的长度是 4B，用于存放 1 个 4B 数据，分为有符号长整型数 signed long 和无符号长整型数 unsigned long。默认值为 signed long。

（4）float 浮点型

float 浮点型的长度是 4B，在十进制中具有 7 位有效数字，是符合 IEEE-754 标准的单精度浮点型数据。

（5）*指针型

指针型本身就是一个变量，在这个变量中存放的是指向另一个数据的地址。在 C51 语言中，它的长度一般为 1～3B。

（6）bit 位型

bit 位型是 C51 语言扩展的一种数据类型，利用它可以定义一个位变量，它的值占 1 个二进制位，不是 0，就是 1，类似于一些高级语言中的布尔数据类型的 true 和 false。

（7）sfr 特殊功能寄存器

sfr 是 C51 语言扩展的一种数据类型，占用 1 个内存单元，值域为 0～255。利用它可以定义特殊功能寄存器，从而访问 80C51 单片机芯片内部的所有特殊功能寄存器。例如，用"sfr P1 = 0x90;"定义字符 P1 为单片机 P1 口在片内的锁存器（特殊功能寄存器之一），然而在后面的语句中就可以用"P1 = 255;"之类的语句操作 P1 口。

（8）sfr16 特殊功能寄存器（16 位）

sfr16 是 C51 语言扩展的一种数据类型，占用 2 个内存单元，值域为 0～65535，用于定义 80C51 单片机芯片内部 RAM 的 16 位特殊功能寄存器。例如，

sfr16　T2 = 0xCC　　　;//声明一个 16 位特殊功能寄存器 T2，它的起始地址为 0xCC

（9）sbit 可寻址位

sbit 是 C51 语言扩展的一种数据类型，利用它可以访问 80C51 单片机芯片内部 RAM 中的可寻址位，以及特殊功能寄存器中的可寻址位。用关键字 sbit 定义特殊功能寄存器中的可寻址位，有如下 3 种方法：

① sbit　　　OV = 0xD2　　　　　　; /* 将位地址赋给位变量 OV */

② sfr　　　　P1 = 0x90　　　　　　; /* 定义特殊功能寄存器 P1 */

　 sbit　　　Switch_k1 = P1^0　　　 ; /* 定义位变量 Switch_k1 在 P1.0 位 */

③ sbit　　　CY = 0xD0^7　　　　　 ; /* 位运算符 "^" 对直接地址 0xD0 操作 */

C51 语言除支持上述这些基本数据类型外，还支持复杂的构造数据类型，如数组、联合类型、结构类型。关于构造数据类型，可参考 ANSI C 语言。

4.3　C51 语言数据

C51 语言可以对常量数据和变量数据进行处理。在进行 C51 语言程序设计时，要明确所用数据的数据类型、数据在单片机存储器的存储空间位置。

4.3.1　常量

C51 语言中的常量是不接受程序修改的固定值，常量可以是任意数据类型。C51 语言中的常量包括整型常量、实型常量、字符型常量、字符串常量、符号常量。

1. 整型常量

整型常量就是整常数。整型常量可以是十进制数字、八进制数字、十六进制数字表示的整数值。C51 语言程序设计时通常采用十进制数、十六进制数。例如：8、128、918 是十进制数；0x31、0x28、0x1382 是十六进制数。

（1）在整型常量后面加一个字母 "L" 或 "1"，表示该数是长整型，例如 35L、0x12fel。

（2）整型常量在不做特别说明时，总是正值，如果要表示负值，那么必须将负号 "−" 放在整型常量的最前面，例如−8、−0x1382。

2. 实型常量

实型常量就是浮点常量，是用十进制数表示的实数。实型常量包括整数部分、尾数部分、指数部分。实型常量的格式如下：

$$[digit]\ [.digit]\ [E[+/-]digit]$$

（1）上述格式中，digit 是 1 位或多位十进制数字（0～9）。

（2）小数点之前是整数部分，小数点之后是尾数部分，没有尾数时可以省略小数点。

（3）指数部分用 E 或 e 开头，幂指数可以为负，没有符号时视为正指数且基数为 10，如 2.134E10 表示 2.134×10^{10}。

（4）在实型常量中，不得出现任何空白符号。

（5）所有实型常量均视为双精度数据类型。

（6）字母 E 或 e 之前必须有数字，并且字母 E 或 e 后面的数值必须为整数。

3. 字符型常量

字符型常量是用一对单引号括起来的一个字符，例如'a'、'8'、'!'。字符型常量中的单引号只起定界作用，并不属于字符本身。在 C51 语言中，字符是按照字符对应的 ASCII 码来存储的，一个字符占一字节。

4. 字符串常量

字符串常量是用双引号括起来的字符串，如"Hello"、"128China"、"!"。在 C51 语言中，字符串常量在存储器中保存时，系统自动在字符串的末尾添加字符串结束标志'\0'，因此长度为 n 个字符的字符串常量，在单片机存储器中占用 $n+1$ 个存储单元。

要特别注意字符型常量与字符串常量的区别。例如，字符型常量'!'占用 1 个存储单元，字符串常量"!"占用 2 个存储单元。

5. 符号常量

在 C51 语言程序中，允许将常量定义为一个标识符，称为符号常量。为了区别于一般用小写字母表示的变量名称，符号常量通常用大写字母表示。符号常量在使用前必须先定义。定义符号常量的格式如下：

#define 标识符　　常量

例如，

#define　PI　3.1415926

#define　TRUE　1

4.3.2　变量

变量是一种在程序执行过程中其值可以改变的量。C51 语言规定，变量必须先定义后使用。对变量进行定义的格式如下：

数据类型　[存储器类型]　变量名表;

每个变量都有一个变量名，在单片机存储器中占据一定数量的存储单元，并在该存储单元中存放该变量的值。变量名应符合标识符的要求，各变量名之间用逗号","分隔，从而构成变量名表。数据类型已在 4.2.3 节介绍，存储器类型是可选项，下面介绍存储器类型。

4.3.3　存储器类型和存储器模式

1. 存储器类型

存储器类型（Memory Type）指明变量所处的单片机存储器空间。C51 编译器能识别以下存储器类型，如表 4.4 所示。

表 4.4　C51 编译器能识别的存储器类型

序　号	存储器类型	与存储器空间的对应关系
1	data	直接寻址片内数据存储区，访问速度最快（前 128B）
2	bdata	可位寻址片内数据存储区 20H～2FH，允许位和字节混合访问（16B）
3	idata	间接寻址片内数据存储区，可访问片内全部 RAM 地址空间（256B）
4	pdata	分页寻址片外数据存储区，编译后由指令 MOVX　@Ri 访问（256B）
5	xdata	片外数据存储区，编译后由指令 MOVX　@DPTR 访问（64KB）
6	code	程序代码存储区，编译后由指令 MOVC　@DPTR 访问（64KB）

在变量定义时，如果省略了存储器类型的声明，那么 C51 编译器会选择默认的存储器

类型。默认的存储器类型由 Small、Compact、Large 存储器模式指令决定，稍后将对此做进一步说明。

（1）data 存储器类型

对 data 区的寻址是最快的，所以应该把使用频率高的变量放在 data 区。由于 data 区的空间有限，data 区除包含程序变量外，还包含堆栈和工作寄存器组 0～3，因此必须注意使用 data 区。

（2）bdata 存储器类型

bdata 区是 data 区的一部分，即 data 区的位寻址区，字节地址为 20H～2FH，在这个区中声明变量后就可以进行位寻址。C51 编译器不允许在 bdata 区声明 float 和 double 型的变量，如果想对浮点数的每一位进行寻址，那么可以通过包含 float 和 long 的联合体来实现。

【例 4.1】在 bdata 区声明位变量并使用位变量的程序段如下：

```
unsigned char bdata status_byte;
unsigned int   bdata status_word;
unsigned long bdata status_dword;
bit ststus_flag = status_byte^6;
if(status_word^15)
     {  …  }
ststus_flag = 1;
```

（3）idata 存储器类型

idata 区声明的变量使用寄存器作为指针进行寻址。在寄存器中设置 8 位地址进行间接寻址，即使用指令 MOV @Ri 访问片内数据存储器，可访问片内全部 RAM 地址空间（256B），与外部存储器寻址比较，它的指令执行周期和代码长度都比较短。

（4）pdata 和 xdata 存储器类型

在 pdata 区和 xdata 区声明变量，与在其他存储空间声明变量的语法是一样的，pdata 区只有 256B，而 xdata 区可达 65536B。对 pdata 区寻址比对 xdata 区寻址要快，因为对 pdata 区寻址只要装入 8 位地址，而对 xdata 区寻址要装入 16 位地址，所以应该尽量把外部数据存放在 pdata 区中。对在 pdata 区和 xdata 区的变量进行寻址时，都要使用 MOVX 指令，需要 2 个机器周期。

（5）code 存储器类型

code 区就是 80C51 单片机的目标程序代码区，code 区的数据是不可改变的。在 code 区，除存放目标程序代码外，一般还可存放数据表、跳转向量和状态表（实际上这些也可视为目标程序的一部分）。CPU 对 code 区的访问时间与对 xdata 区的访问时间是一样的。下面是在 code 区声明变量的例子：

```
unsigned int code unint_id[2] = {0x1234,0x89ab};
unsigned char code num[] = { 0x3f,0x06,0x5b,0x4f,0x66,0x6d,0x7d,0x07,0x7f,0x6f };
```

2. 存储器模式

C51 编译器允许采用 3 种存储器模式（Memory Model）：小模式 Small、紧凑模式 Compact、大模式 Large。存储器模式确定了变量在单片机存储器中的地址空间。在 Small 模式下，变量存放在单片机的内部 RAM 中（variables in DATA）；在 Compact 模式下，变量存放在单片机的外部 RAM 的第 0 页中（variables in PDATA）；在 Large 模式下，变量存放在单片机的外部 RAM 中（variables in XDATA）。例如，在 Small 模式下未说明变量的存储器类型时，该变量被默认存放到 data 存储空间。存储器模式的选择，可以在单片机程序开发软件 Keil 中通过工程（project）设计环境的设置而完成，关于 Keil 软件的进一步介绍，请参见第 10 章，也可在 C51 语言源程序中软件定义存储器模式，软件定义存储器模式的实例如下：

```
#pragma small        // 选择存储器模式 Small
```

4.3.4　数组

数组是相同数据类型数据的有序集合，指针是存放存储器地址的变量，数组和指针是用于数据管理的有效手段。

数组用一个名字来标识，称为数组名。数组中的每个成员称为数组元素，数组元素具有相同的数据类型。数组中各元素的顺序用下标表示，下标为 n 的数组元素可以表示为"数组名[n]"，通过改变下标 n 可以访问数组中所有数组元素。

数组有一维数组、二维数组、三维数组、多维数组，C51 语言程序中通常使用一维数组、二维数组和字符数组。

1. 一维数组

只有一个下标的数组元素组成的数组称为一维数组。定义一维数组的方法如下：

```
数据类型   [存储器类型]   数组名[元素个数];
```

其中，数组名是一个标识符，元素个数是常量表达式，不能是含有变量的表达式，存储器类型是可选项，表示数组存放在单片机存储器的什么存储空间。

在定义数组时可以对数组进行整体初始化；定义数组后对数组赋值，则只能对单个数组元素赋值。例如，

```
int data a[8];                    //定义 a 数组包含 8 个元素：a[0], a[1], a[2], a[3], a[4], a[5], a[6], a[7]
char idata b[5] = {1,2,3,4,5};    //全部元素初始化 b[0] = 1, b[1] = 2, b[2] = 3, b[3] = 4, b[4] = 5
char xdata c[5] = {1,2,3};        //部分元素初始化 c[0] = 1, c[1] = 2, c[2] = 3, c[3] = 0, c[4] = 0
char xdata d[] = {1,2,3};         //定义 d 数组包含 3 个元素并初始化：d[0] = 1, d[1] = 2, d[2] = 3
```

2. 二维数组和多维数组

具有两个或两个以上下标的数组，称为二维数组或多维数组。定义二维数组的方法如下：

```
数据类型   [存储器类型]   数组名[行数] [列数];
```

其中，数组名是一个标识符，行数与列数都是常量表达式，存储器类型是可选项，表示数组存放在单片机存储器的什么存储空间。

定义二维数组的实例如下：

```
float data a[4][3];    //定义 a 数组，4 行 3 列共 12 个元素
char idata b[3][4] = {{1, 2, 3, 4}, {5, 6, 7, 8}, {9, 10, 11, 12}};   //全部元素初始化
char idata c[3][4] = {{1, 2, 3, 4}, {5, 6, 7, 8}, {}};  //部分元素初始化，未初始化的元素为 0
```

3. 字符数组和字符串数组

如果一个数组的元素是字符型的，那么该数组就是字符数组。例如，

```
char data a[12] = {"Ou wei-ming"};       //定义字符数组 a，存放在 data 存储空间
char code b[3][6] = { "I", "love", "you. "};   //定义字符串数组 b，存放在 code 存储空间
```

4.3.5　指针

指针用来存放存储单元的地址，存放存储器地址的变量就是指针变量。

由于 C51 语言是与 MCS-51 单片机硬件相结合的，单片机的不同存储空间有不同的地址范围，而指针变量也应该有它本身的存储空间和存储长度，因此在定义指针变量时要说明两方面的情况：一方面是指针变量本身的存储器类型和数据类型；另一方面是指针变量所指向对象的存储器类型和数据类型。

1. 定义指针变量

下面通过实例说明定义指针变量的格式：

$$\text{xdata} \qquad \text{long code} \qquad \text{*p;}$$

上面的语句定义了指针变量 p，说明如下。

（1）xdata 表示指针变量 p 本身存放在外部 RAM 中，占用 2B 存储单元。

（2）long 表示指针变量 p 所指向对象的数据类型为 long。

（3）code 表示指针变量 p 所指向对象的存储器类型为 code，所指向对象存放在 ROM 中。

（4）上面的语句等效于 "long code *xdata p;"。

（5）xdata 可以省略，若缺省该项，则由存储器模式决定，通常是在 data 存储空间。

（6）若缺省 xdata 和 code 这两项，则所定义的 p 称为通用型指针变量，p 本身处于存储器模式所默认的存储空间，长度为 3B，其中第 1 字节是所指向对象的存储器类型编码（如表 4.5 所示，存储器类型编码与 C51 编译器的版本有关），第 2 字节、第 3 字节是存储器地址偏移量，如 "long　*p;" 定义了通用型指针变量 p，若 p 的值为 0x021203，则表明指针变量 p 指向 xdata 区的 0x1203 存储单元；通用型指针变量 p 所指向对象可以处于任何存储空间。

表 4.5　通用型指针变量的存储器类型编码

存储器类型	idata	xdata	pdata	data	code
编码	0x01	0x02	0x03	0x04	0x05

下面的 C51 语言程序段，是指针变量的使用实例。

```
void main(void)
{
        char xdata * p1;    //定义指针变量 p1 指向 xdata 区，对象的数据类型为 char 字符型
        p1=0x0010;          //指针变量 p1 指向 xdata 区的 0x0010 单元
        *p1=50;             //外部 RAM 区的 0x0010 单元被赋值为 50
}
```

2. 指向数组的指针变量

如果一个变量存放一个数组的地址，那么这个变量就称为指向数组的指针变量，数组的起始地址称为数组指针，一个数组 a[] 的起始地址用 a 表示。

（1）指向数组的指针变量定义和赋值

定义一个数组 a[5] 和一个指针变量 ptr：

```
char data a[5];
char data *ptr;
```

上面两条语句不能说明 ptr 指向数组 a[5]，要将数组的起始地址赋给指针变量：

```
ptr=a;              //数组 a 的起始地址赋给指针变量 ptr
ptr=&a[0];          //该条语句的功能与上面语句的功能相同
```

（2）利用指向数组的指针变量引用数组元素

指向数组的指针变量引用数组元素时有两种方法，分别是*(ptr+i)和 ptr(i)，它们等同于*(a+i)和 a(i)。示例程序段如下。

```
void main(void)
{
        char a[5] = {1, 2, 3, 4, 5};
        char b, c, d;
        char *ptr;
        ptr = a;              //数组 a 的起始地址赋给指针变量 ptr
        b = a + 2;            //b 等于数组元素 a[2]的地址
        c = ptr + 3;          //c 等于数组元素 a[3]的地址
        d = *(ptr + 3);       //d 等于数组元素 a[3]的值，即 d = 4
}
```

4.4　C51 语言对单片机硬件资源的控制

C51 语言对单片机应用系统硬件的控制，包括特殊功能寄存器的定义、片内 RAM 的访问、片外 RAM 的访问、I/O 端口的访问、位变量的定义。

4.4.1　特殊功能寄存器（SFR）的定义

MCS-51 单片机通过特殊功能寄存器实现对其内部主要资源的控制。有 21 个特殊功能寄存器（Special Function Register，SFR），它们分布在片内 RAM 的高 128B（地址为 0x80～0xff），其中字节地址能被 8 整除的 SFR 可以进行位寻址。对 SFR 的访问只能采用直接寻址方式，C51 语言允许使用数据类型关键字 sfr 或直接引用 C51 编译器提供的头文件（如 reg51.h）来实现对 SFR 的访问。

1. 采用关键字 SFR 定义

为了直接访问 SFR，C51 语言提供一种自主形式的定义方法，这种方法与标准 C 语言不兼容，只适用于对 MCS-51 单片机进行 C51 语言编程。语法如下：

            sfr　特殊功能寄存器名称 = 特殊功能寄存器地址;

注意，sfr 后面必须跟一个特殊功能寄存器名称，"="后面的地址必须是常数，不允许是带有运算符的表达式，这个常数必须处于特殊功能寄存器的地址范围 0x80～0xff 内。例如，

```
sfr    SCON = 0x98;
sfr    TMOD = 0x89;
```

在 MCS-51 单片机中，两个 SFR 经常组合使用，例如将 DPH 与 DPL 组合使用而构成数据指针 DPTR，针对这种情况（两个 SFR 的地址相邻），C51 语言定义方法实例如下：

sfr16　DPTR = 0x82; //数据指针 DPTR 低 8 位 DPL 地址为 0x82，高 8 位 DPH 地址为 0x83

2. 通过头文件访问 SFR

在进行 C51 语言程序设计时，最好通过包含头文件来访问 SFR，示例如下。

【例 4.2】引用头文件访问 SFR 示例程序。

```
#include <reg51.h>      //包含 MCS-51 单片机的头文件
void main(void)
{
    TL0 = 0x12;        //T0 赋初始值
    TH0 = 0x34;
    TR0 = 1;           //启动 timer0
}
```

4.4.2　位变量的定义

与标准 C 语言不同，C51 语言支持 bit 数据类型。

1. 定义位变量

数据类型关键字 sbit 可以用来定义位地址在 0x80～0xff 范围内的位变量，这在 4.2.3 节中介绍过。数据类型关键字 bit 可以用来定义位于 bdata、data 区的位变量，示例如下：

```
bit bdata v1;       //将 v1 定义为位于 bdata 区的位变量
bit data v2;        //将 v2 定义为位于 data 区的位变量
```

2. 位型参数与数据

函数可以有数据类型为位型的参数，函数的返回值数据类型也可以是位型。例如，

```
bit func(bit x, bit y)
{
    return (y);
}
```

3. 对位变量的限制

（1）位变量不能定义成一个指针，例如不能定义"bit *p;"。

（2）不存在位数组，例如不能定义"bit *p[3];"。

（3）定义位变量时，允许给出存储器类型说明符，存储器类型限制为 data 或 bdata。

4. 可位寻址对象

在 C51 语言程序设计时，创建可位寻址对象的方法是先定义一个处于 bdata 区的字节变量，然后用数据类型 bit 定义可独立寻址访问的对象位。例如，

```
int bdata a;          //定义处于 bdata 存储空间的整型变量 a
char bdata b[4];      //定义处于 bdata 存储空间的字符型数组 b[4]，它有 4 个字符型元素
bit mybit0 = a^0;     // mybit0 定义为 a 的第 0 位
bit mybit15 = a^15;   // mybit15 定义为 a 的第 15 位
bit Ary07 = b[0]^7;   // Ary07 定义为 b[0]的第 7 位
bit Ary36 = b[3]^6;   // Ary36 定义为 b[3]的第 6 位
```

```
Ary36 = 0;            //位变量赋值为 0，是位寻址
b[3] = 'a';           // b[3]被赋值为字符'a'，是字节寻址
```

4.4.3　存储器和外接 I/O 端口的绝对地址访问

对于单片机片内 RAM、片外 RAM 存储器，以及单片机应用系统中 I/O 端口的访问，C51 语言提供了两种绝对地址访问方法。

1. 绝对地址宏定义

C51 编译器提供了一组宏定义来对 MCS-51 系列单片机的 code、data、pdata、xdata 存储空间进行绝对地址访问。在 C51 语言程序中，使用"#include <absacc.h>"就可以通过该头文件声明的宏来访问绝对地址，包括 CBYTE、DBYTE、PBYTE、XBYTE、CWORD、DWORD、PWORD、XWORD 共 8 个宏，具体使用方法可参见头文件 absacc.h。

（1）CBYTE 以字节形式对 code 存储空间进行绝对地址访问。

（2）DBYTE 以字节形式对 data 存储空间进行绝对地址访问。

（3）PBYTE 以字节形式对 pdata 存储空间进行绝对地址访问。

（4）XBYTE 以字节形式对 xdata 存储空间进行绝对地址访问。

（5）CWORD 以字形式对 code 存储空间进行绝对地址访问。

（6）DWORD 以字形式对 data 存储空间进行绝对地址访问。

（7）PWORD 以字形式对 pdata 存储空间进行绝对地址访问。

（8）XWORD 以字形式对 xdata 存储空间进行绝对地址访问。

使用绝对地址宏定义，完整的 C51 语言源程序示例如下：

```
#include <absacc.h>
#define PortA XBYTE[0xFFC0]   //将 PortA 定义为片外 I/O 端口，地址为 0xFFC0，数据长度为 8 位
#define NRAM DBYTE[0x68]      //将 NRAM 定义在片内 RAM 存储区，地址为 0x68，数据长度为 8 位
void main(void)
{
        PortA = 0x18;   //数据 0x18 写入地址为 0xFFC0 的外部 I/O 端口
        NRAM = 0x55;    //数据 0x55 写入片内 RAM 地址为 0x68 的存储单元
        while(1);        //无限循环
}
```

2. _at_ 关键字

使用关键字"_at_"可以对指定的存储空间进行绝对地址访问，使用格式如下：

　　　　　　数据类型说明符　[存储器类型说明符]　变量名　_at_　地址常数；

其中，存储器类型说明符是可选项，如果缺省，那么按存储器模式确定变量的存储器空间；地址常数用来指定变量的绝对地址，它必须处于有效的单片机存储器空间，并且只能是全局变量。使用关键字"_at_"实现绝对地址访问的完整 C51 源程序示例如下：

```
unsigned char data x1 _at_ 0x68;      //在 data 区定义变量 x1，它的地址为 0x68
unsigned int xdata x2 _at_ 0x2019;     //在 xdata 区定义变量 x2，它的地址为 0x2019
void main(void)
{
```

```
x1 = 0x18;        //数据 0x18 写入片内 RAM 地址为 0x68 的存储单元
x2 = 0x55;        //数据 0x55 写入起始地址为 0x2019 的外部 RAM，x2 占用 2B
while(1);         //无限循环
}
```

4.5　C51 语言运算符和表达式

运算符是完成某种特定运算的符号。按照需要运算对象的多少，运算符分为单目运算符、双目运算符、三目运算符，分别需要 1、2、3 个运算对象。表达式是由运算符和运算对象组成的具有特定含义的式子。C51 语言是一种表达式语言，在表达式后面加分号"；"就构成了一条表达式语句。

4.5.1　运算符

1．赋值运算符

赋值运算符"="的功能是给变量赋值，利用赋值运算符将一个变量与一个常数或表达式连接起来的式子称为赋值表达式，在赋值表达式的后面加分号"；"就构成了赋值语句。例如，

a = 0xa8； //语句功能为将常数 0xa8 赋给变量 a

2．算术运算符

C51 的算术运算符有以下 5 个，其中只有取正运算符和取负运算符是单目运算符，其他运算符是双目运算符：

+　加或取正运算符
−　减或取负运算符
*　乘运算符
/　除运算符
%　模（取余）运算符，例如 8%5 = 3，即 8 除以 5 的余数是 3

除运算符与一般的算术运算规则有所不同，如果是两个浮点数相除，那么结果为浮点数，例如 10.0/20.0 的结果为 0.5；如果是两个整数相除，那么结果是整数，例如 7/3 的结果为 2。

算术运算符的运算对象可以是常量、变量、函数、数组、结构等。与标准 C 语言一样，算术运算符有优先级和结合性，并可以用圆括号"( )"改变优先级。

3．关系运算符

C51 的关系运算符有以下 6 个：

> 　大于　　　　　　　　　　　　<= 　小于等于
< 　小于　　　　　　　　　　　　== 　测试等于
>= 　大于等于　　　　　　　　　　!= 　测试不等于

当两个表达式用关系运算符连接起来时，就是关系表达式。关系表达式通常用来判别某个条件是否满足。要注意的是，关系运算符的运算结果只有两种：当指定的条件满足时，结果为 1；当指定的条件不满足时，结果为 0。这两个结果都是逻辑值，分别表示逻辑真与逻辑假。

4. 逻辑运算符

C51 的逻辑运算符有以下 3 个。关系运算符所能反映的是两个表达式的大小关系，逻辑运算符则用于求条件式的逻辑值。用逻辑运算符将关系表达式或逻辑量连接起来的式子称为逻辑表达式。

（1）&& 逻辑与，使用格式为：条件式 1 && 条件式 2

只有当条件式 1 和条件式 2 都为真时，该逻辑表达式的值才为 1，否则为 0。

（2）|| 逻辑或，使用格式为：条件式 1 || 条件式 2

只要条件式 1 和条件式 2 中有一个为真，该逻辑表达式的值就为 1，否则为 0。

（3）! 逻辑非，使用格式为：! 条件式

逻辑非将条件式的结果取反。条件式为真时，该逻辑表达式的值为 0；条件式为假时，该逻辑表达式的值为 1。

5. 位运算符

C51 的位运算符有以下 6 个，其作用是按位对变量进行相应的运算，位运算符只能对整型或字符型数据进行操作，不能对浮点数进行操作。

&	按位与	~	按位取反
|	按位或	<<	左移
^	按位异或	>>	右移

以上位运算符中，只有按位取反"~"是单目运算符，其他的都是双目运算符，即要求运算符两侧各有一个运算对象。左移运算符"<<"、右移运算符">>"用来将一个数的各个二进制位全部左移、右移若干位，移位后，空白位补 0，而最后溢出的位移入单片机 PSW 寄存器的 CY 位，CY 位中原来的内容被丢弃。

6. 复合运算符

双目运算符与赋值运算符"="一起组成复合赋值运算符，称为复合运算符。C51 的复合运算符有 11 个，采用这些复合运算符的目的是为了简化程序、提高编程效率。由于采用复合运算符会降低程序的可读性，所以我们不鼓励初学者过多地使用复合运算符。

+=	加运算并赋值	>>=	右移并赋值
–=	减运算并赋值	&=	按位与并赋值
*=	乘运算并赋值	|=	按位或并赋值
/=	除运算并赋值	^=	按位异或并赋值
%=	取余运算并赋值	~=	按位取反并赋值
<<=	左移并赋值		

例如，a += 68 等价于 a = a + 68，y /= x + 188 等价于 y = y/(x + 188)。

7. 指针和地址运算符

指针是 C51 语言中十分重要的概念，C51 语言提供两个专门用于指针和地址的运算符：

*   取内容

&   取地址

取内容和取地址运算的一般形式如下：

变量 = * 指针变量

指针变量 = & 目标变量

取内容运算将指针变量指向的目标变量的值赋给左边的变量。取地址运算将目标变量的地址赋给左边的变量。

8. 自增减运算符

自增减运算符的作用是使变量值自动加 1 或减 1。例如，

++m，--m	在使用变量 m 之前，先使变量 m 值加（减）1。
m++，m--	在使用变量 m 之后，再使变量 m 值加（减）1。

注意，自增运算符 "++" 和自减运算符 "--" 只能用于变量，而不能用于常量和表达式。

4.5.2　表达式

表达式是由运算符和运算对象组成的具有特定含义的式子。C51 语言的表达式包括算术表达式、强制数据类型转换表达式、赋值表达式、关系表达式、逻辑表达式等。关于表达式的进一步内容，请参考 ANSI C 语言。

1. 算术表达式

用算术运算符和一对圆括号将运算对象（操作数）连接起来的、符合 C51 语言语法的表达式称为算术表达式。

运算对象可以是常量、变量、函数等。例如，8 + sqrt(a)*b。

2. 强制数据类型转换表达式

强制数据类型转换表达式的格式如下：

(数据类型标识符) (表达式)

其中，"（数据类型标识符）"起强制数据类型转换运算符的作用，它将表达式的值转换为指定的数据类型。例如，表达式(float)(10%3)将 10%3 转换成浮点数 1.0；表达式(int)8.123 将8.123 转换成整数 8。

4.6　C51 语言流程控制语句

计算机程序是由若干语句按顺序组成的。程序按语句的顺序逐条执行，这就是所谓的顺序结构；在程序执行过程中，根据条件来选择程序执行的顺序，这称为选择结构；在程序的某处，根据某个条件的存在要重复执行一段程序，直到该条件消失为止，即程序的执行顺序在某处形成循环，于是构成了循环结构。任何程序都是顺序结构、选择结构、循环结构的组合，因此程序的 3 种基本结构是顺序结构、选择结构、循环结构。C51 语言是一种结构化编程语言，C51 语言的语句主要用来实现顺序结构、选择结构、循环结构。

4.6.1　语句的概念和分类

1. 语句的概念

C51 语言的语句用来向计算机系统发出操作指令。C51 语言语句是以分号 ";" 作为标志的。例如，"a = 8" 是赋值表达式，而 "a = 8 ;" 则是 C51 语言赋值语句。

2．语句的分类

C51 语言的语句可以分为以下几类。

（1）流程控制语句

if…else…	条件语句
for()	循环语句
while()	循环语句
do…while()	循环语句
continue	结束本次循环的语句
break	中止执行开关语句 switch 或循环的语句
switch…case	多分支选择语句
goto	无条件转向语句
return	函数返回语句

（2）空语句

空语句是只有一个分号 ";" 的语句，空语句什么也不做。

C51 语言程序中的语句以分号为标志，如果一条语句少了分号，那么编译器会提示出现语法错误；而语句多了分号，编译器认为是一条空语句，运行并不会出错，系统将绕过它而执行后面的语句。

（3）表达式语句

表达式后面加上分号就构成一条表达式语句。例如，函数调用语句是表达式语句之一。

（4）复合语句

把多条语句用花括号 "{ }" 括起来，就构成了复合语句，多用于 if、for 等语句中。从语法的角度看，复合语句可视为 1 条语句。

4.6.2　判断分支（if、switch 语句）

程序选择结构的基本特点是程序的流程由多路分支组成，在程序的一次执行过程中，根据不同的条件，只有一条分支被选择执行，而其他分支上的语句被直接跳过。

C51 语言提供 if 语句和 switch 语句，根据条件判断分支来实现程序选择结构。一般来说，if 语句适用于二选一，switch 语句适用于多选一。

1. if 语句

if 语句有 3 种格式，分别如下。

（1）格式 1：　　　　if　(表达式)　　语句

（2）格式 2：　　　　if　(表达式)　　语句 1

　　　　　　　　　　else　　语句 2

（3）格式 3：　　　　if　(表达式 1)　　语句 1

　　　　　　　　　　else if　(表达式 2)　　语句 2

　　　　　　　　　　else if　(表达式 3)　　语句 3

　　　　　　　　　　…

　　　　　　　　　　else　　语句 n

注意，在 if 语句中，如果需要执行的语句不止 1 条，那么要用花括号"{ }"组合成复合语句。在 if 语句中，又含有一条或多条 if 语句时，这种情况称为 if 语句的嵌套，在嵌套的 if 语句中，else 子句与最靠近它的 if 配对，但用花括号"{ }"可以改变配对关系。

【例 4.3】输入 3 个数，找出其中最小的数。程序如下：

```
#include <stdio.h>
main(){
int    x, y, z, min;
printf("input x, y, z:");
scanf("%d %d %d", &x, &y, &z);
if (x<y)
    min = x;
    else min = y;
if (z < min)
    min = z;
printf("min = %d\n", min);
}
```

2. switch 语句

switch 语句专门处理多路分支的情形，其格式如下：

```
switch    (表达式)
{
case  常量表达式 1:
    语句 1
    break;
case  常量表达式 2:
    语句 2
    break;
…
case  常量表达式 n:
    语句 n
    break;
default:
    语句 n+1
}
```

对于 switch 语句，需要注意如下 3 点：

（1）"常量表达式"的值必须是整型、字符型、枚举类型。

（2）break 语句用于跳出 switch 语句。

（3）在 switch 语句中，多条 case 语句可以共用一条执行语句，也可以每条 case 语句用一条相同的执行语句，从而达到相同的执行结果。

4.6.3 循环控制（for、while 语句）

C51 语言提供 3 种循环语句。

1. for 循环语句

for 循环语句的一般格式如下：

for （表达式 1; 表达式 2; 表达式 3） 循环体语句

执行过程如下：

（1）求解表达式 1。

（2）求解表达式 2，如果其值为真，那么执行 for 后面的循环体语句；如果是复合语句，那么执行完整个复合语句；如果不是复合语句，那么只执行 for 后面的 1 条语句。

（3）求解表达式 2，如果其值为假，那么跳过 for 循环语句。

（4）求解表达式 3。

（5）转到第（2）步，继续执行，直到表达式 2 的值为假时结束循环。

【例 4.4】 求 1~100 的整数的和。for 循环语句实现的程序如下：

```
unsigned int sum1to100(void){
    unsigned int n, sum;
    sum = 0;
    for (n=1; n <= 100; n++)
        sum = sum + n;
    return(sum);
}
```

2. while 循环语句

while 循环语句的一般格式如下：

while(表达式) 循环体语句

执行过程如下：

（1）表达式是循环能否执行的条件，为真时执行循环体语句，为假时退出 while 循环。

（2）在循环体语句中，应该有使循环最终能结束的语句，否则是无限循环。

（3）循环体若包含 1 条以上的语句，则应该用花括号"{ }"括起来，以复合语句形式出现。若不加花括号"{ }"，则 while 语句的范围只到 while 后面的第一个分号";"处。

【例 4.5】 求 1~100 的整数的和。while 循环语句实现的程序如下：

```
unsigned int n, sum;
sum = 0;
n = 1;
while (n <= 100)
    {sum = sum + n; n++;}
```

3. do…while 循环语句

do…while 循环语句的一般格式如下：

do 循环体语句
while （表达式);

执行过程如下：

（1）先执行 1 次循环体语句。

（2）当表达式的值为非 0 时，返回第（1）步继续执行循环体语句。

（3）如此反复，直到表达式的值等于 0 时，循环结束。

【例 4.6】时间延时程序举例。C51 语言程序如下：

```
void delayMs(unsigned int x)        // Precise delay x ms @ fosc=12MHz   2019.2.15 Ou wei-ming
{
    unsigned char j;
        while(x--)
        {
            for(j = 0; j < 122; j++);
        }
}
```

这个程序由 while 语句实现外循环，由 for 语句实现内嵌循环，可以通过整型参数 x 产生较长的延时，延时的 ms 数 x 与晶振频率 f_{osc} 相关。上面的程序是在 f_{osc}=12MHz 条件下设计的，晶振频率发生改变时，需要调整循环变量 j 的终值来满足延时精度要求。

4.6.4　break、continue、return、goto 语句

在循环语句执行过程中，如果需要在满足循环判断条件的情况下跳出循环体，终止当前循环并开始下一次循环，那么可以使用 break 语句、continue 语句；如果要从源程序的任意位置跳转到源程序的某个地方，那么可以使用 goto 语句。

1. break 语句

break 语句用于从循环体中退出，然后执行循环语句后面的语句。

【例 4.7】不妨假设变量 x 存放一个数据类型为 char 的随机数，并且该随机数不断更新，要求计算这些随机数的和，当和超过 4800 时不再计算，并且统计随机数的个数。相应的 C51 语言程序如下：

```
void main(void)
{
    unsigned char x;
    unsigned int cnt;          //存放随机数的个数
    double sum;                //存放随机数的和
    sum = 0;    cnt = 0;    x = 0;
    for(; ;)                   //for 无限循环
    {
        cnt++;                 //计算随机数的个数
        sum = sum + x;         //计算随机数的和
        if (sum > 4800)
        break;                 //条件满足时退出 for 循环
    }
```

```
}
```

因为不知道什么时候累加和超过 4800，所以采用一个"for 无限循环"，每次计算和之后判断当前累加和 sum 的值，当 sum 超过 4800 时执行 break 语句，退出"for 无限循环"。

2. continue 语句

continue 语句只能用于循环结构中，作用是结束本次循环。一旦执行了 continue 语句，程序就跳过循环体中位于该语句后的所有语句，提前结束本次循环周期并开始下一次循环。

【例 4.8】求数组 a[10]中正数的和。程序如下：

```
void main(void)
{
        signed int n, sum = 0, a[10] = {0, 1, 2, 3, 4, 5, -6, -7, 8, -9};
        for (n = 0; n < 10; n++)
        {
            if (a[n] < 0)
                continue;
            sum = sum + a[n];
        }
}
```

程序执行结果为 sum = 0x0017 = 23。

3. return 语句

return 语句一般位于函数体中，用于终止函数的执行，并控制程序返回到调用该函数时所处的位置。返回时可以通过 return 语句带回返回值，也可以没有返回值，所以 return 语句有两种格式：

return;

return (表达式);

如果关键字 return 后面没有表达式，那么函数没有返回值；如果关键字 return 后面带有表达式，那么要计算表达式的值，并将表达式的值返回给主调程序。函数体中可以有多条 return 语句，但被执行的 return 语句只有 1 条。

4. goto 语句

goto 语句是无条件转移语句，它将程序运行的流向转到所指定的标号处。语句格式如下：

goto　标号;

"标号"应符合标识符的定义要求，在 1 条语句的前面给出标号，并在标号的后面加上冒号"："，这样就为该条语句设置好了标号。goto 语句使程序的转移控制变得非常灵活，但也存在破坏程序良好结构的可能性，所以要谨慎使用 goto 语句。

4.7　C51 语言函数

C51 语言程序是由一个个函数构成的，"函数"与汇编语言中"子程序"的意义相同，是按照一定格式编写的完成一定功能的代码段。在构成 C51 语言程序的若干函数中，必有一个是主函数 main()，C51 语言程序的执行从主函数 main()开始。函数可以根据需要来调用其他函数，当被调用函数执行完时，就发出返回指令（return），从而返回到调用函数。函数在使用前要先定义。

4.7.1　函数的定义

1. 函数的分类

从用户的角度来看，函数有两种：库函数和用户自定义函数。

库函数是由 C51 编译系统的函数库提供的，早在 C51 编译系统设计过程中，设计者就已事先将一些独立的功能模块编写成公用函数，并将它们集中存放在编译系统的函数库中，供用户在设计应用程序时使用，所以把这种函数称为标准库函数或库函数。C51 语言具有功能强大、资源丰富的标准库函数，因此用户应善于利用这些库函数资源，以便提高编程效率。本章不详细介绍库函数，请读者参考相关书籍，还可以参考第 10 章。

用户自定义函数是用户根据自己的需要编写的函数。用户自定义函数有 3 种形式：无参函数、有参函数、空函数。实际上，C51 语言的中断函数也可视为一种用户自定义函数。

2. 函数的定义

创建函数称为函数的定义，函数定义的过程就是给出函数原型。

（1）无参函数的定义

无参函数的定义形式如下：

$$返回值数据类型标识符\quad 函数名()$$
$$\{$$
$$函数体语句$$
$$\}$$

无参函数一般不带返回值，因此返回值的数据类型标识符可以省略，这时默认值是 int 类型，也可以用关键字"void"注明。

在"函数体语句"中，可以包含变量定义的语句。在函数体内部定义的变量称为局部变量，这些局部变量只在该函数内部有效，而在该函数外会失去意义。

（2）有参函数的定义

有参函数的定义形式如下：

$$返回值数据类型标识符\quad 函数名(形式参数列表)$$
$$\{$$
$$函数体语句$$
$$\}$$

在定义函数时，函数名后面圆括号中的变量名称为形式参数，简称形参。各个形参用逗号","分隔，便构成形式参数列表。

（3）空函数的定义

空函数的定义形式如下：

$$返回值数据类型标识符\quad 函数名()$$
$$\{\quad ;\}$$

空函数被调用时，CPU 什么也不做。定义空函数的目的不是为了执行某种操作，而是为了以后程序功能的扩充。在一个复杂的 C 程序设计之初，往往只将最基本的功能模块的函数编写好，而将非基本功能模块的函数用空函数先占好位置，以后再用编写好的函数代替它。这样做既可使得程序的结构清晰、可读性好，又便于以后扩充新功能。

4.7.2　函数的调用

在一个函数中需要用到某个函数的功能时，就调用该函数。调用者称为主调函数，被调用者称为被调用函数。函数调用的一般形式如下：

函数名　(实际参数列表);

如果被调用函数是有参函数，那么主调函数必须把被调用函数所需的参数传递给被调用函数。传递给被调用函数的数据称为实际参数，简称实参。实参与形参必须在数量、数据类型、顺序上都一致。实参可以是常量、变量、表达式。实参对形参的数据传递是单向的，即只能将实参传递给形参。C51 语言采用这种函数之间的参数传递方式，使一个函数能对不同的变量进行功能相同的处理，从而大大提高了函数的通用性与灵活性。

1．函数调用的 3 种形式

具体来说，函数调用有 3 种形式。

（1）函数调用语句

在被调用函数名后面加上分号";"就构成了函数调用语句，即构成了主调函数中的一条语句。例如，

print_message();

此时，并不要求被调用函数返回结果数值，只要求函数完成某种操作。

（2）函数值作为表达式的一个运算对象

例如，

result = 8*max(a, b);

此时，被调用函数 max(a, b)以一个运算对象的身份出现在表达式中，要求被调用函数 max(a, b)带有 return 语句，以便返回一个明确的数值，参加表达式的运算。

（3）函数参数

被调用函数作为另一个函数的实际参数。例如，

m = min(a, max(u, v));

函数调用时，要注意下面 3 点：

① 被调用函数必须是已经存在的函数（库函数或用户自定义函数）。

② 如果程序中使用了库函数，或者使用了不在同一程序文件中的另一个自定义函数，那么应在程序的开头处使用#include 包含命令，将所有的函数信息包含到程序中。

③ 如果程序中使用了用户自定义函数，且该函数与调用它的函数同在一个文件中，那么应根据主调函数与被调用函数在文件中的位置，决定是否对被调用函数做出声明。

如果被调用函数出现在主调函数之后，那么一般应在调用之前，在主调函数中对被调用函数做出声明，一般形式如下：

返回值数据类型说明符　被调用函数的函数名(形式参数列表);

如果被调用函数出现在主调函数之前，那么可以不声明被调用函数。另外，如果在所有

函数定义之前，在程序文件的开头处，在函数的外部已经声明了函数的数据类型，那么在主调函数中不必再声明所调用的函数。

与标准 C 语言相似，C51 语言也支持函数的嵌套调用和递归调用，还可以通过指向函数的指针变量来调用函数。另外，数组和指针都可以作为函数的参数。读者可以参考相关的书籍，此处从略。

2. 函数的返回值

一般情况下，希望通过函数调用使主调函数获得一个确定的值，这就是函数的返回值。函数的返回值是通过函数体语句中的 return 语句获得的。一个函数可以有 1 条以上的 return 语句，但多于 1 条的 return 语句必须在选择结构中，因为被调用函数一次只能返回一个变量，执行到哪一条 return 语句时，哪一条 return 语句就起作用。如果不需要被调用函数返回一个确定的值，那么可以没有 return 语句，同时应将被调用函数定义成 void 类型。

关键字 return 后面可以跟一个表达式。例如，"return(x > y? x: y);"这种写法只用一条 return 语句，即可同时完成表达式的计算和函数值的返回。关键字 return 后面还可以跟另一个已定义的函数名，例如"return keyVal(readKey);"这种写法可实现函数的嵌套调用，即在函数返回的同时调用另一个函数。

在定义一个函数时，函数本身的类型应与 return 语句中的变量或表达式的数据类型一致。如果函数类型与 return 语句中表达式的值的数据类型不一致，那么以函数的类型为准，即函数的类型决定了返回值的数据类型。

4.7.3　C51 语言中断函数

C51 编译器支持在源程序中用 C51 语言直接开发中断服务程序，中断服务程序是按规定语法格式定义的一个函数，称为中断函数。中断函数由单片机中断系统自动调用，用户在 main()函数以及自定义函数中不能调用中断函数。中断函数的定义形式如下：

返回值数据类型标识符　　函数名(形式参数列表)　interrupt　n　[using m]

{

中断服务程序语句体

}

关键字 interrupt 后面的 n 是中断号，C51 语言语法规定 n 的取值范围为 0～31，但 89S51 单片机只有 5 个中断源，所以 n 的值取 0～4。C51 编译器从 8n + 3 处获得中断入口地址。89S51 单片机的中断源、中断号、中断入口地址如表 4.6 所示。

表 4.6　89S51 单片机的中断源、中断号、中断入口地址

中断号 n	中　断　源	中断入口地址 8n + 3
0	外部中断 0	0003H
1	定时器/计数器 0 溢出中断	000BH
2	外部中断 1	0013H
3	定时器/计数器 1 溢出中断	001BH
4	串行口中断	0023H

using m 选项用于实现工作寄存器组的切换，m 是中断服务程序中选用的工作寄存器组号，是一个 0～3 的常整数。典型的 C51 语言程序不需要选择或切换工作寄存器组，默认使

用第 0 组工作寄存器。

C51 语言中断函数一般不带输入参数，也没有返回值，所以在"返回值数据类型标识符"和"形式参数列表"的位置，可以用标识符"void"替换。

4.8 C51 语言预处理命令

C51 语言编译器的预处理命令包括文件包含命令、宏定义命令、条件编译命令。

4.8.1 文件包含

文件包含是指一个程序文件将另一个被指定的程序文件的全部内容包含进来。文件包含命令的一般格式如下：

#include <文件名>　　　或者　　　#include "文件名"

例如，"#include <stdio.h>"将 C51 语言编译器提供的输入/输出库函数头文件 stdio.h 包含到自己的 C51 语言源程序中。在进行较大规模的程序设计时，文件包含命令十分有用，为了适应模块化编程的需要，可以将组成 C51 语言程序的各个功能模块函数分散到多个源程序文件中，并分别由若干人员完成编程，最后采用#include 命令组合到一个总的源程序文件中。在使用#include 命令时，应该注意以下几点：

（1）#include 命令出现在程序中的位置，决定了被包含文件就从此处引入。一般来说，被包含文件要放在包含文件的最前面，否则可能出现内容尚未定义的错误。

（2）一个#include 命令只能指定一个被包含文件，如果程序中需要包含多个文件，那么需要使用多个#include 命令。

（3）采用<文件名>格式时，会在安装程序的头文件目录中查找被指定文件；采用"文件名"格式时，会在当前目录中查找被指定文件，如果未找到，那么继续到安装程序的头文件目录中查找被指定的文件。

4.8.2 宏定义

宏定义命令是指用一些标识符作为宏名，来代替其他一些符号或常量的预处理命令。使用宏定义不仅可以减少程序中字符串输入的工作量，而且可以提高程序的可读性。宏定义包括简单的宏定义和带参数的宏定义。

1. 简单的宏定义

简单的宏定义格式如下：

#define 宏名　　宏替换体

宏名一般用大写字母表示，宏替换体可以是数值常数、算术表达式、字符、字符串等；宏定义可以出现在程序的任何位置，程序在编译时由编译程序将宏替换为所定义的宏替换体。

2. 带参数的宏定义

带参数的宏定义格式如下：

#define 宏名(形参)　　带形参的宏替换体

与简单宏定义一样，宏名一般用大写字母表示，宏替换体可以是数值常数、算术表达式、字符、字符串等；带参数宏定义可以出现在程序的任何位置，程序在编译时由编译程序将宏替换为所定义的宏替换体，其中的形参用实际参数代替；参数一定要带括号，由于可以带参数，这样就增强了宏定义的功能。

4.8.3　条件编译

条件编译预处理命令可以通过 C51 语言编译器根据编译选项有条件地编译源代码。使用条件编译的好处是，可以使程序中的某些功能模块根据需要有选择地加入项目（project），或使同一个程序方便移植到不同的硬件平台。条件编译有几种命令格式，最基本的格式有 3 种。

1. #if 命令

格式如下：

```
#if 常量表达式
        代码 1
#else
        代码 2
#endif
```

如果常量表达式的值为非 0，那么代码 1 参加编译而代码 2 不参加编译；如果常量表达式的值为 0，那么代码 1 不参加编译而代码 2 参加编译。

2. #ifdef 命令

格式如下：

```
#ifdef 标识符
        代码 1
#else
        代码 2
#endif
```

如果"标识符"已被#define，那么代码 1 参加编译，否则代码 2 参加编译。

3. #ifndef 命令

格式如下：

```
#ifndef 标识符
        代码 1
#else
        代码 2
#endif
```

如果"标识符"不曾被#define，那么代码 1 参加编译，否则代码 2 参加编译。

以上 3 种基本格式中，#else 分支可以带自己的编译选项，#else 分支可以没有或多于 2 个。条件编译在程序调试过程中非常有用，特别是在大型复杂系统的应用程序设计中得到了广泛使用。

4.9　C51 语言与汇编语言混合编程方法

C51 编译器允许采用 C51 语言和汇编语言混合编程，提供了 C51 语言程序与汇编语言程序的接口规则，按此规则可以很方便地实现 C51 语言程序和汇编语言程序的相互调用。工程实践中，一般用汇编语言编写与硬件有关的程序，特别是对实时性、时序要求十分严格的硬件访问程序；而用 C51 语言编写主程序及数据处理程序。众所周知，因为单片机应用技术发展历史的原因，实用的汇编语言程序资源相当丰富，如果这些实用的汇编语言程序能为 C51 语言程序所调用，那么无疑是很有实际意义的。本节主要介绍 C51 语言程序调用汇编语言程序的方法。

在 C51 语言源程序中，使用汇编语言程序的方法有两种：一种是在 C51 语言源程序中嵌入一段汇编语句代码；另一种是在 C51 语言源程序中直接调用汇编语言子程序。

4.9.1　C51 语言程序嵌入汇编语句

通过编译命令控制 asm/endasm 在 C51 语言源程序中嵌入汇编语言程序段，具体结构如下：

```
#pragma asm
        汇编语言程序段
#pragma endasm
```

【例 4.9】C51 语言源程序嵌入汇编语句示例。完整的 C51 语言源程序如下：

```
#include <reg51.h>
void main(void)
{
        P1 = 0x00;
        {
            #pragma asm
                NOP
                SETB P1.7
                SETB P1.6
                MOV 50H, #55H
                MOV P1, 50H
            #pragma endasm
        }
    while(1);  //无限循环
}
```

上面程序的最后执行结果：P1 口的内容为 0x55。

实现上述 C51 语言源程序嵌入汇编语句的方法，包括 3 个步骤：

（1）编辑上面的 C51 语言源程序，嵌入一段汇编语句，保存为文件"main.c"。

（2）在 project 项目管理窗口，右键单击文件 main.c，选择 Options for file 'main.c'...命令，然后在 Properties 选项卡中勾选 Generate Assemble SCR File 和 Assemble SCR File，使它们变成黑色（有效）状态。

（3）根据创建 project 项目时选择的存储器模式，把相应的库文件加入 project 项目，该库文件必须作为 project 项目的最后文件。例如，存储器模式为 Small 时，库文件是 Keil\C51\Lib\C51S.LIB。

4.9.2　C51 语言程序调用汇编语言子程序

实际上，C51 语言程序调用汇编语言子程序可视为函数的调用，不过被调用函数是用汇编语言编写的子程序，该汇编语言子程序必须按一定的格式规则编写。在 C51 语言和汇编语言混合编程时，必须约定两个规则，即函数命名规则和参数传递规则。

1. 函数命名规则

为了能够实现 C51 语言程序调用汇编语言子程序，必须为汇编语言编写的子程序段指定段名并进行定义，编译器在编译 C51 语言源程序时，会自动对程序中的函数名进行转换，函数名转换规则如表 4.7 所示。表 4.7 中的"汇编语言符号名"是在编写汇编语言子程序时应遵循的命名规则。

表 4.7　函数名的转换规则

C51 对函数的声明实例	汇编语言符号名	说　　明
void func1(void)	FUNC1	无参数传递或不含寄存器参数的函数名不做改变地转入目标文件中，只是函数名转换为大写形式
void func2(char)	_FUNC2	带寄存器参数的有参函数，在函数名前加"_"字符前缀以示区别，它表明这类函数包含寄存器的参数传递
void func3(void) reentrant	_?FUNC3	对于重入函数的函数名，加上"_?"字符串前缀以示区别，它表明这类函数包含堆栈内的参数传递

2. 参数传递规则

C51 语言程序调用汇编语言子程序时，有传递参数的函数必须符合参数的传递规则。可以通过当前工作寄存器组的工作寄存器和内部 RAM 存储区来传递函数的输入参数。89S51 单片机的工作寄存器最多能传递 3 个参数，参数传递的寄存器选择如表 4.8 所示。

表 4.8　在汇编语言中接收函数输入参数的寄存器

参数序号\数据类型	char	int	long 或 float	通用指针
第 1 个参数	R7	R6，R7	R4～R7	R1，R2，R3
第 2 个参数	R5	R4，R5	R4～R7	R1，R2，R3
第 3 个参数	R3	R2，R3	无	R1，R2，R3

函数返回值放入规定的寄存器中，如表 4.9 所示。

表 4.9　函数返回值数据类型与寄存器的对照表

返回值数据类型	寄　存　器	说　　明
bit	C（标志位）	由进位标志位返回
(unsigned) char	R7	单字节由 R7 返回
(unsigned) int	R6R7	高位字节在 R6，低位字节在 R7
(unsigned) long	R4～R7	最高位字节在 R4，最低位字节在 R7
float	R4～R7	32 位 IEEE 格式，指数和符号位在 R7
一般指针	R1～R3	存储器类型在 R3，高位在 R2，低位在 R1

在 C51 语言程序中，对被调用函数（这里指汇编语言子程序）的声明与调用，与一般的

情形一样。但是，在编写汇编语言子程序时，一定要符合表 4.8 和表 4.9 所示的函数参数传递规则，并且要符合一定的书写格式要求，请看下面的实例。

3. 能被 C51 语言程序调用的汇编语言子程序实例

【例 4.10】以下是一个典型的可以被 C51 语言源程序调用的汇编语言子程序。在 C51 语言中，该汇编语言子程序称为函数，函数名为 CLRMEM，该函数不传递参数。

```
NAME CLRMEM                         ; 汇编语言子程序名称为 CLRMEM
?PR?CLRMEM?CLRMEM SEGMENT CODE      ; 存储区声明为代码区 CODE
PUBLIC CLRMEM                       ; 输出函数名
RSEG ?PR?CLRMEM?CLRMEM              ; 该函数可被链接器放到任何地方
/*;-----------------------------------------------------
;   程序功能：内存 RAM 区 7FH～01H 单元清 0。
;   入口参数：无
;   出口参数：无
;   程序设计者：湖南工业大学电气学院   欧伟明
;   时间：2019 年 2 月 15 日
;-----------------------------------------------------*/
CLRMEM:
          MOV     R0,  #7FH
          CLR     A
LOOP:     MOV     @R0,  A
          DJNZ    R0,  LOOP
          RET
          END
```

关于 C51 语言与汇编语言混合编程的更全面、更详细的应用实例程序，请参见第 12 章和第 13 章。

4.10   本章小结

汇编语言程序设计，要求设计人员详细了解单片机的硬件结构和指令系统；编程时，对数据的存放、寄存器和工作单元的使用，要由设计者安排。C51 语言就是面向 80C51 系列单片机的 C 语言，采用 C51 语言进行单片机程序设计时，设计者只需初步了解单片机的存储器结构，不要求对单片机硬件有深入的了解，可以不了解指令系统。C51 语言程序的可读性、可维护性、可移植性、程序开发效率，都要优于汇编语言程序。

本章详细介绍了 C51 语言的基本要素，并适当地介绍了 C51 语言程序设计方法。C51 语言的基本要素包括 C51 语言标识符、关键字、数据类型、变量、常量、运算符、表达式、数组、指针、流程控制语句、函数。要特别注意与单片机硬件相关的 C51 语言内容，包括数据的存储器类型和存储器模式、C51 语言对单片机硬件资源的控制、中断函数。最后介绍了 C51 语言预处理命令、C51 语言与汇编语言的混合编程方法。充分重视 C51 语言与标准 C 语言的区别和联系，有利于学习好 C51 语言，因此读者在学习这部分内容之前，最好掌握一定的标准 C 语言知识。

4.11　思考题与习题

1. 简述 C51 语言数据的存储器类型和存储器模式。有哪些存储器类型？有哪些存储器模式？

2. 怎样实现对 MCS-51 单片机的 RAM 存储器和外接 I/O 端口的绝对地址访问？

3. 已知单片机的外接晶振频率 f_{osc} = 12MHz，编写 C51 语言函数分别延时 0.1s、1s、1min。

4. 编写 C51 语言程序，使内存 RAM 的 20H～4FH 单元中的数据块按降序排列。

5. 内存 RAM 以 0x30 开始的区域中，存放着 10 个单字节的十进制数，求其累加和，并将结果存入 0x3a 和 0x3b 单元。

6. 简述 C51 语言对 MCS-51 单片机位变量的定义方法。

7. 如何定义内存 RAM 的可位寻址区的字符型变量？

8. C51 语言的中断函数与一般的自定义函数有什么不同？

9. C51 语言与汇编语言混合编程应注意的问题是什么？

10. 编写一段 C51 语言程序，将 P1 口的高 5 位置 1，低 3 位保持不变。

11. 编写一个 C51 语言函数，其功能是判断某年是否为闰年。年份是该函数的输入参数，如果为闰年，那么函数返回值 1，否则返回值 0。

12. 编辑 C51 语言源程序，输出 100～120 之间不能被 3 整除的数。

第5章 中断系统

本章介绍89S51单片机芯片内部中断系统的工作原理及其基本应用,读者应重点掌握中断的概念、中断响应的条件、与中断系统有关的特殊功能寄存器、如何撤除中断请求、如何进行中断系统初始化编程、如何进行中断服务程序设计。

5.1 中断

早期的计算机没有中断功能,主机和外设交换信息只能采用程序控制传送方式,如查询传送方式。由于是CPU主动要求传送数据,而外部设备的工作速度根本无法与CPU的处理速度相匹配,因而每次信息交换时CPU都要浪费大量时间等待外设准备就绪。中断功能的使用使得CPU与外设可以并行工作,并且具有实时处理能力,改善了计算机的性能。下面介绍中断的概念、中断的条件和中断响应过程。

5.1.1 中断的概念

中断方式是指由外设主动提出信息传送的请求。CPU在收到请求之前,执行本身的工作任务(主程序),只是在收到外设希望进行数据传送的请求后,才暂时中断原有主程序的执行,去与外设交换数据。等到数据传送完毕,又返回来继续执行主程序。由于CPU工作速度很快,交换信息所花费的时间几乎只是一瞬间,对主程序的运行不会造成多大影响。

中断技术在大大提高CPU工作效率的同时,赋予了现代计算机实时处理的功能,使之能及时响应外界随机发生的事件。在CPU处理某项任务的过程中,如果计算机系统内部或外部因为某一事件的发生(如外部设备产生的一个电平变化或脉冲跳变,或内部的定时器/计数器发生溢出等)而向CPU发出请求信号,那么CPU会暂时中止当前的工作,迅速转去完成相应的处理程序,待事件处理结束之后,再返回来继续原来的工作。中断的流程如图5.1所示。

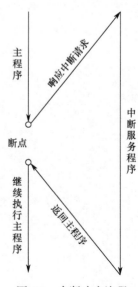

图 5.1 中断响应流程

实现上述中断功能的硬件系统和软件系统统称中断系统。在中断系统中,经常用到以下几个概念:CPU中断前正在执行的任务称为主程序;向CPU提出中断申请的外部或内部设备称为中断源;中断源向CPU发出的请求中断的信号称为中断请求;CPU在满足条件的情况下接受中断请求并转去处理事件的过程称为中断响应过程;对事件进行响应的处理程序,称为中断服务程序;现行主程序被中断处的地址称为断点;中断服务程序结束后返回到原来被中断的程序称为中断返回。

采用中断系统后,计算机的性能得到了较大改善,大体表现在以下几个方面:
(1)有效地解决了快速CPU与慢速外设之间的矛盾,使CPU与外设可以并行工作,从而可大大提高工作效率。

（2）可以及时处理控制系统中许多随机产生的参数与信息，使计算机具有了实时处理能力，从而可提高控制系统的性能。

（3）使系统具备了故障处理能力，从而可提高系统自身的可靠性。

5.1.2 中断的条件和中断响应过程

1. 中断源

中断源所涉及的内容包括中断请求信号的产生以及该信号如何被 CPU 有效地检测到。由于要求一次中断请求只能被 CPU 响应并处理一次，所以还要考虑如何及时撤除已被响应的中断请求信号。

2. 中断允许控制

计算机系统通常对于是否允许中断实现分级控制，它用一个中断允许总开关来控制所有的中断申请是被允许还是被屏蔽。总开关关断时，CPU 不接受任何中断申请，即所有中断被屏蔽。总开关接通时，对每个中断源还设置有对应的分开关来控制是否允许中断。

3. 中断优先级控制

根据实际系统的需要往往要设置多个中断源，由它们随机产生中断请求，这就可能出现多个中断源同时提出中断申请的情况。因为 CPU 一次只能响应一个中断申请，所以要通过硬件或软件为各中断源按工作性质的轻重缓急安排一个优先顺序，即中断的优先级。在同时提出申请的情况下，优先级高的中断源产生的中断申请会被优先响应。而只要出现了优先级更高的中断申请，即使 CPU 正在执行某个中断服务程序，也会暂停下来转去处理更高级的中断请求，处理完毕后再返回来继续执行原来的低级中断服务程序。这一过程称为中断嵌套，具有这种功能的中断系统称为多级中断系统，而无此功能的系统称为单级中断系统。89S51 单片机具有 2 级中断，分别称为高级中断和低级中断。

4. 中断响应的条件

对 89S51 单片机而言，一个中断请求产生后要能够得到 CPU 的响应，需满足如下必要条件：

（1）中断允许总开关接通，即系统开中断。

（2）有中断源发出中断请求。

（3）发出请求的中断源允许中断。

（4）无同级或更高级中断正被处理。

5. 中断响应的过程

（1）检测中断。在每条指令结束后，系统自动检测中断请求信号，如果有中断请求且相应的中断允许控制位为 1，那么 CPU 响应中断。

（2）清除中断标志位。CPU 响应中断后，要清除相应的中断请求标志位，以免同一中断请求被 CPU 再次响应。

（3）保护现场。CPU 一旦响应中断，系统会自动将当前 PC 的内容，即断点地址压入堆栈保护起来。此外，如果要对程序状态字寄存器 PSW、累加器 A 或其他在原程序中用到的数据及寄存器内容进行保护，那么需在中断服务程序中通过压入堆栈指令实现。

（4）中断服务。通过执行中断服务程序完成相应的功能。

（5）恢复现场。中断服务完成后，返回之前，用弹出堆栈指令使保护在堆栈中的数据和寄存器的值弹出，在继续执行原程序之前恢复原有的数据。

（6）中断返回。CPU 自动将断点地址弹出堆栈并送入 PC，继续执行被中断的原程序。

5.2　89S51 中断系统结构与控制

5.2.1　89S51 的中断源和中断入口地址

1. 89S51 的中断源

89S51 单片机中断系统共有 5 个中断源，如表 5.1 所示。

表 5.1　89S51 单片机的 5 个中断源

$\overline{INT0}$	外部中断 0 请求，由引脚 $\overline{INT0}$（P3.2）输入，低电平/下降沿有效，在每个机器周期的 S5P2 采样，中断请求标志为 IE0
$\overline{INT1}$	外部中断 1 请求，由引脚 $\overline{INT1}$（P3.3）输入，低电平/下降沿有效，在每个机器周期的 S5P2 采样，中断请求标志为 IE1
T0	定时器/计数器 T0 溢出中断请求，中断请求标志为 TF0
T1	定时器/计数器 T1 溢出中断请求，中断请求标志为 TF1
串行口	串行口中断请求，当串行口完成一帧数据的发送或接收时请求中断，中断请求标志为 TI 或 RI

5 个中断源可以分为外部中断和内部中断两类。外部中断是指从单片机外部引脚输入中断请求信号的中断。例如，输入/输出、某实时事件、掉电或设备故障等情况下发出的中断请求都可以作为外部中断源。内部中断是指由单片机芯片内部产生的中断，包括定时器/计数器 T0 和 T1 产生的溢出中断，以及串行口发送/接收完一帧数据后产生的发送中断/接收中断。

通常，在实际应用中有以下几种情况可采取中断方式工作。

（1）I/O 设备。一般的 I/O 设备（键盘、打印机、A/D 转换器等）在完成自身的操作后向 CPU 发出中断请求，请求 CPU 为其服务。

（2）硬件故障。如电源断电就要对正在执行的程序进行现场保护，即保存继续执行程序时所必需的信息，如程序计数器、各寄存器的内容及标志位的状态等，以便重新供电后能从断点处继续执行程序。

（3）实时时钟。在实时控制中常会遇到定时检测和控制的情况，如果用 CPU 执行一段延时程序来实现定时，那么在此延时时间内，CPU 便不能进行其他任何操作，从而降低 CPU 的工作效率。因此，常采用专门的时钟电路，在需要定时的时候，CPU 发出命令启动时钟电路开始计时，达到规定的时间后，时钟电路发出中断请求，CPU 响应并进行相应处理。

（4）为调试程序而设置的中断源。一个新程序编好后，需要经过反复调试才能正确可靠地工作。在调试程序时，为了检查中间结果的正确与否或为了寻找问题所在，往往在程序中设置断点或单步运行程序，这也构成一种中断形式。

上述前 3 种中断是由随机事件引起的，称为强迫中断，而第 4 种则是主动设置的，称为自愿中断。

2. 中断入口地址

在 CPU 进行中断响应的过程中，首先会由硬件自动生成一条长调用指令 "LCALL addr16"，其中 addr16 是程序存储区中相应中断服务程序的入口地址，即中断向量。CPU 执行该指令时，先将程序计数器（PC）的内容压入堆栈以保护断点，再将中断入口地址装入 PC，使程序跳转到入口地址处继续执行。

在 89S51 单片机中，各个中断源对应的中断入口地址由硬件自动生成，固定不变。5 个中断源对应的中断入口地址和中断号 n 如表 5.2 所示。

表 5.2　89S51 中断源对应的中断入口地址和中断号 n

中断源	中断入口地址	中断号 n
外部中断 0（$\overline{INT0}$）	0003H	0
T0 溢出中断	000BH	1
外部中断 1（$\overline{INT1}$）	0013H	2
T1 溢出中断	001BH	3
串行口中断	0023H	4

从表 5.2 可见，每两个中断入口地址之间只相隔 8 字节，一般情况下容纳不了一个完整的中断服务程序，因此，通常将中断服务程序安排到程序存储区的其他可用空间，而中断入口地址中只安排一条无条件转移指令，使程序跳转到中断服务程序所存放的真正地址，这些工作由 C51 编译器自动完成。

5.2.2　89S51 的中断系统结构

89S51 单片机的中断系统，由 5 个中断源、4 个与中断有关的特殊功能寄存器、中断入口、顺序查询逻辑电路等组成，其内部结构如图 5.2 所示。

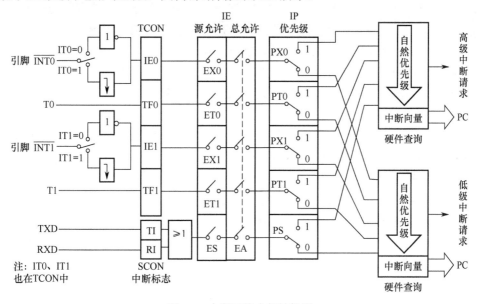

图 5.2　中断系统内部结构图

5.2.3　中断控制

89S51 中断系统是通过对以下 4 个特殊功能寄存器的各位进行置位或复位的操作来实现各种中断控制功能的。

> 定时器/计数器控制寄存器 TCON（只用到其中 6 位）。
> 串行口控制寄存器 SCON（只用到其中 2 位）。
> 中断允许寄存器 IE。
> 中断优先级寄存器 IP。

1. 中断请求标志

89S51 中断系统中 5 个中断请求源一旦有了中断请求，即由硬件将 TCON 或 SCON 的相应控制位置"1"，从而形成可被 CPU 识别的中断请求标志。

（1）TCON 中的中断请求标志位

TCON 为定时器/计数器 T0 及 T1 的控制寄存器，其字节地址为 88H，可位寻址。该寄存器除用于锁存 T0、T1 的溢出中断标志，以及外部中断 0、外部中断 1 的中断请求标志外，还用于控制外部中断的触发方式。TCON 中用于中断的各位定义如图 5.3 所示。

	D7	D6	D5	D4	D3	D2	D1	D0	
TCON	TF1	TR1	TF0	TR0	IE1	IT1	IE0	IT0	88H
位地址	8FH	8EH	8DH	8CH	8BH	8AH	89H	88H	

图 5.3　TCON 中的中断请求标志位

TCON 寄存器中与中断有关的各标志位的功能如下。

① IT0：外部中断 0 的中断触发方式控制位。

　　——IT0 = 0，为电平触发方式，即 $\overline{INT0}$ 输入低电平信号时形成有效的中断请求。

　　——IT0 = 1，为下降沿触发方式，即 $\overline{INT0}$ 输入负跳变信号时形成有效的中断请求。

② IT1：外部中断 1 的中断触发方式控制位，其含义同 IT0。

③ IE0：外部中断 0 的中断请求标志位。

IT0 = 0，即外部中断 0 为电平触发方式时，CPU 在每个机器周期的 S5P2 期间采样 $\overline{INT0}$ 引脚，如果为低电平，那么将 IE0 置"1"，即形成中断请求，否则 IE0 清"0"。

IT0 = 1，即外部中断 0 为下降沿触发方式时，CPU 在每个机器周期的 S5P2 期间采样 $\overline{INT0}$ 引脚，如果检测到前一周期为高电平而后一周期变为低电平，那么将 IE0 置"1"，即形成中断请求，否则 IE0 清"0"。

④ IE1：外部中断 1 的中断请求标志位，其含义同 IE0。

⑤ TF0：片内定时器/计数器 T0 的溢出中断请求标志位。

启动 T0 计数后，T0 即从初值开始进行加 1 计数。当计数器最高位产生溢出时，单片机芯片内部硬件电路自动将 TF0 置"1"，向 CPU 发出中断申请。CPU 响应中断后，通过硬件自动对 TF0 清"0"。

⑥ TF1：片内定时器/计数器 T1 的溢出中断请求标志位，其含义同 TF0。

TF0 的状态和 TF1 的状态也可通过软件进行设置。

（2）SCON 中的中断请求标志位

SCON 为串行口控制寄存器，其字节地址为 98H，可位寻址。该寄存器的低 2 位用于锁存串行口的发送中断和接收中断的中断请求标志。SCON 中各位的定义如图 5.4 所示。

	D7	D6	D5	D4	D3	D2	D1	D0	
SCON	SM0	SM1	SM2	REN	TB8	RB8	TI	RI	98H
位地址	9FH	9EH	9DH	9CH	9BH	9AH	99H	98H	

图 5.4　SCON 的中断请求标志位

SCON 寄存器中与中断有关的各标志位的功能如下。

① TI：串行口发送中断请求标志位。

CPU 将一个数据写入发送缓冲器 SBUF 时，就启动发送。每发送完一帧串行数据后，硬件自动将 TI 置 "1"，向 CPU 发出中断申请。但 CPU 响应中断后，并不清 "0" 中断标志 TI，而必须在中断服务程序中通过软件对其清 "0"。

② RI：串行口接收中断请求标志位。

串行口接收完一个串行数据帧，硬件自动将 RI 置 "1"，向 CPU 发出中断申请。同样，CPU 响应中断后不会清 "0" 中断标志 RI，而必须在中断服务程序中通过软件对其清 "0"。

（3）中断请求的撤除

由于一次中断请求只能被 CPU 响应并处理一次，所以当某个中断请求被响应后，要考虑如何将中断请求信号及时撤除的问题。下面按中断源的类型分别说明中断请求的撤除方法。

① 定时器/计数器溢出中断请求的撤除

定时器/计数器的溢出中断请求被 CPU 响应后，硬件自动将中断请求标志位 TF0 或 TF1 清 "0"，故其中断请求是自动撤除的。

② 外部中断请求的撤除

外部中断请求的撤除包括两项内容：中断请求标志位清 "0"，以及外部中断信号的撤除。

外部中断请求被 CPU 响应后，硬件自动将中断请求标志位 IE0 或 IE1 清 "0"。而外部中断信号的撤除则要根据不同的触发方式采用不同的处理方法。

下降沿触发方式的外部中断信号产生后会消失，因此它是自动撤除的。电平触发方式的外部中断信号产生后由于低电平可以持续存在，可能在得到响应后的机器周期中再次被采样，所以要在响应中断后，将引脚 $\overline{\text{INT0}}$ 或 $\overline{\text{INT1}}$ 的输入信号从低电平强制改为高电平。例 5.1 给出了一种通过外部硬件电路实现外部中断信号强制撤除的参考方案。

【例 5.1】如图 5.5 所示，将外部中断请求信号（低电平有效），通过 D 触发器 74LS74 芯片锁存后接到单片机引脚 $\overline{\text{INT0}}$（或 $\overline{\text{INT1}}$），而 D 触发器的置 "1" 端 $\overline{\text{Sd}}$ 接 89S51 的 P1.0 引脚。CPU 响应中断后，从 P1.0 端输出一个负脉冲使 D 触发器的 Q 端置 "1"，即实现了外部中断信号的强制撤除。从 P1.0 端输出负脉冲的工作可通过在中断服务程序中增加如下指令来完成。

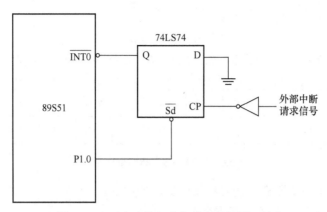

图 5.5　电平方式外部中断请求的撤除电路

P1= P1|0x01;　　　　//P1.0 置 "1"

P1= P1&0xfe;　　　　//P1.0 清 "0"

P1= P1|0x01;　　　　//P1.0 置 "1"

③ 串行口中断请求的撤除

串行口中断请求被响应后，CPU 还需要通过检测 TI、RI 两个中断请求标志位的状态，才能判定是接收中断还是发送中断，所以中断请求标志位不会自动清 "0"，而必须在中断服务程序中通过软件的方法清 "0"。对串行口中断请求的撤除可通过如下指令完成：

TI = 0;　　//TI 标志位清 "0"

RI = 0;　　//RI 标志位清 "0"

2. 中断允许控制

89S51 的 CPU 对中断源的开放或屏蔽，是由片内的中断允许寄存器 IE 控制的。IE 的字节地址为 A8H，可位寻址，各位的定义如图 5.6 所示。

	D7	D6	D5	D4	D3	D2	D1	D0	
IE	EA	—	—	ES	ET1	EX1	ET0	EX0	A8H
位地址	AFH		—	ACH	ABH	AAH	A9H	A8H	

图 5.6　中断允许寄存器 IE 中各位的定义

中断允许寄存器 IE 对中断的开放和屏蔽采用两级控制。所谓两级控制，是指有一个总的中断控制位 EA，当 EA = 0 时，屏蔽所有的中断请求，即 CPU 对所有的中断申请都不接受，称为 CPU 关中断；当 EA = 1 时，CPU 开放中断，但 5 个中断源的中断请求是否被允许，还要由 IE 中低 5 位对应的中断请求允许控制位的状态来决定。

IE 中各控制位的含义如下。

（1）EA：中断允许总控制位。EA = 0，屏蔽所有中断请求；EA = 1，开放所有中断。

（2）ES：串行口中断允许位。ES = 0，禁止串行口中断；ES = 1，允许串行口中断。

（3）ET1：定时器/计数器 T1 的溢出中断允许位。ET1 = 0，禁止 T1 中断；ET1 = 1，允许 T1 中断。

（4）EX1：外部中断 1 中断允许位。EX1 = 0，禁止外部中断 1 中断；EX1 = 1，允许外部中断 1 中断。

（5）ET0：定时器/计数器 0 的溢出中断允许位。ET0 = 0，禁止 T0 中断；ET0 = 1，允许 T0 中断。

（6）EX0：外部中断 0 中断允许位。EX0 = 0，禁止外部中断 0 中断；EX0 = 1，允许外部中断 0 中断。

89S51 复位后，IE 被清"0"，即所有中断请求被禁止。须在程序中通过指令来实现 IE 中与各中断源相应控制位的清"0"或置"1"。如果某一中断源被允许，那么除 IE 中相应的控制位置"1"外，还要把 EA 置"1"。

【例5.2】允许片内两个定时器/计数器溢出中断，同时屏蔽其他中断源，编程设置 IE。

解：（1）用位操作指令编程如下。

ES = 0;　　　　//禁止串行口中断

EX1 = 0;　　　 //禁止外部中断 1 中断

EX0 = 0;　　　 //禁止外部中断 0 中断

ET1 = 1;　　　 //允许定时器/计数器 T1 溢出中断

ET0 = 1;　　　 //允许定时器/计数器 T0 溢出中断

EA = 1;　　　　//CPU 开中断

（2）用字节操作指令编程如下。

IE=0x8a;　　　 //IE 的字节地址为 A8H

3. 中断优先级控制

89S51 中 5 个中断源可通过编程人为地设定为高、低两个优先级。多个中断源同时发出中断请求时，高优先级中断将被 CPU 优先响应。而 CPU 一旦响应了任何一个中断，在中断处理过程中就不会再响应同优先级中断源发出的中断请求，但会响应高优先级的中断请求，并转去处理高优先级中断，处理完毕后，再返回来接着处理低优先级中断。这一过程称为中断嵌套，如图 5.7 所示。

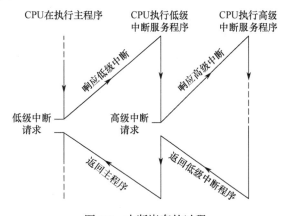

图 5.7　中断嵌套的过程

5 个中断源的中断优先级，是通过片内的中断优先级寄存器 IP 进行设置的。IP 的字节地址为 B8H，可位寻址，各位的定义如图 5.8 所示。

	D7	D6	D5	D4	D3	D2	D1	D0	
IP	—	—	—	PS	PT1	PX1	PT0	PX0	B8H
位地址	—	—	—	BCH	BBH	BAH	B9H	B8H	

图 5.8 中断优先级寄存器 IP 中各位的定义

中断优先级寄存器 IP 中各控制位的含义如下。

（1）PS：串行口中断优先级控制位。

（2）PT1：定时器/计数器 T1 溢出中断优先级控制位。

（3）PX1：外部中断 1 中断优先级控制位。

（4）PT0：定时器/计数器 T0 溢出中断优先级控制位。

（5）PX0：外部中断 0 中断优先级控制位。

其中，将某控制位置"1"，即把对应的中断源设置为高优先级；反之，设置为低优先级。89S51 复位后，IP 的内容清"0"，即各中断源均为低优先级中断。

在同时收到几个同一优先级的中断请求时，哪个中断源能得到优先响应，将取决于单片机内部的硬件查询顺序。即在同一个优先级内，还存在一个自然优先级结构。各中断源的自然优先级顺序如表 5.3 所示。

表 5.3 中断源的自然优先级顺序

中断源	自然优先级
外部中断 0（INT0）	最高
T0 溢出中断	↓
外部中断 1（INT1）	
T1 溢出中断	
串行口中断	最低

由表 5.3 可见，各中断源具有同一个优先级时，外部中断 0 的中断优先权最高，而串行口中断的优先权最低。

【例 5.3】要求将 89S51 的片外中断设置为高优先级，将片内中断设置为低优先级，编程设置 IP。

解：（1）用位操作指令编程如下。

PX0 = 1;

PX1 = 1;

PS = 0;

PT0 = 0;

PT1 = 0;

（2）用字节操作指令编程如下。

IP = 0x05;

【例 5.4】某程序中对 IE 和 IP 的设置如下。

IE = 0x8f;

IP = 0x06;

试说明该设置的结果。

解：设置的结果如下。

① CPU 开中断。

② 允许外部中断 0、外部中断 1、定时器/计数器 T0、定时器/计数器 T1 发出的中断请求。

③ 允许的各个中断的源优先顺序为：定时器/计数器 T0 → 外部中断 1 → 外部中断 0 → 定时器/计数器 T1。

5.3 中断应用举例

5.3.1 单外部中断源系统的设计

下面通过一个单外部中断源系统的设计实例，说明中断系统与硬件设计相对应的软件中各个环节的实现方法，包括主程序中的系统初始化、中断服务程序中的保护现场、恢复现场、中断处理和中断返回，以及电平触发方式下外部中断请求的撤除等。

【例 5.5】图 5.9 给出了一个采用单外部中断源的数据采集系统示意图。将 89S51 的 P1 口设置成数据输入口，外围设备一旦准备好一个数据，就发出一个选通信号（负脉冲），经 D 触发器 74LS74 送给单片机引脚 $\overline{\text{INT1}}$，通知 CPU 读取数据并存放到片外存储单元 0x1000 开始的缓冲区中。编写主程序及中断服务程序。

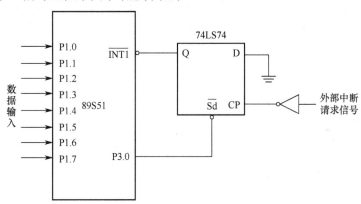

图 5.9 采用单外部中断源的数据采集系统

解：C51 语言源程序如下。

```
#include <reg51.h>        //包含头文件
#include <intrins.h>
sbit Ret_n = P3^0;        //引脚定义
```

（1）主程序如下。

```
void main(void)
{
        IT1 = 0;   //外部中断 1 设置为电平触发方式
        EA = 1;    //CPU 开中断
        EX1 = 1;   //外部中断 1 允许中断
        while(1)   {   ;   }   //无限循环，等待中断
}
```

（2）外部中断 1 的中断服务程序如下。

```
void isr_int1(void) interrupt 2 using 0
{
        static unsigned char xdata *ptr = 0x1000;    //数据缓冲区地址指针变量 ptr
        Ret_n = 0;          //由 P3.0 引脚输出低电平 0，撤除中断请求信号
        _nop_();
        _nop_();
        Ret_n = 1;          //P3.0 引脚输出高电平 1（对 74LS74 无效的电平）
        *ptr = P1;          //存入外部数据缓冲区
        ptr++;              //修改数据指针，指向下一个存储单元
}
```

5.3.2　多外部中断源系统的设计

89S51 为用户提供了两个外部中断请求输入端 $\overline{INT0}$ 和 $\overline{INT1}$。在实际应用系统中，这两个外部中断源往往不够用，需对其进行扩充。下面介绍一种扩充外部中断源的方法。

当外部中断源多于两个时，可采用外部硬件申请中断与软件查询相结合的方法，把多个中断源经或非门引入单片机的外部中断源输入端（$\overline{INT0}$ 或 $\overline{INT1}$），同时又连到某个 I/O 口，如图 5.10 所示。图中，每个故障源都可作为一个外部中断源而请求中断，但需要在中断服务程序中通过软件进行查询，才可最终确定哪个是正在发出中断请求的中断源。

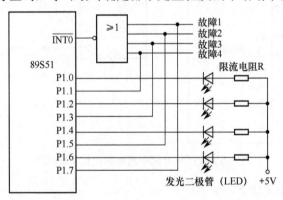

图 5.10　中断和查询相结合的多外部中断源系统

该方法在实现了多外部中断源扩充的同时，还通过人为设定的软件查询顺序实现了对多个中断源的优先级排队。

图 5.10 中的发光二极管（LED）可实现系统的故障显示。系统各部分工作正常时，4 个故障源的输入端都为低电平，LED 全灭。当某部分出现故障时，故障源输入端为高电平，通过或非门处理后向 CPU 发出中断请求，CPU 响应中断后点亮相应的 LED。

根据上面的分析，可编写相应的主程序和中断服务程序如下。

（1）主程序如下。

```
#include <reg51.h>        //包含头文件
sbit LED1 = p1^0;         //引脚定义
sbit LED2 = p1^2;
```

```
    sbit LED3 = p1^4;
    sbit LED4 = p1^6;
    void main(void)
    {
        P1 = 0x55;        //4 个 LED 全灭
        IT0 = 1;          //设置外部中断 0 为下降沿触发方式
        EX0 = 1;          //外部中断 0 允许中断
        EA = 1;           // CPU 开中断
        while(1)    {    ;    }    //无限循环，等待中断
    }
```

（2）外部中断 0 的中断服务程序如下。

```
    void isr_int0(void) interrupt 0 using 0
    {
        if ((P1&0x02) == 0x02)   LED1 = 0;        //点亮 LED1
        if ((P1&0x08) == 0x08)   LED2 = 0;
        if ((P1&0x20) == 0x20)   LED3 = 0;
        if ((P1&0x80) == 0x80)   LED4 = 0;
    }
```

5.4　本章小结

本章对中断及中断涉及的各种概念进行了介绍，简要介绍了中断响应条件及响应过程，着重介绍了 89S51 单片机的中断系统，图 5.2 从整体上描述了中断系统的结构。

89S51 单片机的中断系统有 5 个中断源，2 个中断优先级；对中断系统的控制是由 4 个特殊功能寄存器 TCON、SCON、IE 和 IP 共同实现的。

TCON 中的 4 位和 SCON 中的 2 位作为中断请求标志位，当有中断请求发生时，相应的标志位被硬件置"1"，以便 CPU 进行检测；当没有中断请求发生时，标志位清"0"；当中断请求被响应后，标志位或者由硬件自动清"0"，或者由软件清"0"，以免再次被检测到。CPU 对中断的开放或关闭，由中断允许控制寄存器 IE 来实现两级控制。总的中断控制位 EA = 0 时，所有中断请求被屏蔽；EA = 1 时，CPU 开放中断，但 5 个中断源的中断请求是否被允许，还要由 IE 中的低 5 位对应的 5 个中断请求允许控制位来决定。对于 IP 寄存器编程控制，每位的状态可以决定各个中断源的中断优先级。当具有同一优先级的多个中断源同时发出中断请求时，CPU 根据由硬件决定的自然优先级确定优先响应其中的哪个中断。

本章最后给出了两个中断应用实例，其中，"单外部中断源系统的设计"介绍了中断系统与硬件设计相对应的软件的各个环节的实现方法，包括主程序中的系统初始化，中断服务程序中的保护现场、恢复现场、中断处理和中断返回，以及电平触发方式下外部中断请求的撤除等。"多外部中断源系统的设计"介绍了采用硬件申请中断与软件查询相结合的方法，实现 89S51 外部中断源的扩充。

5.5　思考题与习题

1. 简述中断、中断源、中断嵌套及中断优先级的含义。

2. 简述中断响应条件及响应过程。

3. 在中断响应过程中，为什么通常要保护现场？如何保护？

4. 89S51 提供了哪些中断源？各中断源对应的中断入口地址和中断号是多少？

5. 89S51 如何进行控制各中断源提出的中断请求？

6. 外部中断源的触发方式有哪些？如何设定？如何撤除外部中断源产生的中断请求标志？

7. 对 89S51 的 5 个中断源按如下中断优先级（级别由高到低）排序是否可能？如果可能，那么应如何设置各中断源的中断优先级？否则，简述不可能的理由。

   (1) 定时器 0，定时器 1，外中断 0，外中断 1，串行口中断。

   (2) 串行口中断，外中断 0，定时器 0，外中断 1，定时器 1。

   (3) 外中断 0，定时器 1，外中断 1，定时器 0，串行口中断。

   (4) 外中断 0，外中断 1，串行口中断，定时器 0，定时器 1。

   (5) 串行口中断，定时器 0，外中断 0，外中断 1，定时器 1。

   (6) 外中断 0，外中断 1，定时器 0，串行口中断，定时器 1。

   (7) 外中断 0，定时器 1，定时器 0，外中断 1，串行口中断。

8. 某系统有 3 个外部中断源，分别为中断源 1、中断源 2、中断源 3，当某一中断源变为低电平时即要求 CPU 处理，优先处理顺序由高到低依次为中断源 3、中断源 2、中断源 1（采用汇编语言编程时，中断服务程序的入口地址分别为 2100H、2200H 和 2300H）。编写主程序及中断服务程序（转至相应的入口即可）。

第6章　定时器/计数器

89S51 单片机芯片内部有两个 16 位定时器/计数器 T1 和 T0，它们都具有定时器工作模式和计数器工作模式，并有 4 种工作方式，分别是工作方式 0、工作方式 1、工作方式 2、工作方式 3。通过对相应的特殊功能寄存器编程，用户可以方便地选择定时器/计数器的两种工作模式和 4 种工作方式。

本章介绍 89S51 单片机片内定时器/计数器的结构、功能、有关的控制寄存器、工作模式和工作方式的选择，以及定时器/计数器的应用举例。

6.1　定时器/计数器的结构与控制

89S51 单片机内部的两个 16 位定时器/计数器 T1 和 T0，受特殊功能寄存器 TMOD 和 TCON 的控制。

6.1.1　89S51 定时器/计数器的结构

89S51 单片机内部的定时器/计数器结构如图 6.1 所示，定时器/计数器 T0 由两个 8 位的特殊功能寄存器 TH0、TL0 构成,定时器/计数器 T1 由两个 8 位的特殊功能寄存器 TH1、TL1 构成。定时器/计数器 T0 和 T1 都是 16 位的加 1 计数器。

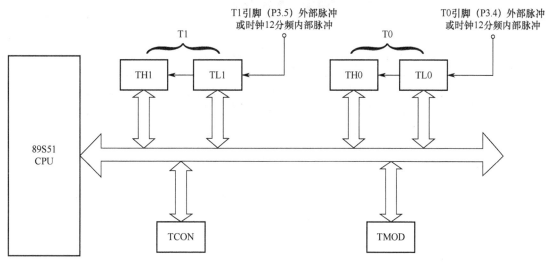

图 6.1　单片机的定时器/计数器结构图

定时器/计数器 T0、T1 都具有定时器和计数器两种工作模式，T0、T1 的计数工作模式对加在 T0（P3.4）和 T1（P3.5）两个引脚上的外部脉冲进行加 1 计数；而 T0、T1 的定时器工作模式也通过计数器的加 1 计数来实现，不过此时的计数脉冲是对单片机的时钟信号经片内 12 分频后的脉冲信号。由于时钟信号的频率是定值，所以可根据计数值计算出定时时间。

定时器/计数器 T0、T1 受特殊功能寄存器 TMOD 和 TCON 的控制。它有 4 种工作方式，分别是工作方式 0、工作方式 1、工作方式 2 和工作方式 3。

6.1.2　定时器/计数器的控制

定时器/计数器的控制，通过特殊功能寄存器 TMOD 和 TCON 实现。

1. 工作方式控制寄存器 TMOD

特殊功能寄存器 TMOD 是 89S51 单片机的定时器/计数器工作方式控制寄存器，用于选择定时器/计数器的工作模式和工作方式，字节地址为 89H，不能位寻址，其格式如图 6.2 所示。

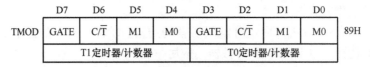

图 6.2　工作方式控制寄存器 TMOD 的格式

1 个字节分为两组，高 4 位控制 T1，低 4 位控制 T0，下面分别说明。

（1）GATE——门控位

GATE = 0 时，仅用运行控制位 TRi（i = 0、1）来控制 T1 和 T0 是否进行加 1 计数。

GATE = 1 时，用外中断引脚（$\overline{INT0}$ 或 $\overline{INT1}$）上的高电平和运行控制位 TRi 共同来控制 T1 和 T0 是否进行加 1 计数。稍后详细说明。

（2）M1、M0——工作方式选择位

2 位的 M1、M0 共有 4 种编码，对应于 4 种工作方式的选择，如表 6.1 所示。

表 6.1　定时器/计数器的 4 种工作方式

M1	M0	工作方式	说　明
0	0	工作方式 0	13 位的定时器/计数器（用 TH 的 8 位、TL 的低 5 位）
0	1	工作方式 1	16 位的定时器/计数器
1	0	工作方式 2	8 位的定时器/计数器（自动重装初值）
1	1	工作方式 3	T0 分成 2 个独立的 8 位定时器/计数器，T1 没有工作方式 3

（3）C/$\overline{T}$——计数器工作模式/定时器工作模式选择位

C/$\overline{T}$ = 0 时，为定时器工作模式，这时计数器对单片机时钟信号 12 分频后的脉冲信号进行加 1 计数。

C/$\overline{T}$ = 1 时，为计数器工作模式，这时计数器对加在单片机 T0（P3.4）和 T1（P3.5）两个引脚上的外部脉冲信号进行加 1 计数，具体来说，是对外部脉冲信号的下降沿个数进行加 1 计数。

2. 定时器/计数器控制寄存器 TCON

特殊功能寄存器 TCON 的字节地址为 88H，可位寻址，TCON 的格式如图 6.3 所示。

	D7	D6	D5	D4	D3	D2	D1	D0	
TCON	TF1	TR1	TF0	TR0	IE1	IT1	IE0	IT0	88H
位地址	8FH	8EH	8DH	8CH	8BH	8AH	89H	88H	

图 6.3　定时器/计数器控制寄存器 TCON 的格式

TCON 中的低 4 位与外部中断有关，已在本书第 5 章中介绍。下面介绍 TCON 中与定时器/计数器有关的高 4 位。

（1）TF1、TF0——计数溢出标志位

当计数器做加 1 计数而产生溢出时，该位被单片机内部硬件电路自动置"1"。使用查询方式时，此位作为状态位供 CPU 查询，但应该注意的是，当 CPU 查询有效后，应采用软件指令及时将该位清"0"。使用中断方式时，此位作为中断请求标志位，CPU 进入中断服务程序后，该位由单片机内部硬件电路自动清"0"。

（2）TR1、TR0——加 1 计数运行控制位

TR1 = 1 时，启动定时器/计数器 T1 进行加 1 计数；TR1 = 0 时，停止定时器/计数器 T1 的计数。

TR0 = 1 时，启动定时器/计数器 T0 进行加 1 计数；TR0 = 0 时，停止定时器/计数器 T0 的计数。

TR1、TR0 可以由软件置"1"和清"0"。

6.2 定时器/计数器的 4 种工作方式

下面详细介绍定时器/计数器的 4 种工作方式。

6.2.1 工作方式 1

当 M1、M0 为 01 时，定时器/计数器工作于工作方式 1，这时定时器/计数器的等效逻辑结构图如图 6.4 所示（以定时器/计数器 T1 为例，所以 TMOD.5、TMOD.4 = 01）。

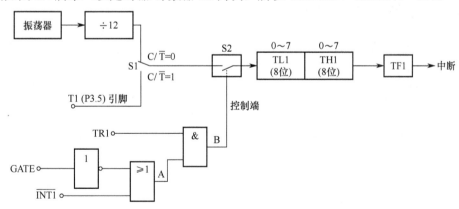

图 6.4 定时器/计数器 T1 工作于工作方式 1 时的逻辑结构图

T1 工作于工作方式 1 时，为 16 位加 1 计数器，TL1 计数溢出时向 TH1 进位，TH1 计数溢出时把 TCON 中的溢出标志位 TF1 置"1"。

1. 两种工作模式的选择

图 6.4 中，C/$\overline{\text{T}}$ 位控制的电子开关 S1 决定了定时器/计数器的两种工作模式。

（1）定时器工作模式

C/$\overline{\text{T}}$ = 0 时，电子开关 S1 打在上面的位置，T1 为定时器工作模式，将振荡器时钟信号 12 分频后的脉冲信号作为计数器的计数信号。

（2）计数器工作模式

C/$\overline{T}$ = 1 时，电子开关 S1 打在下面的位置，T1 为计数器工作模式，计数脉冲信号为单片机 P3.5 引脚上的外部输入脉冲信号，当外部输入脉冲信号发生负跳变时，计数器加 1。

2. 软件控制和硬件控制的选择

GATE 位的状态决定计数器的运行与否，并且决定是采用软件控制来实现还是采用软件和硬件联合控制来实现。

（1）软件控制

当 GATE = 0 时，或门的输出为 A = ($\overline{GATE}$ + $\overline{INT1}$) = 1，$\overline{INT1}$ 信号不起作用，与门的输出为 B = TR1，电子开关 S2 闭合与否完全由 TR1 决定，即当 TR1 = 1 时，S2 闭合启动 T1 计数；当 TR1 = 0 时，T1 停止计数。TR1 的状态是由程序控制的，所以这是采用软件控制的方法来实现计数器运行与否的控制。

（2）软件和硬件联合控制

当 GATE = 1 时，或门的输出为 A = ($\overline{GATE}$ + $\overline{INT1}$) = $\overline{INT1}$，与门的输出为 B = TR1&$\overline{INT1}$，电子开关 S2 闭合与否由 TR1 和 $\overline{INT1}$ 共同决定，只有当 TR1 = 1 且 $\overline{INT1}$ = 1 时，S2 闭合才启动 T1 计数，否则 T1 停止计数。引脚 $\overline{INT1}$ 的电平高低由外部硬件电路决定，TR1 的状态由程序控制，因此这是一种采用软件和硬件联合控制的方法来实现计数器运行与否的控制。

6.2.2　工作方式 2

工作方式 1 的特点是，当计数器从某初值开始加 1 计数并发生溢出时，计数器的值为 0，如果要实现循环计数或周期定时，那么就需要不断重复给计数器赋初值，这就影响了计数或定时的精度，并给程序设计带来麻烦。

工作方式 2 具有初值自动重装功能，当 M1、M0 为 10 时，定时器/计数器工作于工作方式 2，这时定时器/计数器的等效逻辑结构图如图 6.5 所示（仍以定时器/计数器 T1 为例，所以 TMOD.5、TMOD.4 = 10）。

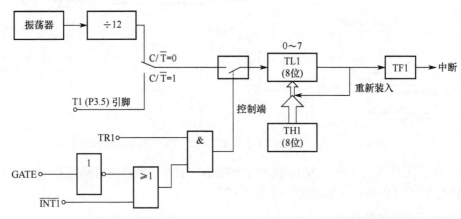

图 6.5　定时器/计数器工作于 T1 工作方式 2 时的逻辑结构图

工作于工作方式 2 时，16 位定时器/计数器 T1 被拆分为两个 8 位寄存器 TH1 和 TL1，其中 TL1 为加 1 计数器，TH1 作为 TL1 的初值预置寄存器，并始终保持初值为常数。当 TL1 加 1 计数溢出时，溢出标志位 TF1 被硬件电路自动置"1"，同时自动将 TH1 中的初值送给

TL1，使 TL1 从初值开始重新加计数。T1 处于工作方式 2 时的工作过程如图 6.6 所示。

这种工作方式可以省去用户程序中重装初值的指令执行时间，可以相当精确地定时。

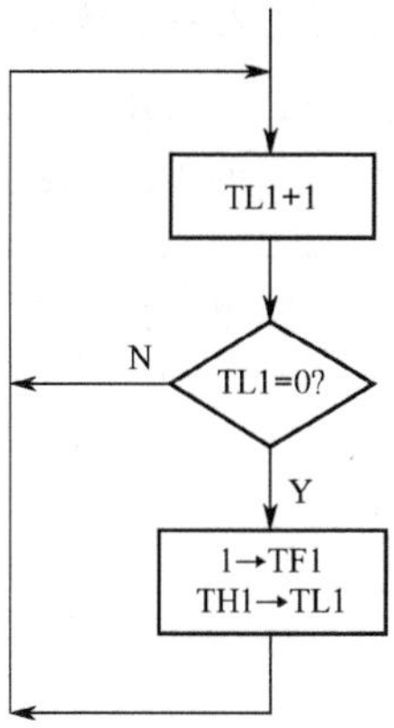

6.2.3　工作方式 3

工作方式 3 是为了增加 1 个附加的 8 位定时器/计数器而设置的，以便使 89S51 具有 3 个定时器/计数器。工作方式 3 只适用于定时器/计数器 T0，定时器/计数器 T1 不能工作在工作方式 3。

图 6.6　T1 处于工作方式 2 时的工作过程

1. 工作方式 3 下的 T0

当 TMOD.1、TMOD.0 = 11 时，T0 的工作方式被选为工作方式 3，这时各引脚与 T0 的逻辑关系如图 6.7 所示。

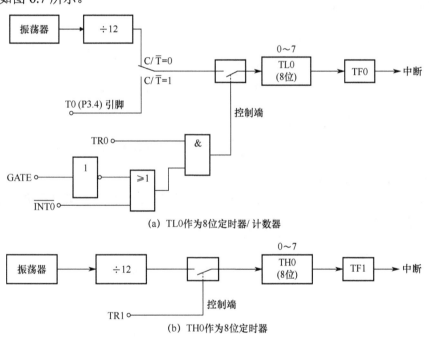

(a) TL0 作为 8 位定时器/计数器

(b) TH0 作为 8 位定时器

图 6.7　T0 工作于工作方式 3 时的逻辑结构图

定时器/计数器 T0 被拆分为 2 个独立的 8 位加 1 计数器 TH0 和 TL0，TL0 使用 T0 的状态控制位 $C/\overline{T}$、GATE、TR0、$\overline{INT0}$；而 TH0 被固定为一个定时器工作模式的 8 位加 1 计数器，并使用 T1 的状态控制位 TR1、TF1，同时占用 T1 的溢出中断源。

2. T0 工作于工作方式 3 时，T1 的各种工作方式

一般情况下，当 T1 用作串行口波特率发生器时，T0 才工作于工作方式 3。T0 处于工作方式 3 时，T1 可设置为工作方式 0、工作方式 1、工作方式 2，用来作为串行口的波特率发生器，进而确定串行通信的速率。

（1）T1 工作于工作方式 0

TMOD.5、TMOD.4 = 00 时，T1 工作于工作方式 0，工作示意图如图 6.8 所示，为 13 位计数器。关于定时器/计数器的工作方式 0 的介绍见 6.2.4 节。

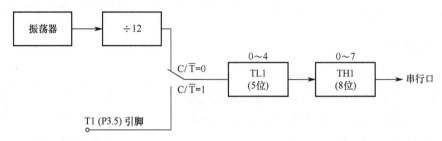

图 6.8　T0 工作于工作方式 3 时，T1 工作于工作方式 0 的工作示意图

（2）T1 工作于工作方式 1

TMOD.5、TMOD.4 = 01 时，T1 工作于工作方式 1，工作示意图如图 6.9 所示。

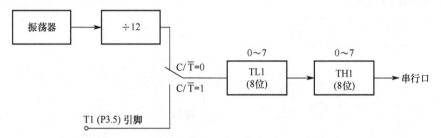

图 6.9　T0 工作于工作方式 3 时，T1 工作于工作方式 1 的工作示意图

（3）T1 工作于工作方式 2

TMOD.5、TMOD.4 = 10 时，T1 工作于工作方式 2，工作示意图如图 6.10 所示。

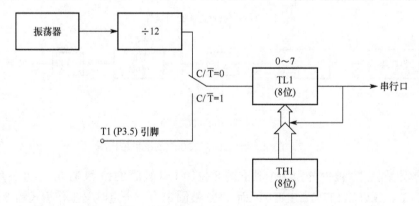

图 6.10　T0 工作于工作方式 3 时，T1 工作于工作方式 2 的工作示意图

（4）T1 工作于工作方式 3

TMOD.5、TMOD.4 = 11 时，T1 停止加计数。

当 T0 工作于工作方式 3 时，T1 的运行控制只有两个，即 $C/\overline{T}$ 和 M1、M0。$C/\overline{T}$ 选择定时器工作模式或计数器工作模式，M1、M0 选择 T1 的运行工作方式。

6.2.4　工作方式 0

当 M1、M0 为 00 时，定时器/计数器工作于工作方式 0，这时定时器/计数器的等效逻辑结构图如图 6.11 所示（仍以定时器/计数器 T1 为例，所以 TMOD.5、TMOD.4 = 00）。

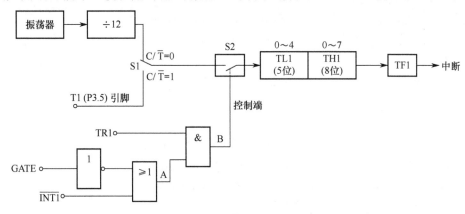

图 6.11　定时器/计数器 T1 工作于工作方式 0 时的逻辑结构图

工作方式 0 与工作方式 1 的差别仅在于计数器的模式不同，工作方式 1 为 16 位加 1 计数器，而工作方式 0 为 13 位加 1 计数器，由 TL1 的低 5 位和 TH1 的 8 位构成，当 TL1 的低 5 位计数溢出时，向 TH1 进位，TH1 计数溢出时，将 TCON 中的溢出标志位 TF1 置"1"。

由于工作方式 0 是为了兼容 MCS-48 系列的单片机而设计的，并且其计数初值的计算比较复杂，所以在实际应用中，一般不使用工作方式 0，而采用工作方式 1。

需要注意的是，当定时器/计数器工作在计数器模式时，被计数脉冲来自单片机的外部输入引脚 T0 或 T1，这时对外部输入信号的最高频率有一定的限制，具体分析如下。

如果输入信号产生由 1 至 0 的跳变（即负跳变），那么计数器的值增 1，每个机器周期的 S5P2 期间，对外部输入信号引脚进行采样，如果在第一个机器周期中采得的值为 1，而在下一个机器周期中采得的值为 0，那么在紧跟着的下一个机器周期的 S3P1 期间，计数器加 1。由于确认一次负跳变要花 2 个机器周期，即 24 个时钟周期，因此外部输入的计数脉冲的最高频率为系统振荡器频率的 1/24。例如，选用 6MHz 频率的晶体，允许输入的脉冲频率最高为 250kHz；如果选用 12MHz 频率的晶体，那么输入的脉冲频率最高为 500kHz。对于外部输入信号的占空比并没有什么限制，但为了确保某一给定电平在变化之前能被采样一次，这一电平至少要保持一个机器周期。

6.3　定时器/计数器的应用举例

定时器/计数器的应用涉及初始化编程和相应的应用程序编程。下面介绍定时器/计数器的 2 个应用实例，分别用于周期性脉冲信号的产生和脉冲宽度的测量。

6.3.1　脉冲信号的产生

【例 6.1】设单片机的晶振频率为 f_{osc} = 12MHz，要求在 P1.0 引脚上输出周期为 2ms 的方波。

解：不妨设定时器/计数器 T1 处于定时器工作模式和工作方式 1。周期为 2ms 的方波要求定时间隔为 1ms，每次定时 1ms 时间到，就将 P1.0 取反。定时器的计数信号频率为 $f_{osc}/12$ = 1MHz，计数周期为 12/ f_{osc} = 1μs，也就是说，每个机器周期定时器就计数加 1，而 1ms = 1000μs，需计数次数为 1000/(12/ f_{osc}) =1000。由于加 1 计数器是向上计数的，为了得到 1000 个计数后的定时器溢出，必须给 T1 计数器赋初值 65536 - 1000 = 64536。

对定时器/计数器 T1 的定时工作方式 1 编程，采用中断方式，C51 语言源程序如下。

```c
#include <reg51.h>
sbit   rectWave = P1^0;            // 方波信号由 P1.0 口输出
/********** 主程序 *********/

void main(void)
{    TMOD = 0x10;              // 设置 T1 工作于定时工作方式 1
     TH1 = 64536/256;         // 设置加 1 计数器的计数初值高字节
     TL1 = 64536%256;         // 设置加 1 计数器的计数初值低字节
     IE = 0x00;               // 禁止中断
     ET1 = 1;                 // 开 T1 溢出中断
     EA = 1;                  // 开总允许中断
     TR1 = 1;                 // 启动 T1 开始定时
     for   ( ; ; );           // 等待 T1 溢出中断
}
/********** T1 溢出中断服务程序 *********/
void isr_int1() interrupt 3
{
TH1 = 64536/256;             //T1 重赋初值
TL1 = 64536%256;
rectWave = !rectWave;        // 输出取反
}
```

6.3.2   脉冲宽度的测量

【例 6.2】测量输入到单片机 P3.3 引脚的周期性脉冲信号的脉冲宽度。

解：由前面的介绍可知，控制位 GATE = 1 时，是一种采用软件和硬件联合控制的方法来实现计数器运行与否的控制。下面以 T1 为例，如果 GATE = 1，那么只有当 TR1 = 1 且引脚 $\overline{INT1}$ = 1 时，T1 计数。利用 GATE 的这一功能，可测量 $\overline{INT1}$ 引脚，也就是 P3.3 引脚上的周期性脉冲信号的脉冲宽度，其方法如图 6.12 所示。供参考的 C51 语言源程序如下。

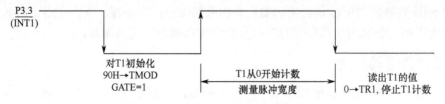

图 6.12   利用 GATE 控制位测量脉冲宽度

```
#include <reg51.h>      //包含头文件
sbit signalIn = P3^3;   //引脚定义，被测信号输入引脚
void main(void)
{
SP = 0x60;              //系统初始化
TMOD = 0x90;            //设置 T1 为定时工作方式 1，且 GATE = 1
TH1 = 0;                //T1 从 0 开始做加 1 计数
TL1 = 0;
TR1 = 0;
while(signalIn == 1);   //等待 P3.3 引脚的第一个下降沿
while(signalIn == 0);   //等待 P3.3 引脚的第一个上升沿
TR1 = 1;                //启动 T1 开始定时
while(signalIn == 1);   //P3.3 引脚电平为高电平时，CPU 等待
TR1 = 0;                //P3.3 引脚电平变为低电平时停止 T1 的工作
display();              //调用显示程序，显示测量结果即脉冲宽度
…
}
```

6.4 本章小结

本章介绍了 89S51 单片机芯片内部的两个 16 位定时器/计数器 T1 和 T0，如果对外部输入信号进行加 1 计数，那么称为计数器，如果对内部脉冲信号进行加 1 计数，那么称为定时器，这就是所谓的定时器工作模式和计数器工作模式。定时器/计数器的 4 种工作方式分别是工作方式 0、工作方式 1、工作方式 2、工作方式 3。当定时器/计数器加 1 计数满时，自动把计数溢出标志 TF0 或 TF1 置 "1"，从而发出中断请求。定时器/计数器工作时，往往不从 0 开始做加 1 计数，而从某个初始值开始加 1 计数，读者应该掌握计数器在各种工作方式下计数初值的计算。对于 6.3 节介绍的定时器/计数器应用举例，应尽量仔细阅读程序，熟练掌握，并能举一反三。

6.5 思考题与习题

1. 定时器/计数器处于定时器工作模式时，其计数脉冲由谁提供？定时时间与哪些因素有关？
2. 定时器/计数器处于计数器工作模式时，对外部计数脉冲频率有何限制？
3. 采用的晶振频率为 6MHz，在定时器/计数器的工作方式 0、工作方式 1、工作方式 2 下，其最大的定时时间分别是多少？
4. 判断下列说法是否正确。
   (1) 特殊功能寄存器 SCON，与定时器/计数器的控制无关。
   (2) 特殊功能寄存器 TCON，与定时器/计数器的控制无关。
   (3) 特殊功能寄存器 IE，与定时器/计数器的控制无关。
   (4) 特殊功能寄存器 TMOD，与定时器/计数器的控制无关。
5. 利用定时器/计数器 T0 对外部脉冲进行计数，每计数 100 个脉冲后，T0 转为定时器工作模式。定

时 1ms 后，又转为计数器工作模式，如此循环不止。假定 89S51 单片机的晶振频率为 6MHz，请使用工作方式 1 实现，要求编写相应的程序。

6. 定时器/计数器的工作方式 2 有什么特点？适用于哪些应用场合？

7. 编写程序，要求使用定时器/计数器 T0，采用工作方式 2 定时，在 P1.0 引脚上输出周期为 400μs、占空比为 1∶10 的矩形脉冲（假设晶振频率为 12MHz）。

8. 一个定时器的定时时间有限，如何实现两个定时器的串行定时，来达到较长时间定时的目的？

9. 利用定时器/计数器 T0 产生定时时钟，由 P1 口控制 8 个 LED 指示灯。编写程序，使 8 个 LED 指示灯依次一个一个地闪烁，闪烁频率为 20Hz（8 个 LED 指示灯依次点亮一遍为一个周期，假设晶振频率为 12MHz）。

10. 编写程序，功能要求为：当 P1.0 引脚的电平正跳变时，对 P3.4 引脚的输入脉冲进行计数；当 P1.2 引脚的电平负跳变时，停止计数，将计数值存入片内 RAM 的 0x30 和 0x31 单元，并且高位存入 0x30 单元，低位存入 0x31 单元。

第7章　单片机的串行口 UART

本章介绍串行通信基本知识，89S51 单片机串行口 UART 的结构、工作方式，与串行口 UART 有关的特殊功能寄存器，串行口 UART 的控制方法与应用举例。89S51 串行口 UART 有 4 种工作方式，波特率可以通过软件设置。每当串行口 UART 完成接收或发送一帧数据，均可发出中断请求。89S51 的串行口 UART 除可以用于串行数据通信外，还可以非常方便地用来扩展并行 I/O 端口。

7.1　串行通信概述

本节简要介绍串行通信的基本概念，为介绍单片机串行接口的扩展与编程做准备。

7.1.1　串行通信与并行通信

在计算机系统中，CPU 与外部通信的基本方式有两种，如图 7.1 所示：

➢ 并行通信——数据的各位同时传送。

➢ 串行通信——数据按位顺序传送。

并行通信的特点：各数据位同时传送，传送速度快、效率高。但有多少数据位就需要有多少根数据线，所以硬件电路复杂、传送成本高。一般而言，在集成电路芯片的内部、同一插件板上的各部件之间、同一机箱内各插件板之间的数据传送是并行的，并行数据传送的距离通常小于 30m。

串行通信的特点：数据传送按位顺序进行，最少只需要一根传输线就可完成，硬件成本低，但数据传输速度慢。一般而言，计算机与远程终端或终端与终端之间的数据传送通常是串行的，串行数据传送的距离可以从几米到几千千米。

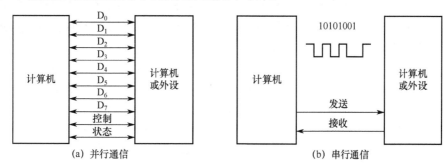

图 7.1　并行通信与串行通信

7.1.2　串行通信的分类

串行通信有同步通信和异步通信两种基本方式。

1. 异步通信方式（Asynchronous Communication）

在异步通信中，数据通常是以字符（或字节）为单位组成字符帧传送的。字符帧由发送端一帧一帧地发送，通过传输线被接收设备一帧一帧地接收。发送端和接收端可以有各自的时钟来控制数据的发送和接收，这两个时钟源彼此独立，互不同步。

在异步通信中，接收端根据字符帧格式来判断发送端何时开始发送及何时结束发送。平时，发送线为高电平（逻辑"1"），每当接收端检测到传输线上发送过来的低电平逻辑"0"（字符帧中的起始位）时，就知道发送端已开始发送，每当接收端接收到字符帧中的停止位时，就知道一帧字符信息已发送完毕。

（1）字符帧（Character Frame）

字符帧也称数据帧，如图 7.2 所示，它一般由起始位、数据位、校验位和停止位四部分组成，各部分的结构和功能分述如下。

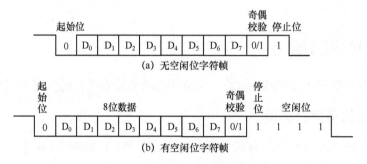

图 7.2　异步通信的字符帧格式

① 起始位：位于字符帧开头，只占一位，始终为逻辑"0"（低电平），用于向接收设备表明发送端开始发送一帧信息。

② 数据位：紧跟起始位之后，用户根据情况可取 5 位、6 位、7 位或 8 位，低位在前高位在后。如果所传数据为 ASCII 码字符，那么常取 7 位。

③ 校验位：位于数据位之后，仅占一位，通常用作奇偶校验。

④ 停止位：位于字符帧末尾，为逻辑"1"（高电平），通常可取 1 位、1.5 位或 2 位，用于向接收端表明一帧字符信息已发送完毕，也为发送下一帧字符做准备。

在串行通信中，发送端一帧一帧地发送信息，接收端一帧一帧地接收信息。两相邻字符帧之间可以无空闲位，也可以有若干空闲位，具体是否加空闲位由用户根据需要决定。

（2）波特率（baud rate）

波特率的定义为每秒传送二进制数码的位数（亦称比特数），单位是 bps，即位/秒。

波特率是串行通信的重要指标，用于表征数据传输的速度。波特率越高，数据传输速度越快。但是波特率和字符的实际传输速率不同，字符的实际传输速率是指每秒所传字符帧的帧数，与字符帧格式有关。通常，异步串行通信的波特率为 50～9600bps。

例如，波特率为 1200bps 的通信系统，如果采用图 7.2(a)所示的字符帧，那么字符的实际传输速率为 1200/11 = 109.09 帧/秒；如果改用图 7.2(b)所示的字符帧，那么字符的实际传输速率为 1200/14 = 85.71 帧/秒。

每位的传输时间，定义为波特率的倒数。例如，波特率为 1200bps 的通信系统，其每位（bit）的传输时间为 0.833ms。

2. 同步通信（Synchronous Communication）

同步通信是一种连续串行传送数据的通信方式，一次通信只传送一帧信息。这里的信息帧和异步通信中的字符帧不同，通常有若干数据字符，如图 7.3 所示。

(a) 单同步字符帧结构

(b) 双同步字符帧结构

图 7.3　同步通信的字符帧格式

同步字符帧由同步字符、数据字符和校验字符三部分组成。其中，同步字符位于帧结构开头，用于确认数据字符的开始，接收端不断地对传输线采样，并把采样到的同步字符和双方约定的同步字符进行比较，只有比较成功后才会把后面接收到的字符加以存储；数据字符在同步字符之后，个数不限，由所需传输的数据块长度决定；校验字符有 1～2 个，位于帧结构末尾，用于接收端对接收到的数据字符的正确性进行校验。

在同步通信中，同步字符可以采用统一的标准格式，也可由用户约定。

在单同步字符帧结构中，同步字符常采用 ASCII 码中规定的 SYN（即 0x16）代码。

在双同步字符帧结构中，同步字符一般采用国际通用标准代码 0xEB90。

3. 异步通信与同步通信的特点

异步通信的优点是不需要传送同步脉冲，字符帧长度也不受限制，故所需设备简单。

异步通信的缺点是字符帧中因为包含起始位和停止位而降低了有效数据的传输速率。

同步通信的优点是传输速率较高，通常可达 56000bps 或更高。

同步通信的缺点是要求发送时钟和接收时钟保持严格同步，因此发送时钟除保证发送波特率和接收波特率一致外，还要求把发送时钟同时传送到接收端。

7.1.3　串行通信的数据传送方式

在串行通信中，数据是在两个发送端和接收端之间传送的。按照数据传送方向，串行通信可分为单工、半双工和全双工三种传送方式，如图 7.4 所示。

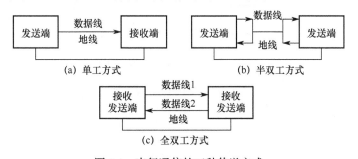

(a) 单工方式

(b) 半双工方式

(c) 全双工方式

图 7.4　串行通信的三种传送方式

（1）单工方式：通信线的一端接发送器，另一端接接收器，它们形成单向连接，只允许数据按照一个固定的方向传送，即数据只能单方向传送。

（2）半双工方式：系统中的每个通信设备都由一个发送器和一个接收器组成，通过收发开关接到通信线上。数据能够实现双向传送，但任何时刻只能由其中的一方发送数据，另一方接收数据。其收发开关并不是实际的物理开关，而是由软件控制的电子开关，通信线两端通过半双工协议进行功能切换。

（3）全双工方式：系统的每端都含有发送器和接收器，数据可以同时在两个方向上传送。

尽管许多串行通信接口电路具有全双工功能，但在实际应用中，大多数情况下只工作于半双工方式，即两个工作端通常并不同时收发。这种用法并无害处，虽然没有充分发挥效率，但简单、实用。

7.2　89S51 串行口 UART 的结构与控制

7.2.1　串行口 UART 的结构

89S51 单片机芯片内部有一个串行通信接口电路，它称为通用异步接收器/发送器（Universal Asynchronous Receive/Transmitter，UART），简称串行口 UART。

从本质上说，串行口 UART 以并行数据形式与单片机 89S51 的内部 CPU 接口，以串行数据形式在 CPU 与外部逻辑电路之间传送数据。串行口 UART 的基本功能是从外部逻辑电路接收串行数据，转换成并行数据后传送给 CPU，或从 CPU 接收并行数据，转换成串行数据后输出给外部逻辑电路。

89S51 有两个独立的接收、发送缓冲器 SBUF（属于特殊功能寄存器），一个用于发送，一个用于接收。发送缓冲器只能写入而不能读出；接收缓冲器只能读出而不能写入，两者共用一个逻辑地址 0x99。89S51 单片机串行口 UART 的结构如图 7.5 所示。

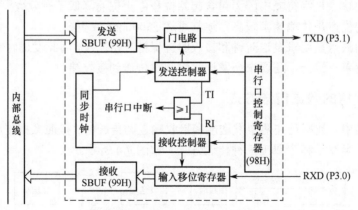

图 7.5　串行口 UART 结构示意图

在发送时，CPU 由写发送缓冲器的命令把数据（字符）写入串行口 UART 的发送缓冲器 SBUF，然后从 TXD 端一位一位地向外发送。与此同时，接收端 RXD 也一位一位地接收数据，直到收到一个完整的字符数据后通知 CPU，再用一条命令把接收缓冲器 SBUF 的内容读入累加器。可见，在整个串行收发过程中，CPU 的操作时间很短，使得 CPU 还能从事其他操作，从而大大提高了 CPU 的效率。

1. 串行接口数据缓冲器 SBUF

SBUF 是两个在物理上独立的接收、发送缓冲器，可同时发送、接收数据。

两个缓冲器只用一个字节地址 0x99，可通过语句对 SBUF 的读写来区别是对接收缓冲器的操作还是对发送缓冲器的操作。

CPU 写 SBUF，就是修改发送缓冲器；读 SBUF，就是读接收缓冲器。串行口 UART 对外也有两条独立的收发信号线 RXD（P3.0）、TXD（P3.1），可以同时发送、接收数据，实现全双工。

2. 串行口 UART 控制寄存器 SCON

SCON 寄存器用来控制串行口 UART 的工作方式和状态，它可以位寻址。在复位时所有位被清零，字节地址为 0x98，其构成如下。

位地址	9FH	9EH	9DH	9CH	9BH	9AH	99H	98H
SCON	SM0	SM1	SM2	REN	TB8	RB8	TI	RI

各位定义如下：

（1）SM0、SM1：串行口 UART 工作方式选择位

对应的工作方式如表 7.1 所示。

表 7.1　51 单片机串行口 UART 的 4 种工作方式

SM0	SM1	工作方式	功能说明	波特率
0	0	0	8 位同步移位寄存器	$f_{osc}/12$
0	1	1	10 位异步收发	可变，由定时器控制
1	0	2	11 位异步收发	$f_{osc}/32$ 或 $f_{osc}/64$
1	1	3	11 位异步收发	可变，由定时器控制

（2）SM2：多机通信控制位

因为多机通信是在方式 2 和方式 3 下进行的，所以 SM2 主要用于方式 2 和方式 3。当串行口 UART 以方式 2 和方式 3 接收数据时，SM2 = 1，只有在接收到的第 9 位数据（RB8）为 1 时才将接收到的前 8 位数据送 SBUF，并且置位 RI 产生中断请求；否则将接收到的前 8 位数据丢弃。

SM2 = 0 时，不论第 9 位数据（RB8）是 0 还是 1，都将前 8 位数据装入 SBUF，并产生中断请求（RI = 1）。串行口 UART 工作于方式 0 时，SM2 必须为 0。

（3）REN：允许接收控制位

REN = 0 时禁止串行口 UART 接收，REN = 1 时允许串行口 UART 接收，该位由软件置位或复位。

（4）TB8：发送数据位

在方式 2 或方式 3 时，TB8 是发送数据的第 9 位，根据发送数据的需要由软件置位或复位。单机通信时，可作为奇偶校验位；多机通信时，作为发送地址帧或数据帧的标志位。多机通信时一般约定：发送地址帧时，设置 TB8 = 1；发送数据帧时，设置 TB8 = 0。在方式 0 和方式 1 中，该位未使用。

（5）RB8：接收数据位

在方式 2 和方式 3 时，RB8 存放接收数据的第 9 位。可以是约定的奇偶校验位；可以是约定的地址帧/数据帧标志位，根据 RB8 的情况对接收到的数据进行某种校验判断。在多机通信时，如果 RB8 = 1，那么说明收到的数据为地址帧；如果 RB8 = 0，那么说明收到的数据为数据帧。在方式 1 下，如果 SM2 = 0，那么 RB8 用于存放接收到的停止位；在方式 0 下，该位未使用。

（6）TI：发送中断标志位

TI 用于指示一帧数据是否发送完毕。在方式 0 下，发送电路发送完第 8 位数据时，TI 由硬件置位。在其他工作方式下，TI 在发送电路开始发送停止位时置位，也就是说，TI 在发送前必须由软件复位，发送完一帧后由硬件置位。因此，CPU 查询 TI 状态便可知一帧信息是否发送完毕。

（7）RI：接收中断标志位

RI 用于指示一帧信息是否接收完毕。在方式 1 下，RI 在接收电路接收到第 8 位数据时由硬件置位。在其他工作方式下，RI 是在接收电路接收到停止位的中间位置时置位的，RI 也可供 CPU 查询，以决定 CPU 是否需要从"SBUF（接收）"中提取接收到的字符或数据。RI 只能由软件复位。

在进行串行通信时，一帧发送完毕后，必须用软件来设置 SCON 的内容。当由指令改变 SCON 的内容时，改变的内容在下一条指令的第一个周期的 S1P1 状态期间才锁存到 SCON 寄存器中，并开始有效，如果此时已开始进行串行发送，那么 TB8 送出的仍是原有的值而不是新值。

在进行串行通信时，一帧发送完毕后，由单片机硬件使得中断标志置位（TI = 1），向 CPU 请求中断；一帧接收完毕后，由单片机硬件使得接收中断标志置位（RI = 1），也向 CPU 请求中断。如果 CPU 允许中断，那么 CPU 进入中断服务程序，CPU 事先并不能区分是 RI 请求中断还是 TI 请求中断，只能在进入中断服务程序后，通过程序查询来区分，然后进入相应的中断处理。

3. 电源控制寄存器 PCON

PCON 寄存器是单片机的电源控制设置专用寄存器，字节地址为 87H。PCON 不能位寻址，其构成如下。

PCON	D7	D6	D5	D4	D3	D2	D1	D0
位名称	SMOD	—	—	—	GF1	GF0	PD	IDL

各位定义如下：

（1）SMOD：串行口 UART 波特率的倍增位。单片机工作于方式 1、方式 2、方式 3 时，如果 SMOD = 1，那么串行口 UART 波特率提高 1 倍；如果 SMOD = 0，那么波特率不加倍。系统复位时 SMOD = 0。

（2）GF1、GF0：通用标志位。由软件置位、复位。

（3）PD：掉电方式控制位。PD = 1 时进入掉电方式。

（4）IDL：待机方式控制位。IDL = 1 时进入待机方式。

7.2.2　串行口 UART 的工作方式

1. 方式 0

方式 0 通常用来外接移位寄存器，用作扩展 I/O 口。工作于方式 0 时波特率固定为系统晶振频率 f_{osc} 的 1/12。单片机工作时，串行数据通过 RXD 输入和输出，同步时钟通过 TXD 输出。发送和接收数据时低位在前，高位在后，长度为 8 位。

（1）方式 0 发送

在 TI = 0 时，当 CPU 执行一条向 SBUF 写数据的指令时，如"SBUF = I;"，就启动发送过程。每经过一个机器周期发送 1 位，写入发送数据寄存器中的数据按低位在前、高位在后的顺序从 RXD 依次发出，同步时钟从 TXD 送出。8 位数据（一帧）发送完毕后，由硬件使得中断标志 TI 置位，向 CPU 申请中断。

（2）方式 0 接收

在 RI = 0 时，将 REN（SCON.4）置"1"就启动一次接收过程。串行数据通过 RXD 接收，同步移位脉冲通过 TXD 输出。在移位脉冲的控制下，RXD 上的串行数据依次移入移位寄存器。当 8 位数据（一帧）全部移入移位寄存器后，接收控制器发出控制信号，将 8 位数据并行送入接收数据缓冲器 SBUF，同时由硬件使得接收中断标志 RI 置位，向 CPU 申请中断。

2. 方式 1

在方式 1 下，数据帧格式如图 7.6 所示，一帧信息为 10 位（bit）：1 位起始位（0），8 位数据位（低位在前）和 1 位停止位（1）。TXD 为发送数据端，RXD 为接收数据端。波特率可变，由定时器/计数器 T1 的溢出率和电源控制寄存器 PCON 中的 SMOD 决定。

图 7.6　方式 1 的数据帧格式

（1）方式 1 发送

在 TI = 0 时，当 CPU 执行一条向 SBUF 写数据的指令时，如"SBUF = i;"，就启动发送过程。数据由 TXD 引脚送出，发送时钟由定时器/计数器 T1 送来的溢出信号经过 16 分频或 32 分频后得到，在发送时钟的作用下，先通过 TXD 端送出一个低电平的起始位，然后是 8 位数据（低位在前），再后是一个高电平的停止位。当一帧数据发送完毕时，由硬件使得发送中断标志 TI 置位，向 CPU 申请中断，完成一次发送过程。

（2）方式 1 接收

当允许接收控制位 REN 被置 1 时，接收器就开始工作，由接收器以所选波特率的 16 倍速率对 RXD 引脚上的电平进行采样。当采样到从"1"到"0"的负跳变时，启动接收控制器开始接收数据。在接收移位脉冲的控制下依次把接收的数据移入移位寄存器，当 8 位数据及停止位全部移入后，根据以下状态进行相应操作。

① 如果 RI = 0、SM2 = 0，那么接收控制器发出"装载 SBUF"信号，将输入移位寄存器中的 8 位数据装入接收数据缓冲器 SBUF，停止位装入 RB8，并置 RI = 1，向 CPU 申请中断。

② 如果 RI = 0、SM2 = 1，那么只有停止位为"1"时才发生上述操作。

③ RI = 0、SM2 = 1 且停止位为"0"时，接收的数据不装入 SBUF，数据丢失。

④ 如果 RI = 1，那么接收的数据在任何情况下都不装入 SBUF，即数据丢失。

3. 方式 2 和方式 3

方式 2、方式 3 是 11 位 UART，接收和发送一帧信息的长度为 11 位，如图 7.7 所示，即 1 个低电平起始位，9 个数据位，1 个高电平停止位。发送的第 9 位数据放于 TB8 中，接收的第 9 位数据放于 RB8 中。TXD 为发送数据端，RXD 为接收数据端。方式 2 和方式 3 的区别在于波特率不同，其中方式 2 的波特率只有两种：$f_{osc}/32$ 或 $f_{osc}/64$，方式 3 的波特率与方式 1 的波特率相同，由定时器/计数器 T1 的溢出率和电源控制寄存器 PCON 中的 SMOD 决定。

图 7.7　方式 2 或方式 3 的数据帧格式

（1）发送过程

方式 2 和方式 3 发送的数据为 9 位，其中发送的第 9 位在 TB8 中，在启动发送之前，必须把待发送的第 9 位数据装入 SCON 寄存器的 TB8 中。准备好 TB8 后，就可以通过向 SBUF 中写入发送的字符数据来启动发送过程，发送时前 8 位数据从发送数据寄存器中取得，发送的第 9 位从 TB8 中取得。一帧信息发送完毕时，硬件设置 TI 为 1。

（2）接收过程

方式 2、方式 3 的接收过程与方式 1 的类似，当 REN 位置 1 时即启动接收过程，所不同的是接收的第 9 位数据是发送过来的 TB8 位，而不是停止位，接收到后存放到 SCON 的 RB8 中。

7.2.3　串行口 UART 的波特率计算

1. 串行口 UART 控制寄存器 SCON 相应位的确定

根据串行口工作方式，确定 SM0、SM1 位；对于多机通信还要确定 SM2 位；如果是接收端，那么设置允许接收位 REN 为 1；如果以方式 2 和方式 3 发送数据，那么应将发送数据的第 9 位写入 TB8。

2. 波特率的计算

对于串行口 UART 的方式 0，不需要对波特率进行设置。方式 0 的波特率为 $f_{osc}/12$，如果 $f_{osc}=12\text{MHz}$，那么方式 0 的波特率为 1Mbps，即每秒传送 1Mbit。

对于串行口 UART 的方式 2，设置波特率时，只需对 PCON 中的 SMOD 位进行设置，波特率 $=f_{osc}/(2^{SMOD}\times32)$，即设置串行口 UART 方式 2 后，单片机自动对振荡频率进行 32 分频或 64 分频来控制串行通信方式 2 的数据传输速率。

对于串行口 UART 的方式 1 和方式 3，波特率由定时器/计数器 T1 控制，所以设置波特率时，不仅要对 PCON 中的 SMOD 进行设置，还要对定时器/计数器 T1 进行设置，这时 T1 一般工作于定时方式 2，T1 的初值由下面的公式求得：

$$波特率 = (2^{SMOD}\times T1\,的溢出率)/32$$

由上式推导出

$$T1\,的溢出率 = (波特率\times32)/2^{SMOD}$$

而 T1 工作于定时方式 2 的溢出率又可由下式表示：

$$T1\,的溢出率 = f_{osc}/(12\times(256-T1\,的初值))$$

所以，当 T1 工作于定时方式 2 时，T1 的初值计算公式为

$$T1\,的初值 = 256 - f_{osc}\times2^{SMOD}/(384\times波特率) \tag{7.1}$$

同理，当 T1 工作于定时方式 1 时，T1 的初值计算公式为

$$T1\,的初值 = 2^{16} - f_{osc}\times2^{SMOD}/(384\times波特率) \tag{7.2}$$

通过式（7.1）和式（7.2）可以看出，由于受到 f_{osc} 的限制，MCS-51 单片机串行通信的波特率不能太高，为了加速，SMOD 应设置为 1，但即使是这样，波特率也难达到 115200bps。对大多数嵌入式控制系统来说，MCS-51 单片机串行通信的波特率已能满足要求。在满足系统要求的情况下，通信频率选择得较小，可以降低功耗，减少发热，有利于系统稳定。

MCS-51 单片机多使用 6MHz、12MHz、11.0592MHz 的晶体，晶振频率采用 6MHz 或 12MHz 时，根据式（7.1）、式（7.2）确定 T1 初值产生的波特率可能有一定的误差，但晶振频率采用 11.0592MHz 时，算出的 T1 初值都是整数，可以产生精确的波特率。常用的波特率及对应定时器 T1 的初值如表 7.2 所示。

表 7.2　定时器 T1 产生的常用波特率

波特率	f_{osc}	SMOD	定时器 T1		
			C/$\overline{T}$	工作方式	初值
串行口方式 0：1Mbps	12MHz	×	×	×	×
串行口方式 0：0.5Mbps	6MHz	×	×	×	×
串行口方式 2：375kbps	12MHz	1	×	×	×
串行口方式 2：187.5kbps	6MHz	1	×	×	×
串行口方式 1 或 3：62.5kbps	12MHz	1	0	2	0xff
串行口方式 1 或 3：19.2kbps	11.0592MHz	1	0	2	0xfd
串行口方式 1 或 3：9.6kbps	11.0592MHz	0	0	2	0xfd
串行口方式 1 或 3：4.8kbps	11.0592MHz	0	0	2	0xfa
串行口方式 1 或 3：2.4kbps	11.0592MHz	0	0	2	0xf4
串行口方式 1 或 3：1.2kbps	11.0592MHz	0	0	2	0xe8
串行口方式 1 或 3：137.5bps	11.0592MHz	0	0	2	0x1d
串行口方式 1 或 3：110bps	6MHz	0	0	1	0xfeeb
串行口方式 1 或 3：19.2kbps	6MHz	1	0	2	0xfe
串行口方式 1 或 3：9.6kbps	6MHz	1	0	2	0xfd
串行口方式 1 或 3：4.8kbps	6MHz	0	0	2	0xfd
串行口方式 1 或 3：2.4kbps	6MHz	0	0	2	0xfa
串行口方式 1 或 3：1.2kbps	6MHz	0	0	2	0xf4
串行口方式 1 或 3：0.6kbps	6MHz	0	0	2	0xe8
串行口方式 1 或 3：110bbps	6MHz	0	0	2	0x72
串行口方式 1 或 3：55bbps	6MHz	0	0	1	0xfeeb

【例 7.1】89S51 单片机使用的晶振频率为 11.0592MHz，选用 T1 为定时方式 2，作为波特率发生器，波特率为 2400bps，当 SMOD = 0 时，求 T1 的初值。

解：

$$T1 \text{ 的初值} = 256 - f_{osc} \times 2^{SMOD} / (384 \times \text{波特率})$$
$$= 256 - 11.0592 \times 10^6 \times 2^0 / (384 \times 2400)$$
$$= 244$$
$$= 0xf4$$

7.3　串行口 UART 的编程及应用实例

7.3.1　串行口 UART 的编程步骤

1. 串口初始化

MCS-51 单片机的串行口 UART 在使用之前，必须对其进行初始化才能使用。串行口初始化的内容是指定串行口的工作方式、设置波特率、启动发送和接收。

确定串行口控制寄存器 SCON 的各位时，要根据串行口工作方式确定 SM0、SM1 位；如果是多机通信，那么还要确定 SM2；如果是接收端，那么 REN 要设置为 1；如果是串行口方式 2 或方式 3，那么应将发送数据的第 9 位写入 TB8。

2. 设置波特率

根据前述串行口 UART 的波特率计算方法，进行波特率设置。常用波特率情况下 T1 的初值在表 7.2 中可以查到，如果查不到，那么可以根据式（7.1）或式（7.2）算出。

7.3.2　串行口 UART 应用实例

【例 7.2】采用 C51 语言编程，实现从 89S51 单片机的串行口 UART 获取两个输入数据，比较大小后，将较大的数据由串行口 UART 输出。

解：完整的 C51 语言源程序如下。

```
#include <reg51.h>
#include <stdio.h>
//-------函数声明--------

int max(int x, int y);
//-------主程序(函数)--------
void main(void)
{
    int a, b, c;
    //系统初始化
    SCON = 0x52;    //10 位 UART，串行口方式 1，允许接收，TI = 1
    TMOD = 0x20;    //设置 T1 为定时方式 2，作为波特率发生器使用
    TH1 = 0xfd;     //波特率设置为 9600bps@fosc = 11.0592MHz
    TR1 = 1;        //启动 T1 开始工作

    while(1)        //无限循环
    {
        scanf("%d %d", &a, &b);    //从串行口 UART 获取 2 个输入数据
        c = max(a, b);             //比较大小
        printf("\n max = %d\n", c); //由串行口 UART 输出较大的数据
    }
```

```
}

int max(int x, int y)
{
    if(x > y)
            return x;
    else
            return y;
}
```

程序分析：由源程序的 main()函数可以发现，程序中只有串行口 UART 初始化部分，并没有串行口接收和发送的程序代码，那么程序是如何通过串行口实现数据输入和输出的呢？其实，它是通过 Keil C51 编译器所带的头文件<stdio.h>实现的，这个头文件包含的 scanf()函数和 printf()函数完成串行口的读写操作，C51 语言程序在执行 scanf()函数时，是从单片机串行口 UART 获得输入数据的；C51 语言程序在执行 printf ()函数时，是由单片机串行口 UART 输出数据的。

程序执行情况：在 Keil C51 开发软件下，编辑上述 C51 语言源程序；编译源程序，进入程序调试状态，并且打开一个串行口调试窗口 UART #1，单击运行程序命令 RUN；在调试窗口 UART #1 中键入数据（int 数据类型），可以采用空格键作为键入数据的确认按键。程序仿真调试界面、程序执行结果如图 7.8 和图 7.9 所示。

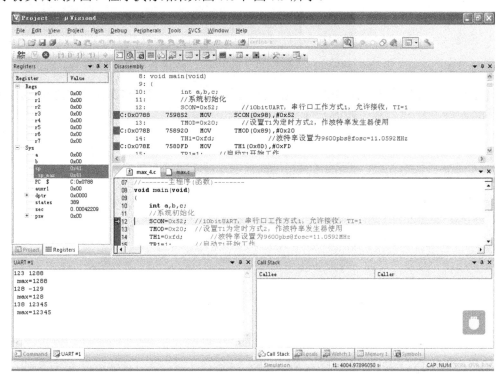

图 7.8　程序仿真调试界面

图 7.9　程序执行结果

【例 7.3】利用单片机串行口 UART 的方式 1，实现点对点的双机通信。

解：在嵌入式控制系统中，如果通信的双方距离非常近，例如在一个机械装置中，只有几十厘米的距离并且没有干扰，那么双机通信可以采用 TTL 电平的点对点通信。此时通信双方只用三根线简单地连接：甲机的 TXD 连接乙机的 RXD，甲机的 RXD 连接乙机的 TXD，双方的地线相连，如图 7.10 所示。双机通信系统的功能是将甲机片内 RAM0x30～0x3f 单元的内容传送到乙机片内 RAM 0x40～0x4f 单元。

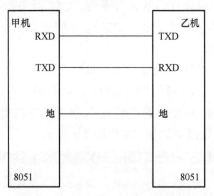

图 7.10　串行口 UART 方式 1 的点对点双机通信示意图

不妨假设晶振频率为 11.0592MHz，波特率选择为 1200bps，查表 7.2 知 T1 的初值为 0xe8。甲机和乙机的 C51 语言程序如下。

（1）甲机的 C51 语言程序

```
#include <reg51.h>
    #include <absacc.h>
    void main(void)
    {
        unsigned char i;
        TMOD = 0x20;                 //T1 工作于定时方式 2，波特率发生器
        TH1 = TL1 = 0xe8;
        PCON = 0x00;
        SCON = 0x40;
        TR1 = 1;
        for(i = 0; i<16; i++)
        {
            SBUF = DBYTE[0x30 + i];
```

```
        while(TI == 0);
        TI = 0;
    }
}
```

（2）乙机的 C51 语言程序

```
#include <reg51.h>
#include <absacc.h>
void main(void)
{
    unsigned char i;
    TMOD = 0x20;
    TH1 = TL1 = 0xe8;
    PCON = 0x00;
    SCON = 0x50;
    TR1 = 1;
    for(i = 0; i<16; i++)
    {
        while(RI == 0);
        RI = 0;
        DBYTE[0x40 + i] = SBUF;
    }
}
```

7.4　本章小结

　　本章介绍了串行通信的基本知识、89S51 单片机的全双工异步串行口 UART 的基本结构与工作原理、与串行口 UART 有关的特殊功能寄存器、串行口的 4 种工作方式。读者要重点掌握与串行口有关的特殊功能寄存器 SCON 和 PCON，尤其是特殊功能寄存器 SCON 各位的功能。89S51 单片机串行口 UART 的 4 种工作方式中，方式 0 并不用于串行通信，一般用于并行 I/O 口线扩展。方式 2 和方式 3 用于串行通信，方式 1 是 10 位串行数据通信；方式 2 和方式 3 都是 11 位串行数据通信，方式 2 的波特率只有固定的两种，方式 1 和方式 3 的波特率可由用户根据需要设定，并且通过 T1 进行控制，进而实现波特率设置。

　　89S51 单片机的串行口 UART 用于串行通信时，要占用一个定时器/计数器 T1 作为波特率发生器，作为波特率发生器的定时器/计数器 T1 不得再作他用。

7.5　思考题与习题

1.　串行数据传送与并行数据传送相比，主要优点和用途是什么？
2.　什么是同步串行通信？什么是异步串行通信？
3.　单工、半双工、双工通信有何区别？
4.　数据帧格式为 1 个起始位、8 个数据位和 1 个停止位的异步串通信方式，称为什么串行通信工作

　　　　方式？

5. 假定串行口 UART 串行发送的数据帧格式为 1 个起始位、8 个数据位、1 个奇校验位、1 个停止位，画出传送字符"A"的数据帧格式。

6. 判断下列说法是否正确。

　　(1) 串行口 UART 通信的第 9 数据位的功能可由用户定义。

　　(2) 发送数据的第 9 数据位的内容是在 SCON 寄存器的 TB8 位中预先准备好的。

　　(3) 串行通信接收到的第 9 位数据送 SCON 寄存器的 RB8 中保存。

　　(4) 串行口 UART 方式 1 的波特率是可变的，通过定时器/计数器 T1 的溢出率设定。

7. 串行口 UART 方式 1 的波特率是：

　　(1) 固定的，为 $f_{osc}/32$。

　　(2) 固定的，为 $f_{osc}/16$。

　　(3) 可变的，通过定时器/计数器 T1 的溢出率设定。

　　(4) 固定的，为 $f_{osc}/64$。

8. 在串行通信中，收发双方对波特率的设定应该是怎样的？

9. 简述 AT89S51 单片机串行口 UART 的 4 种工作方式的接收和发送数据的过程。

10. 串行口 UART 有几种工作方式？各工作方式的波特率如何确定？

11. 晶振频率为 11.0592MHz，单片机 89S51 的串行口 UART 工作于方式 1，波特率为 4800bps，写出用 T1 作为波特率发生器的方式控制字和计数初值。

第8章　单片机常用并行接口技术

单片机广泛应用于工业测控、智能化仪器仪表和家电产品中，由于实际工作需要和用户的不同要求，单片机应用系统常常需要配置键盘、显示器、模数转换器（DAC）、数模转换器（DAC）、功率驱动器件等外设，接口技术就是解决单片机与外设联系的技术。本章主要介绍单片机的常用并行接口，如键盘接口、LED显示器接口、液晶显示模块接口、DAC/ADC接口等。单片机的常用串行接口技术将在下一章介绍。

8.1　键盘接口

键盘是单片机应用系统中的一个常用部件，通过它向单片机输入数据、传送命令，是人给应用系统输入信息的主要装置。本节叙述键盘的工作原理，包括键盘与单片机的接口电路、键盘识别方法。

1. 键盘的分类和工作原理

键盘是一组按键的集合，是最常用的单片机输入设备。按键是一种常开型按钮开关，分为触点式（如机械开关）和无触点式（如电气开关），按下对应逻辑状态 0，未按下对应逻辑状态 1。

单片机常用的键盘有全编码键盘和非编码键盘两种。全编码键盘能由硬件逻辑自动提供与被按键对应的编码，如 BCD 码键盘、ASCII 码键盘等，价格较贵，一般的单片机应用系统较少采用；非编码键盘分为独立式键盘和矩阵式键盘，硬件上只提供通、断两种状态，其他工作都靠软件来完成，经济实用，目前单片机应用系统中多采用这种方法。本节着重介绍非编码键盘。

对于一组键或一个键盘，需要通过接口电路与单片机相连，以便把键的开关状态告诉单片机。单片机可以采用查询或中断方式来了解有无键按下并检查是哪个键被按下，并将该键对应的键值送入累加器 A，然后根据键值执行该键的功能程序。

2. 键盘接口所要解决的问题

键盘输入接口电路与相应的软件应可靠而快速地实现键信息输入并执行键功能任务。

由于大部分按键或键盘都是机械弹性触点，因此在闭合及断开瞬间均有抖动过程，使得电压信号出现毛刺，如图 8.1 所示。抖动时间的长短与开关的机械特性有关，一般为 5～10ms。

按键的稳定闭合时间由操作人员的按键动作确定，一般为零点几秒到几秒。为保证 CPU 对键的一次闭合仅做一次键输入处理，必须去除抖动的影响。

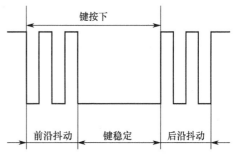

图 8.1　键闭合及断开瞬间的电压波动

通常，去抖动影响的方法有硬件方法、软件方法两种。硬件方法在键输出端加 RS 锁存器电路构成去抖动电路。软件方法在检测到有键按下时，先执行一个时长约 10ms 延时程序，再确认该键电平是否仍保持闭合状态电平，若仍保持为闭合状态电平，则确认该键处于闭合状态，否则认为是干扰信号，从而去除抖动影响。为简化硬件电路，常常采用软件方法消除抖动的影响。

8.1.1　独立按键

独立按键是指直接用 I/O 口线构成的单个按键电路。每个独立按键单独占用一根 I/O 口线，每根 I/O 口线的工作状态不会影响其他 I/O 口线的工作状态，这是一种简单的键盘结构。

1. 独立按键电路

独立按键电路如图 8.2 所示，每根 I/O 口线上都加了上拉电阻，在实际应用中，若 I/O 口内部已有上拉电阻（如 P1 口），则可省去外接上拉电阻。在图 8.2 中，上拉电阻保证了按键断开时，I/O 口线有确定的高电平，按键被按下时 I/O 口线为低电平。

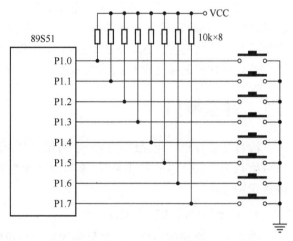

图 8.2　独立按键电路

独立按键电路配置灵活，硬件结构简单，但每个按键必须占用一根 I/O 口线，在按键数量较多时，I/O 口线浪费较大，故一般在按键数量不多时采用这种按键电路。

2. 独立按键程序

【例 8.1】具有 2 个独立按键和 2 个发光二极管的电路如图 8.3 所示，按键 K1、K2 连接单片机引脚 P3.2、P3.3；发光二极管 LED1、LED2 连接单片机引脚 P1.1、P1.2；按键功能是 K1 按下时切换 LED1 的状态，K2 按下时切换 LED2 的状态。编写单片机程序。

解：按键按下时存在机械抖动，需要编程消除机械抖动的不良影响；发光二极管具有亮、灭两种工作状态，需要编程实现按键控制发光二极管工作状态的功能。完整的 C51 语言程序如下。

```
#include <reg51.h>    //包含头文件
/*------引脚定义------*/
sbit K1 = P3^2;
sbit K2 = P3^3;
sbit LED1 = P1^1;
sbit LED2 = P1^2;
/*------函数声明------*/
void delayUs2x(unsigned char t);
void delayMs(unsigned char t);
void systemInitial(void);
void keyScan(void);
/*------主函数 main()------*/
```

```
void main(void)
{
    systemInitial();
    while(1)
    {
        keyScan();
    }
}

void delayUs2x(unsigned char t)
{
    while(--t);
}

void delayMs(unsigned char t)
{
        while(t--)
    {
            delayUs2x(245);        //大致延时 1ms
            delayUs2x(245);
    }
}

void systemInitial(void)
{
        LED1 = 1;
        LED2 = 1;
        K1 = 1;
        K2 = 1;
}

void keyScan(void)
{
        if((K1 == 0) || (K2 == 0))
        {
            delayMs(10);
            if((K1 == 0) || (K2 == 0))
            {
                if(K1 == 0)        //实现 K1 按键功能
```

```
            {
                LED1 =! LED1;
            }
            else if(K2 == 0)  //实现 K2 按键功能
            {    LED2 =! LED2; }
        }
        while(K1 == 0);
        while(K2 == 0);
    }
}
```

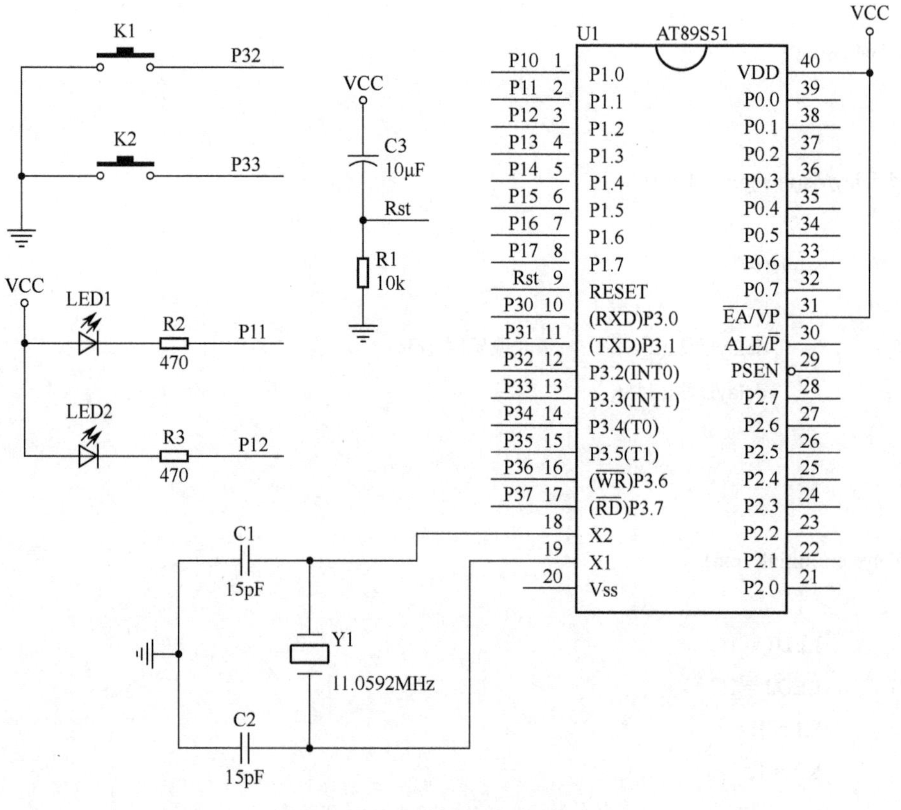

图 8.3　独立按键电路编程实例

8.1.2　矩阵键盘

　　独立按键电路的每个按键占用一根 I/O 口线，当按键数较多时，要占用较多的 I/O 口线。因此，在按键数大于 8 时，通常采用矩阵式（也称行列式）键盘电路。

1. 矩阵式键盘电路的结构及工作原理

　　如图 8.4 所示，在矩阵式键盘电路中，每条水平线与垂直线的交叉处不直接连通，而是通过一个按键开关进行连接。这样，一个端口（如 P1 口）就可以构成 4×4 = 16 个按键的键盘电路，并且我们给定这 16 个按键的键值分别为 0～F。下面介绍按键的识别方法。

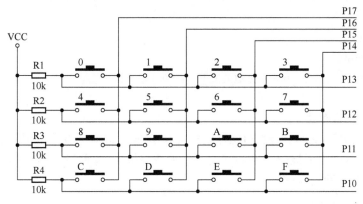

图 8.4　矩阵式键盘电路

（1）判断是否有键被按下

图 8.4 中行线的 I/O 口通过电阻接+5V 电源，处于输入状态（以 MCU 为参照物），而列线的 I/O 口处于输出状态。因此，当没有按键闭合时，行、列线之间是断开的，所有行线全部为高电平。当键盘上某个键被按下而闭合时，对应的行线和列线短路，行线与列线电平一致。若此时初始化所有列线输出低电平，则通过读取行线输入值的状态是否全为"1"，即可判断有无键被按下。

（2）键盘扫描法识别被按下的按键

但是，键盘中究竟哪个键被按下并不能立刻判断出来，只能用列线逐列置低电平后，检查行输入状态的方法来确定。若在某一时刻只让一条列线处于低电平，其余列线处于高电平，则当这一列有键被按下时，该按键所在的行线电平会由高电平变为低电平。MCU 根据行电平的变化，便能判定该列相应的行有键被按下。首先使第 0 列处于低电平，逐行查找是否有行线变低电平，若有，则第 0 列与该行的交叉点按键被按下；若无，则表示第 0 列无键被按下，再让下一列处于低电平，以此类推。这种逐列检查键盘状态的过程称为键盘扫描。

在图 8.4 中，不妨假设从上至下分别是第 0 行至第 3 行，从左至右分别是第 0 列至第 3 列。假设 A 号键被按下，先使第 0 列为低电平，无行线为低电平；再使第 1 列为低电平，仍然无行线为低电平；继续使第 2 列为低电平，此时第 2 行变低电平，说明第 2 列第 2 行的交叉点有键被按下，即 A 号键被按下。

2. 矩阵式键盘程序设计

针对图 8.4 所示的 4×4 矩阵式键盘电路，单片机程序主要有：判断是否有键被按下的程序；读矩阵键盘的程序；扫描法求键值的程序。下面以 C51 语言函数形式分别给出这 3 个程序，并进行适当的注释说明。

（1）判断是否有键被按下的程序

函数 fullScanKey()的功能是判断 4×4 矩阵式键盘是否有键被按下，函数返回值为 0 时表示无键被按下，函数返回值不为 0 时表示有键被按下。

```
unsigned char fullScanKey(void)
{
    unsigned char x;
    P1 = 0x0F;      // 送出扫描码 0x0F
```

```
        x = P1;
        x = ~x;
        x &= 0x0F;
        return(x);         // x = 0 表示无键被按下，x ≠ 0 表示有键被按下
    }
```

（2）读矩阵键盘程序

读矩阵键盘程序 readKey()的功能是读取 4×4 矩阵式键盘上被按下键的键值，若有键被按下，则函数的返回值为被按下键的键值；若无键被按下，则函数的返回值为 0xFF，函数 readKey()采用软件延时去除抖动。

```
unsigned char readKey(void)
{
    unsigned char KeyValue;
    P1 = 0x0F;                      // 全扫描码 0x0F 送 P1 口
    if((P1&0x0F) != 0x0F)           // 有键被按下时
    {
        Delay_ms(10);               // 延时约 10ms，软件去除抖动
        if((P1&0x0F) != 0x0F)// 若真有键被按下时
        {
            KeyValue = findKeyValue();// 扫描法求键值
            while (fullScanKey() != 0); // 等待被按下的键释放
            return(KeyValue);
        }
    }
    return(0xFF);        // 没有键被按下时，函数返回的键值为 0xFF
}
```

（3）扫描法求键值程序

扫描法求键值程序 findKeyValue()的功能是采用上述键盘扫描法，获得 4×4 矩阵式键盘上被按下键的键值。若没有找到被按下的键，则函数的返回值为 0xFF；若找到了被按下的键，则函数的返回值是被按下键的键值（键值是 0～15 之中的一个）。

```
unsigned char findKeyValue(void)
{
    unsigned char t, k = 0xFF; // 键值初始值为 k = 0xFF
    P1 = 0x7F;                      // 送出扫描码 0x7F，扫描第 0 列（最左边的一列）
    t = P1&0x0F;                    // 读 P1 口状态，并且屏蔽高 4 位
    switch(t)
    {
        case 0x07:                  // 在第 0 行查找被按下的键
            {
                k = 0; break;
            }
```

```
        case 0x0B:                  // 在第 1 行查找被按下的键
            {
                k = 4; break;
            }
        case 0x0D:                  // 在第 2 行查找被按下的键
            {
                k = 8; break;
            }
        case 0x0E:                  // 在第 3 行查找被按下的键
            {
                k = 12; break;
            }
        default:
            break;
    }
    if (k != 0xFF)    return(k);    // 若找到被按下的键，则返回相应的键值
    P1 = 0xBF;                      // 送出扫描码 0xBF，扫描第 1 列
    t = P1&0x0F;
    switch(t)
    {
        case 0x07:
            {
                k = 1; break;
            }
        case 0x0B:
            {
                k = 5; break;
            }
        case 0x0D:
            {
                k = 9; break;
            }
        case 0x0E:
            {
                k = 13; break;
            }
        default:
            break;
    }
    if (k != 0xFF)    return(k);
```

```
    P1 = 0xDF;                      // 送出扫描码 0xDF，扫描第 2 列
    t = P1&0x0F;
    switch(t)
    {
        case 0x07:
            {
                k = 2; break;
            }
        case 0x0B:
            {
                k = 6; break;
            }
        case 0x0D:
            {
                k = 10; break;
            }
        case 0x0E:
            {
                k = 14; break;
            }
        default:
            break;
    }
    if (k != 0xFF)    return(k);
    P1 = 0xEF;                       // 送出扫描码 0xEF，扫描第 3 列
    t = P1&0x0F;
    switch(t)
    {
        case 0x07:
            {
                k = 3; break;
            }
        case 0x0B:
            {
                k = 7; break;
            }
        case 0x0D:
            {
                k = 11; break;
            }
    }
```

```
case 0x0E:
    {
        k = 15; break;
    }
default:
    break;
}
return(k);
}
```

8.2　LED 显示器接口

显示器是最常用的输出设备。为方便人们观察和监视单片机的运行情况，常用显示器来显示单片机的键盘输入值、中间信息及运算结果等。

在单片机应用系统中，常用的显示器主要有 LED（发光二极管）数码管和 LCD（液晶显示器）模块。两者相比，LED 数码管价格低廉，结构简单，LCD 模块功耗低，能显示的字符较丰富。用户可以根据实际情况进行选择，本节主要介绍 LED 数码管与单片机的接口电路设计和相应的程序设计。

8.2.1　LED 数码管

LED 数码管由若干发光二极管组成，发光二极管导通时，相应的一个点或一段发光，控制不同组合的发光二极管导通，就能显示各种字符。通常一个 LED 数码管由 8 个发光二极管组成，其中 7 个发光二极管构成字型"8"的各个笔画（段）a～g，另一个发光二极管 dp 为小数点。

单片机中通常使用的 LED 数码管有共阴极和共阳极两种，如图 8.5 所示。发光二极管的阳极连在一起的（公共端 COM）称为共阳极显示器，阴极连在一起的（公共端 COM）称为共阴极显示器。当在某段发光二极管上施加一定的正向电压时，该段笔画即亮；不加电压则暗。为了保护各段 LED 不被损坏，须外加限流电阻。以共阴极 LED 数码管为例，公共阴极 COM 接地。若向各控制端 a, b, …, g, dp 顺次送入 11100001 信号，则该显示器显示字型"7."。

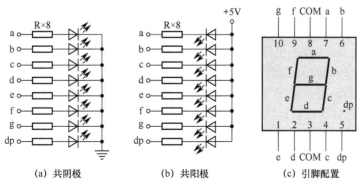

(a) 共阴极　　　　　(b) 共阳极　　　　　(c) 引脚配置

图 8.5　LED 数码管

共阴极与共阳极 7 段 LED 显示数字 0～F、"-"符号及"灭"的编码如表 8.1 所示（a 段为最低位，dp 点为最高位）。

表 8.1　共阴极和共阳极 7 段 LED 数码管显示字型编码表

显示字符	共阴极段码	共阳极段码	显示字符	共阴极段码	共阳极段码
0	3FH	C0H	C	39H	C6H
1	06H	F9H	D	5EH	A1H
2	5BH	A4H	E	79H	86H
3	4FH	B0H	F	71H	8EH
4	66H	99H	P	73H	8CH
5	6DH	92H	U	3EH	C1H
6	7DH	82H	r	50H	CEH
7	07H	F8H	y	6EH	91H
8	7FH	80H	–	40H	BFH
9	6FH	90H	"灭"	00H	FFH
A	77H	88H			
B	7CH	83H			

如图 8.6 所示，8 位 LED 数码管有 8 根位选线和 64 根段选线。段选线控制字符选择，位选线控制哪个数码管显示该字符。显示方式不同，位选线与段选线的连接方式也不同。

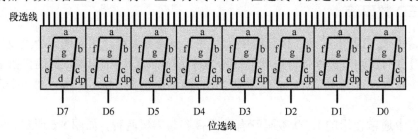

图 8.6　8 位 LED 数码管

8.2.2　LED 数码管静态显示接口

静态显示是指需要显示的字符的各字段连续通电，显示的字段连续发光。

LED 显示器工作在静态显示方式下，所有 LED 的位选端均连到+VCC 或 GND，每个 LED 的 8 根段选线（a～dp）分别连接一个 8 位并行 I/O 口（或锁存器），从该 I/O 口送出相应的字型码显示字型。如图 8.7 所示，该电路的每位可以独立显示，只要在该位的段选线上保持段选码电平，该位就能保持相应的显示字符。由于每位由一个 8 位输出口控制段选码，因此在同一时间里每位显示的字符可以各不相同。

静态显示的特点是：原理简单；显示亮度强，无闪烁；但占用的 I/O 资源较多。

图 8.7 所示电路采用的是共阳极数码管，因而各数码管的公共端 COM 接+5V 电源。要显示某字段，相应的移位寄存器 74HC164 的输出线必须是低电平。由于 74HC164 在低电平输出时，允许通过的电流约为 8mA，所以可以不加驱动电路。显然，要显示某字符，首先要把这个字符转换为相应的字型码，然后再通过串行口发送到 74HC164。74HC164 把从串行口收到的字型码变为并行输出加到数码管上。

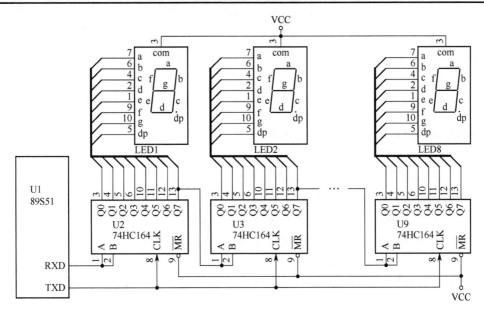

图 8.7　LED 数码管静态显示接口电路

　　显示程序的功能，是把显示缓冲区中的十六进制数据取出，查表后转换成相应的字型码，然后送到数码管中，驱动 LED 数码管进行显示。因此，需要执行显示或更新显示内容时，必须先向显示缓冲区中发送待显示的数据，然后再调用显示程序。

　　【例 8.2】将单片机内存 RAM 的 0x60～0x67 共 8 个单元设置为显示缓冲区，针对图 8.7 所示电路，编写单片机程序，把显示缓冲区的数据（范围为 0x0～0xf）显示在 8 个共阳极 LED 数码管上面。

　　解：我们应将串行口 UART 设置为工作方式 0，主程序首先根据显示缓冲区的数据查找相应的段码，然后通过串行口 UART 送出，最后由 74HC164 驱动共阳极 LED 数码管显示数据。完整的 C51 语言程序如下。

```
#include <reg51.h>                    //包含头文件
void displayLED(unsigned char x);     //函数声明
void main(void)                       //主程序
{
    unsigned char data *p;
    unsigned char data i;
    SP = 0x50;                        //设置堆栈底为 0x50
    SCON = 0x00;                      //串行口工作方式 0，不允许接收
    while(1)
    {
        p = 0x60;
        for(i = 0; i <= 7; i++)
        {
            displayLED(*p);
```

```
            p++;
        }
    }
}

void displayLED(unsigned char x)//缓冲区显示函数
{
    //下面是共阳极 LED 数码管的段码表
    unsigned char code segment[ ] =  {
        0xc0,0xf9,0xa4,0xb0,0x99,0x92,0x82,0xf8,    //0, 1, 2, 3, 4, 5, 6, 7
        0x80,0x90,0x88,0x83,0xc6,0xa1,0x86,0x8e    //8, 9, A, b, C, d, E、F
                                    };
    unsigned char m;
    m = segment[x]; //查表求段码
    SBUF = m;        //通过串行口 UART 发送 1Byte 数据（共阴极 LED 数码管的段码）
    while (TI == 0);
    TI = 0;
}
```

8.2.3　LED 数码管动态显示接口

　　所谓动态显示，是指所需显示字段断续通以电流，在需要同时显示多个字符时，可以轮流给每个 LED 数码管通以电流，逐次显示所需显示的字符。

　　使用多位 LED 数码管显示时，为简化电路，降低成本，将所有数码管的段选码并联在一起，由单片机的一个 8 位 I/O 口控制，而共阴极端或共阳极端分别由其他 I/O 口线控制，如图 8.8 所示。

　　要想用每个 LED 数码管显示不同的字符，必须采用扫描方式，即在每个时刻只让某个 LED 数码管显示相应的字符。在此瞬间，段选控制 I/O 口输出相应字符段选码，位选控制 I/O 口输出该位选通有效电平（共阴极为低电平有效，共阳极为高电平有效）。如此轮流，使每位显示该位应显示的字符，并保持一段时间，因人眼的视觉暂留时间约为 100ms，根据人眼视觉暂留的原理可知，只要扫描频率达到一定要求，就能获得稳定的显示视觉效果。

　　动态显示的特点：占用 I/O 口资源少，电路简单，成本低；显示亮度较静态方式低；控制软件相对复杂，因为要定时刷新显示，所以占用 CPU 运行时间较多。

　　8 位共阴极 LED 数码管动态扫描接口电路如图 8.8 所示。接口电路使用了两个 8D 锁存器 74HC573 芯片，二者的 D 输入端都由单片机的 P0 口提供信息，但两个锁存器的锁存控制端分别由单片机的 P2.6、P2.7 控制，锁存器 U3 输出段码，锁存器 U4 输出位选码。74HC573 芯片具有很强的驱动能力，实际上图 8.8 所示的电路是一种实用电路，完全可以应用于实际的电子系统设计中。

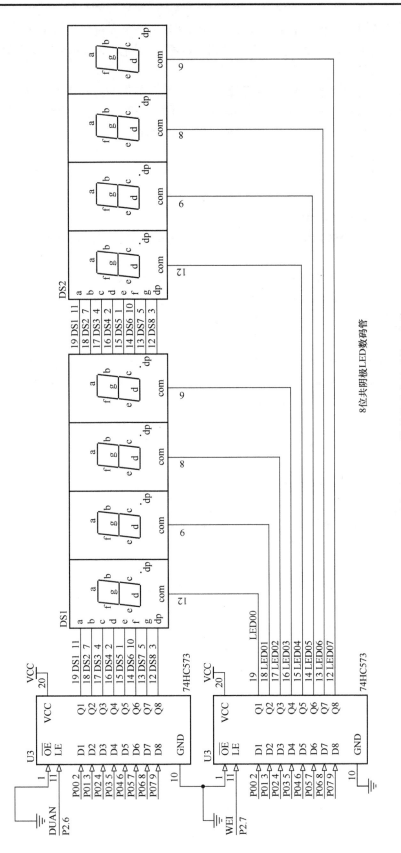

图 8.8 LED 数码管动态显示接口电路

【例 8.3】将单片机内存 RAM 的 0x60～0x67 共 8 个单元设置为显示缓冲区，针对图 8.8 所示电路，编写单片机程序，把显示缓冲区的数据（范围为 0x0～0xf）显示在 8 个共阴极 LED 数码管上面。

解：程序首先消隐全部 LED 数码管，然后将显示数据的段码送到 P0 口并锁存到 U3 锁存器中，再后将该数据对应的位选码送到 P0 口并锁存到 U4 锁存器中，延时一段时间后修改数据指针再循环执行上述步骤。完整的 C51 语言程序如下。

```c
#include <reg51.h>          //包含头文件
sbit duan = P2^6;           //引脚定义
sbit wei = P2^7;
unsigned char code DuanMa[ ] =
        {0x3f,0x06,0x5b,0x4f,0x66,0x6d,0x7d,0x07,0x7f,0x6f,0x77,0x7c,0x39,0x5e, 0x79,0x71};
//段码 0～F
unsigned char code WeiMa[ ] = {0x7f,0xbf,0xdf,0xef,0xf7,0xfb,0xfd,0xfe};       //位选码
void delay(unsigned int t);   //函数声明
void main(void)               //主程序
{
    unsigned char data *p;
    unsigned char data i;
    SP = 0x50; //设置堆栈底为 0x50
    while(1)
    {
        p=0x60;
        for(i = 0; i <= 7; i++)
        {
            P0 = 0xff;            //消隐全部 LED 数码管
            wei = 1;
            wei = 0;
            P0 = DuanMa[*p];      //数据的段码
            duan = 1;
            duan = 0;
            P0 = WeiMa[i];        //位选码
            wei = 1;
            wei = 0;
            delay(200);
            p++;
        }
    }
}
void delay(unsigned int t)      //延时函数
{
```

```
    while(--t);
}
```

8.3　DAC 接口

数模转换器（DAC）芯片的性能主要用分辨率、转换时间和转换精度等技术指标来反映。需要注意的是，分辨率和转换精度是两个不同的概念，转换精度取决于构成转换器的各个部件的误差和稳定性，分辨率取决于转换器的位数。

DAC 芯片有多种类型：按 DAC 的性能分，有通用、高速和高精度等数模转换器；按内部结构分，有不包含数据寄存器的，也有包含数据寄存器的；按位数分，有 8 位、12 位、16 位等；按其输出模拟信号分，有电流输出型和电压输出型；按其数据输入方式分，有串行输入型和并行输入型。本节主要介绍常用的并行 8 位数模转换器 DAC0832 芯片及其接口技术。

8.3.1　DAC0832 芯片介绍

1. 主要性能

DAC0832 是采用 CMOS 工艺制成的单片电流输出型并行 8 位数模转换器，其转换时间为 1μs，工作电压为 +5～+15V，基准电压为 ±10V。DAC0832 由于其片内有输入数据寄存器，因此可以直接与单片机接口。DAC0832 以电流形式输出，需要转换为电压输出时，可外接运算放大器。属于该系列的芯片还有 DAC0830、DAC0831，它们可以相互代换。

2. 引脚功能及芯片内部电路结构

DAC0832 的引脚排列如图 8.9 所示，DAC0832 主要由 2 个 8 位寄存器和 1 个 8 位数模转换器组成，其内部结构如图 8.10 所示。使用输入寄存器、DAC 寄存器两级数字量缓冲寄存器，可以方便地与单片机接口。数字量进入 DAC 寄存器的同时，数模转换器就开始数字量到模拟量的转换工作。如果 DAC 寄存器中的数字量不变，那么模拟输出量也不变。

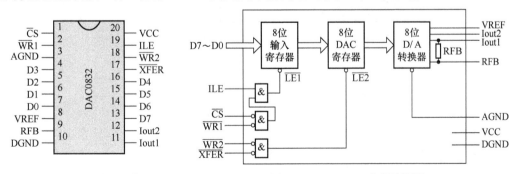

图 8.9　DAC0832 引脚图　　　　　　　　图 8.10　DAC0832 内部结构图

DAC0832 芯片为 20 脚双列直插式封装，各引脚功能如下。

➢ D0～D7：数字信号输入端。

➢ ILE：输入寄存器允许，高电平有效。

➢ $\overline{CS}$：片选信号，低电平有效。

➢ $\overline{WR1}$：写信号 1，低电平有效。

> $\overline{\text{XFER}}$：传送控制信号，低电平有效。
> $\overline{\text{WR2}}$：写信号 2，低电平有效。
> Iout1、Iout2：DAC 电流输出端。
> RFB：集成在片内的外接运算放大器的反馈电阻。
> VREF：基准电压（-10～10V）。
> VCC：源电压（+5～+15V）。
> AGND：模拟地
> DGND：数字地，可与 AGND 接在一起使用。

3. DAC0832 的工作方式和时序

DAC0832 有以下 3 种工作方式。

① 直通工作方式：$\overline{\text{LE1}}$ 和 $\overline{\text{LE2}}$ 一直为高电平，数据可以直接进入数模转换器。

② 单缓冲工作方式：$\overline{\text{LE1}}$ 或 $\overline{\text{LE2}}$ 一直为高电平，而 $\overline{\text{LE2}}$ 或 $\overline{\text{LE1}}$ 受控，也就是说只控制一级缓冲寄存器。此方式适用于只有一路模拟量输出或有几路模拟量输出但并不要求同步的系统。

③ 双缓冲工作方式：不让 $\overline{\text{LE1}}$ 和 $\overline{\text{LE2}}$ 一直为高，控制两级缓冲寄存器。控制 $\overline{\text{LE1}}$ 从高变低，将从 D0～D7 进入的数据存入"输入寄存器"。控制 $\overline{\text{LE2}}$ 从高变低，将输入寄存器的数据存入 DAC 寄存器，同时开始数模转换。双缓冲工作方式能做到对某个数据进入数模转换的同时，输入下一个数据，还适用于要求多个模拟量同步输出的场合。

根据图 8.11 所示的工作时序图，可知 DAC0832 的工作过程如下：ILE 为高电平时，通过 $\overline{\text{CS}}$ 和 $\overline{\text{WR1}}$ 将数据写入 8 位输入寄存器；通过 $\overline{\text{XFER}}$ 和 $\overline{\text{WR2}}$ 将数据从输入寄存器写入 8 位 DAC 寄存器，同时进行数模转换。

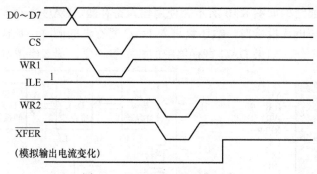

图 8.11　DAC0832 的工作时序

8.3.2　DAC0832 与 89S51 的接口电路

在直通方式、单缓冲方式和双缓冲方式 3 种工作方式中，较常用的是单缓冲方式。下面着重介绍单缓冲方式的接口及应用。

单缓冲方式适用于只有一路模拟量输出或几路模拟量非同步输出的情形。在这种方式下，将两级寄存器的控制信号并接，输入数据在控制信号作用下，直接送入 DAC 寄存器。也可以采用把 $\overline{\text{WR2}}$ 和 $\overline{\text{XFER}}$ 这两个信号固定接地的方法。图 8.12 所示为 DAC0832 在单缓冲方式下与 89S51 的连接电路。

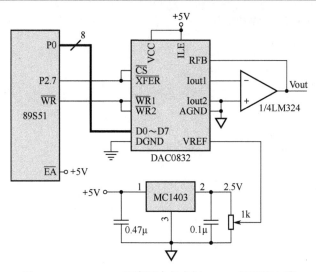

图 8.12　DAC0832 在单缓冲方式与 89S51 的连接电路

在图 8.12 中，ILE 接+5V，片选信号 $\overline{CS}$ 和传送信号 $\overline{XFER}$ 都接 P2.7，这样输入寄存器和 DAC 寄存器的地址就都是 7FFFH。写选通线 $\overline{WR1}$ 和 $\overline{WR2}$ 都和 89S51 的写信号 $\overline{WR}$ 连接，MCU 对 DAC0832 执行一次写操作，把一个数据直接写入 DAC 寄存器，DAC0832 的输出模拟信号随之相应变化。由于 DAC0832 是电流型输出，所以在电路中采用运算放大器 LM324 实现 I/V 转换。输出的模拟电压值为

$$V_{OUT} = -V_{REF} \times D/256 \qquad\qquad (8.1)$$

式中，V_{REF} 是数模转换器的基准电压，取自基准电压源 MC1403 的输出分压；D 是 8 位数字量的值，由单片机 89S51 通过 P0 口送到 DAC0832 的数字信号输入端。MC1403 称为带隙基准电压源，其最大优点是高精度、低温漂，输入电压为 4.5～15V，输出电压约为 2.5V，最大输出电流为 10mA。

8.3.3　利用 DAC0832 输出各种电压波形

针对图 8.12，可以编写数模转换程序，输出如图 8.13 所示的电压信号波形，C51 语言程序如下。

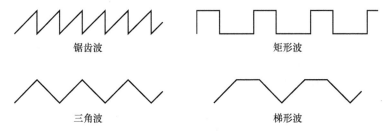

锯齿波　　　　　　　　　　　　矩形波

三角波　　　　　　　　　　　　梯形波

图 8.13　数模转换器产生的各种波形

1. 锯齿波

```
#include <reg51.h>        //包含头文件
#include <absacc.h>
#define DAC0832 XBYTE[0x7fff]    //由图 8.12 可知，DAC0832 芯片的端口地址为外部 RAM 的 0x7fff
```

```
void delay(unsigned int t);    //函数声明
void main(void)  //主程序
{
    unsigned char data i;
    while(1)
    {
        DAC0832 = i;
        i--;
        delay(1);
    }
}
void delay(unsigned int t)    //延时函数
{
    unsigned char data n;
    while(--t)
        for(n = 0; n < 120; n++);
}
```

　　在图 8.12 中，运算放大器为反相输入，所以程序中变量 i 的值增加时，波形的幅度降低。要改变锯齿波的频率，只需改变延时函数 delay()的输入参数。

2. 三角波

```
#include <reg51.h>
#include <absacc.h>
#define DAC0832 XBYTE[0x7fff]
void main(void)
{
    unsigned char data i;
    while(1)
    {
        for(i = 0; i < 255; i++)
            {    DAC0832 = i;    }
        for(i = 255; i > 0; i--)
            {    DAC0832 = i;    }
    }
}
```

3. 矩形波

```
#include <reg51.h>
#include <absacc.h>
#define DAC0832 XBYTE[0x7fff]
void delay(unsigned int t);    //函数声明
```

```
void main(void) //主程序
{
    while(1)
    {
        DAC0832 = 0;
        delay(8);
        DAC0832 = 255;
        delay(8);
    }
}
void delay(unsigned int t)    //延时函数
{
    unsigned char data n;
    while(--t)
        for(n = 0; n < 120; n++);
}
```

要改变矩形波的频率，只需改变延时函数 delay() 的输入参数。同样，我们可以编写输出梯形波的 C51 语言程序，此处从略。

8.4　ADC 接口

模数转换器的作用是将模拟量转换为数字量。数模转换器的种类和型号很多，按总线分类有并行转换和串行转换；按转换原理分类，有逐次逼近型、双积分型、计数器型和 Σ-Δ 型，常用的是前面两种类型。逐次逼近型用在转换速度比较快的场合，双积分型用在转换速度要求不高的场合。选择模数转换器件时，通常主要从速度、精度和价格上考虑。本节主要介绍模数转换器 ADC0809 芯片及其接口技术。

8.4.1　ADC0809 芯片介绍

1. 主要性能

ADC0809 是逐次逼近型的 8 位模数转换器，片内有 8 路模拟开关，可对 8 路模拟电压量实现分时转换。最大不可调误差小于 ±1LSB（Least Significant Bit，最低有效位）；典型时钟频率为 640kHz；每个通道的转换时间为 66～73 个时钟脉冲，约 100μs；片内带有三态输出缓冲器，可直接与单片机的数据总线相连。

2. 引脚功能及芯片内部电路结构

ADC0809 芯片为 28 脚双列直插式封装，引脚图和内部结构框图分别如图 8.14 和图 8.15 所示。

从内部结构框图可以看出，ADC0809 由 8 路模拟开关、8 位模数转换器、三态输出锁存器及地址锁存译码器等组成。多路开关可选通 8 个模拟通道，允许 8 路模拟量分时输入，共用一个模数转换器进行转换，这是一种经济的多路数据采集方法。地址锁存与译码电路对 3

个地址位 A、B、C 进行锁存和译码，译码输出用于通道选择，转换结果通过三态输出锁存器存放、输出，因此可以直接与系统数据总线相连。

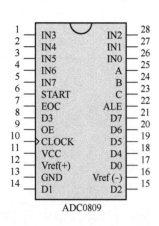

图 8.14　ADC0809 引脚图

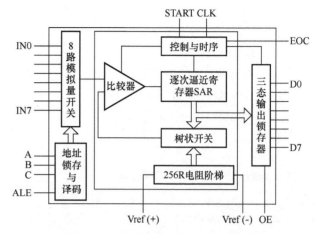

图 8.15　ADC0809 内部电路结构框图

ADC0809 的主要信号引脚的功能说明如下。

➢ IN7～IN0：8 个模拟量输入通道

➢ D7～D0：8 位数字量输出端。D7 为最高位，D0 为最低位。为三态缓冲输出形式，可以和单片机的数据线直接相连。

➢ A、B、C：地址线。通道端口选择线，A 为低地址，C 为高地址，其地址状态与通道的对应关系见表 8.2。

表 8.2　地址状态与通道的对应关系

已选择的模拟通道	地址线		
	C	B	A
IN0	0	0	0
IN1	0	0	1
IN2	0	1	0
IN3	0	1	1
IN4	1	0	0
IN5	1	0	1
IN6	1	1	0
IN7	1	1	1

➢ Vref(+)，Vref(−)：基准参考电压端，用来与输入的模拟信号进行比较，作为逐次逼近的基准。典型值为 5V。

➢ ALE：地址锁存允许信号。对应 ALE 上跳沿，A、B、C 地址状态送入地址锁存器。

➢ START：转换启动信号。START 为上升沿时，复位 ADC0809；START 为下降沿时启动芯片，进行模数转换；在模数转换期间，START 应保持低电平。

➢ CLK：时钟信号。ADC0809 的内部没有时钟电路，所需时钟信号由外部提供，频率范围为 50～800kHz。使用时常接 500～600kHz 的时钟信号。

➢ EOC：转换结束信号。EOC = 0，表示正在进行转换；EOC = 1，表示转换结束。可作为中断请求信号使用，还可用程序查询的方法检测转换是否结束。

➤ OE：输出允许信号，高电平有效。用于控制三态输出锁存器向单片机输出转换得到的数据。OE = 0，输出数据线为高阻；OE = 1，输出转换得到的数据。

3. ADC0809 的时序及工作过程

ADC0809 的工作时序如图 8.16 所示，工作过程如下所述。

（1）把通道地址送到地址线 A、B、C 上，选择模拟输入通道。

（2）在通道地址信号有效期间，ALE 上的上升沿将该地址锁存到内部地址锁存器。

（3）START 引脚上的下降沿启动模数转换。

（4）变换开始后，EOC 引脚呈低电平，EOC 重新变为高电平时表示转换结束。

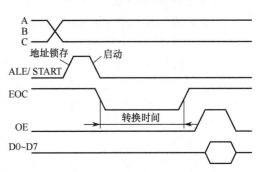

图 8.16　ADC0809 的工作时序

（5）OE 信号打开输出锁存器的三态门，送出转换结果。

8.4.2　ADC0809 与 89S51 的接口电路

ADC0809 与 89S51 单片机的连接如图 8.17 所示。

电路连接主要涉及两个问题：一是 8 路模拟信号通道的选择，二是模数转换完成后转换数据的传送。

1. 8 路模拟通道选择

如图 8.17 所示，模拟通道选择信号 A、B、C 分别接最低三位地址 A0、A1、A2，即单片机的 P0.0、P0.1、P0.2，而 ADC0809 地址锁存允许信号 ALE 由单片机的 P2.0 控制，8 路模拟通道的地址为 0xFEF8～0xFEFF。此外，通道地址选择以 $\overline{\text{WR}}$ 作为写选通信号。

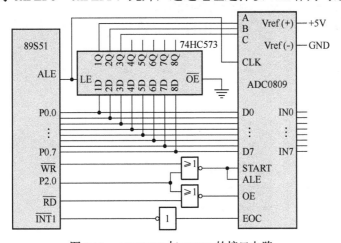

图 8.17　ADC0809 与 89S51 的接口电路

启动模数转换只需一条写入 ADC0809 指令。例如，要选择 IN0 通道，采用如下程序段即可启动模数转换。

#define ADC0809_in0 XBYTE[0xfef8]　　　// ADC0809 的模拟通道 IN0 端口地址为外部 RAM 的 0xfef8

```
ADC0809_in0 = 0x00;                    //启动模数转换
```
注意：此处给的 ADC0809 赋值与模数转换无关，可为任意值。

2. 转换数据的传送

模数转换后得到的数据应及时传送给单片机进行处理。数据传送的关键问题是如何确认模数转换完毕，因为只有确认模数转换完毕，才能进行传送。为此可采用下述三种方式。

（1）定时传送方式：对于一种模数转换器来说，转换时间作为一项技术指标是已知的和固定的。可设计延时子程序，模数转换启动后即调用此子程序，延迟时间一到，确定转换已经完成，接着就可进行数据传送。

（2）查询方式：模数转换芯片具有表明转换完毕的状态信号，例如 ADC0809 的 EOC 端。因此，可用查询方式测试 EOC 的状态，确认转换是否完成，并接着进行数据传送。

（3）中断方式：将表明转换完毕的状态信号（EOC）作为中断请求信号，以中断方式进行数据传送。

不管使用上述的哪种方式，一旦确定模数转换完毕，即可通过指令进行数据传送。首先送出端口地址并在 $\overline{\text{RD}}$ 信号有效即 OE 信号有效时，把转换数据送到数据总线，供单片机接收。

8.4.3　ADC0809 应用举例

【例 8.4】设有一个 8 路模拟量输入的巡回监测系统，采样数据依次存放到单片机芯片内部 RAM 的 0x50～0x57 单元中，针对图 8.17 所示的接口电路编写实现这一功能要求的程序。

解：按图 8.17 所示的接口电路，ADC0809 的 8 个模拟通道地址为 0xFEF8～0xFEFF。不妨假设完成一遍对 8 个通道模拟信号的采集后停止数据采集，完整的 C51 语言程序如下。

```
#include <reg51.h>              //包含头文件
#include <absacc.h>
#define IN0 XBYTE[0xfef8]       //ADC0809 的模拟通道 IN0 访问端口地址为外部 RAM 的 0xfef8
unsigned char data *p;          //指向内存的指针
unsigned char xdata *chl;       //指向模拟通道的指针
unsigned char data i = 0;
void main(void)                 //主程序
{
    while(1)
    {
        IT1 = 1;        //下降沿触发方式
        EX1 = 1;        //允许外部中断 1
        EA = 1;         //允许 CPU 中断
        p = 0x50;       //指向数据存放缓冲区首址
        chl = &IN0;     //指向模拟通道 IN0
        *chl = i;       //启动模数转换，i 可以是任何值
        while(1);       //无限循环，等待中断
    }
}
void isr_int1(void) interrupt 2 using 0    //中断函数
```

```
{
    *p = *chl;          //接收当前模拟通道的转换结果
    p++;
    i++;                //i = 0～7 表示模拟通道 IN0～IN7
    chl++;
    if (i <= 7)
    {
        *chl = i;       //启动下一个模拟通道
    }
    else                //8 个模拟通道 IN0～IN7 转换完成，关闭中断
    {
        EA = 0;
        EX1 = 0;
    }
}
```

8.5　液晶显示模块 LCD1602 的接口

液晶显示（Liquid Cristal Display，LCD）模块是单片机应用系统中常用的显示装置，本节主要介绍字符型液晶显示模块 LCD1602 及其接口技术。

8.5.1　LCD1602 介绍

1. 主要性能

液晶显示模块一般分为字符型、点阵型。字符型液晶显示模块由字符型液晶显示屏、控制驱动芯片 HD44780（或与其兼容的 IC）、少量阻容元件、结构件等装配在 PCB 上组成。字符型液晶显示模块具有 1 行×8 字符～4 行×40 字符各种规格，广泛用于智能仪表、通信、办公自动化及军工等领域。目前，字符型液晶显示模块在国际上已经规范化，无论显示屏规格如何变化，其电特性和接口形式都是统一的。因此，只要设计出一种型号的接口电路，在指令设置上稍加改动即可用于各种规格的字符型液晶显示模块。

LCD1602 是字符型液晶显示模块，能够显示 2 行×16 个字符，即每行能够显示 16 个字符，可以显示两行，总共能显示 32 个字符，只能显示 ASCII 码字符，如数字、英文字母、各种能够显示的字符等。液晶显示模块 LCD1602 的主要技术指标如表 8.3 所示。

表 8.3　液晶显示模块 LCD1602 的主要技术指标

显示字符数	16×2	显示字符数	16×2
工作电压	4.5～5.5V	最佳工作电压	5.0V
工作电流	2.0mA (@5.0V)	字符大小	2.95mm×4.35mm ($W×H$)

2. 引脚功能描述

液晶显示模块 LCD1602 为 16 引脚封装，其引脚功能如表 8.4 所示。

表 8.4　液晶显示模块 LCD1602 的引脚功能描述

引脚序号	引脚名称	电平	输入/输出	功能描述
1	Vss			电源地
2	Vcc			电源（+5V）
3	Vee			对比度调整电压
4	RS	0/1	输入	0 输入指令 1 输入数据
5	R/W	0/1	输入	0 向 LCD 写入指令或数据 1 从 LCD 读取信息
6	E	1, 1→0	输入	使能信号，1 时读取信息 1→0 下降沿时执行指令
7	DB0	0/1	输入/输出	数据总线 line0
8	DB1	0/1	输入/输出	数据总线 line1
9	DB2	0/1	输入/输出	数据总线 line2
10	DB3	0/1	输入/输出	数据总线 line3
11	DB4	0/1	输入/输出	数据总线 line4
12	DB5	0/1	输入/输出	数据总线 line5
13	DB6	0/1	输入/输出	数据总线 line6
14	DB7	0/1	输入/输出	数据总线 line7
15	A	+Vcc		LCD 背光电源正极
16	K	接地		LCD 背光电源负极

3. DDRAM 地址映射

控制驱动芯片 HD44780 内置了 3 种存储器，分别是 DDRAM、CGROM 和 CGRAM。DDRAM（Display data RAM）是显示数据 RAM，用来寄存待显示字符的编码（如 ASCII 码）；CGROM（Character generator ROM）是字符产生 ROM，用于保存 192 个常用字符的字模；CGRAM（Character generator RAM）是字符产生 RAM，用于保存 8 个用户自定义字符的字模数据（点阵数据），共 64B。要在液晶显示屏上的某个位置显示某个字符，就是要向 DDRAM 的某个地址写入要显示字符的编码，HD44780 首先根据 DDRAM 中的字符编码，从 CGROM 中找到对应的字符字模，然后根据字符字模数据控制在指定的位置显示该字符。

LCD1602 的整块液晶显示屏，物理上分为 2 行 16 列，其屏幕的物理位置与 DDRAM 逻辑地址的映射关系如表 8.5 所示。

表 8.5　液晶显示屏的物理位置与 DDRAM 逻辑地址的映射关系

行/列	0	1	2	3	4	5	6	7	8	9	10	11	12	13	14	15
0	0x00	0x01	0x02	0x03	0x04	0x05	0x06	0x07	0x08	0x09	0x0a	0x0b	0x0c	0x0d	0x0e	0x0f
1	0x40	0x41	0x42	0x43	0x44	0x45	0x46	0x47	0x48	0x49	0x4a	0x4b	0x4c	0x4d	0x4e	0x4f

由表 8.5 可知，两行对应的 DDRAM 逻辑地址是不连续的。当我们向表 8.5 中 DDRAM 的逻辑地址 0x00~0x0f、0x40~0x4f 的任一地址单元写入待显示字符的 ASCII 码时，该字符会被立即显示出来。

液晶显示屏在显示某个字符时，实质上就是显示该字符的字模。CGROM 保存了 192 个常用字符的字模数据，字符及对应编码如图 8.18 所示。由图 8.18 可知，LCD1602 的液晶显示模块的字符编码范围为 0x00～0xff，共 256 个编码，其中：

（1）0x00～0x0f 为用户自定义字符编码，实际使用前 8 个编码（0x00～0x07）。

（2）0x20～0x7f 为标准 ASCII 码，但是左箭头"←"和右箭头"→"除外。

（3）0xa0～0xff 为日文字符编码和希腊文字符编码。

（4）0x10～0x1f、0x80～0x9f 未定义。

图 8.18 LCD1602 能够显示的字符及其编码

4. 工作时序

内嵌于液晶显示模块 LCD1602 的控制驱动芯片 HD44780 具有 2 种操作：读操作、写操作。读操作的工作时序如图 8.19 所示，写操作的工作时序如图 8.20 所示。

（1）读操作的工作时序（信息由 HD44780 至单片机 MCU）

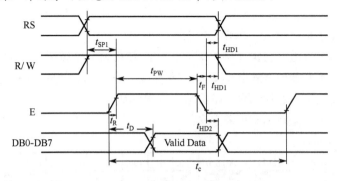

图 8.19　读操作的工作时序

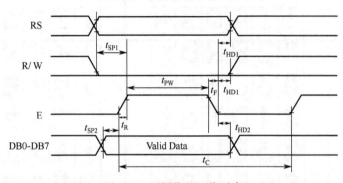

图 8.20　写操作的工作时序

（2）写操作的工作时序（信息由单片机 MCU 至 HD44780）

不同厂家生产的液晶显示模块，其读、写操作工作时序图中的时序参数不同，大多数为纳秒级。我们知道单片机运行指令周期为微秒级，所以在编写单片机程序控制 LCD1602 时，一般不做延时，但为了让液晶显示模块运行稳定，最好做简短延时，但需要自行测试并选定最佳延时。

5. LCD1602 指令集

液晶显示模块 LCD1602 的指令集包括 11 条指令。

（1）设定 DDRAM 地址

指令功能	指令编码									执行时间/μs
设定	RS	R/W	DB7	DB6	DB5	DB4	DB3	DB2	DB1	DB0	40
DDRAM 地址	0	0	1	DDRAM 地址（7 位）						

功能：设定下一个要存入数据的 DDRAM 地址。

注意：写地址时，只需写入低 7 位地址，最高位已经固定为 1。

（2）数据写入 DDRAM 或 CGRAM

指令功能	指令编码									执行时间/μs
数据写入	RS	R/W	DB7	DB6	DB5	DB4	DB3	DB2	DB1	DB0	40
DDRAM 或 CGRAM	1	0	要写入的数据 D7～D0							

功能：

① 将字符 ASCII 码写入 DDRAM，让液晶显示屏显示对应的字符。

② 将使用者自己设计的点阵字模数据存入 CGRAM。

（3）清屏

指令功能	指令编码										执行时间/μs
清屏	RS	R/W	DB7	DB6	DB5	DB4	DB3	DB2	DB1	DB0	1.64
	0	0	0	0	0	0	0	0	0	1	

功能：

① 清除液晶显示器，即将 DDRAM 的内容全部填入"空白"的 ASCII 码 0x20。

② 光标归位，即将光标撤回液晶显示屏的左上方。

③ 将地址计数器（Address Counter，AC）的值设为 0。

（4）光标归位

指令功能	指令编码										执行时间/μs
光标归位	RS	R/W	DB7	DB6	DB5	DB4	DB3	DB2	DB1	DB0	1.64
	0	0	0	0	0	0	0	0	1	×	

功能：

① 把光标撤回到液晶显示屏的左上方。

② 把地址计数器（AC）的值设置为 0。

③ 保持 DDRAM 的内容不变。

（5）输入方式设置

指令功能	指令编码										执行时间/μs
输入方式设置	RS	R/W	DB7	DB6	DB5	DB4	DB3	DB2	DB1	DB0	40
	0	0	0	0	0	0	0	1	I/D	S	

功能：设置光标、画面移动方式。

① I/D = 1：数据读、写操作后，AC 自动增 1。

② I/D = 0：数据读、写操作后，AC 自动减 1。

③ S = 1：数据读、写操作后，画面平移。

④ S = 0：数据读、写操作后，画面不动。

（6）显示开关控制

指令功能	指令编码										执行时间/μs
显示开关控制	RS	R/W	DB7	DB6	DB5	DB4	DB3	DB2	DB1	DB0	40
	0	0	0	0	0	0	1	D	C	B	

功能：设置显示、光标，以及闪烁开、关。

① D 表示显示开关：D = 1 为开，D = 0 为关。

② C 表示光标开关：C = 1 为开，C = 0 为关。

③ B 表示闪烁开关：B = 1 为开，B = 0 为关。

（7）设定显示屏或光标移动方向

指令功能	指令编码										执行时间/μs
光标、画面位移	RS	R/W	DB7	DB6	DB5	DB4	DB3	DB2	DB1	DB0	40
	0	0	0	0	0	0	S/C	R/L	×	×	

功能：光标、画面移动，不影响 DDRAM。

① S/C = 1 表示画面平移 1 个字符位。

② S/C = 0 表示光标平移 1 个字符位。

③ R/L = 1 表示右移。

④ R/L = 0 表示左移。

（8）功能设置

指令功能	指令编码										执行时间/μs
光标、画面位移	RS	R/W	DB7	DB6	DB5	DB4	DB3	DB2	DB1	DB0	40
	0	0	0	0	1	DL	N	F	×	×	

功能：工作方式设置（初始化指令）。

① DL = 1 表示 8 位数据接口。

② DL = 0 表示 4 位数据接口。

③ N = 1 表示 2 行显示。

④ N = 0 表示 1 行显示。

⑤ F = 1 表示 5×10 点阵字符。

⑥ F = 0 表示 5×7 点阵字符。

（9）CGRAM 地址设置

指令功能	指令编码										执行时间/μs
设置 CGRAM 地址	RS	R/W	DB7	DB6	DB5	DB4	DB3	DB2	DB1	DB0	40
	0	0	0	1	A5	A4	A3	A2	A1	A0	

功能：设定下一个要存入数据的 CGRAM 的地址，地址为 A5～A0 = 0x00～0x3f。

（10）读取忙信号或 AC 地址

指令功能	指令编码										执行时间/μs
读取忙碌信号或 AC 地址	RS	R/W	DB7	DB6	DB5	DB4	DB3	DB2	DB1	DB0	40
	0	1	FB	AC 内容（7 位）							

功能：读取忙碌信号 FB 或地址计数器（AC）的值。

① FB = 1 表示液晶显示模块忙。

② FB = 0 表示准备好。

③ 地址计数器（AC）的值，由最近一次地址设置（DDRAM 或 CGRAM）定义。

注意：在编程时，为了简化流程，只要等待足够长的时间，就可以省略该指令。

（11）从 CGRAM 或 DDRAM 读出数据

指令功能	指令编码										执行时间/μs
读数据	RS	R/W	DB7	DB6	DB5	DB4	DB3	DB2	DB1	DB0	40
	1	1	读取的数据（8 位）								

功能：根据最近设置的地址性质，从 DDRAM 或 CGRAM 中读取数据。

8.5.2　LCD1602 与 89S51 的接口电路

液晶显示模块 LCD1602 与单片机 89S51 可以直接连接，接口电路如图 8.21 所示。

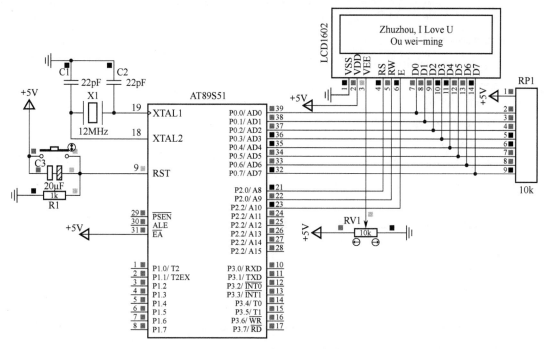

图 8.21 LCD1602 与 89S51 的接口电路

在图 8.21 中，时钟电路、复位电路和 AT89S51 构成单片机最小系统；液晶显示模块 LCD1602 与单片机 89S51 直接连接，占用 11 根 I/O 口线；由于单片机 AT89S51 芯片内部 P0 口逻辑电路是漏极开路的，所以外部用到了 10kΩ 排电阻，作为上拉电阻使用；10kΩ 电位器 可以调节 LCD1602 的对比度。有必要说明一下，图 8.21 所示电路是在电路仿真软件 Proteus 环境下绘制的，液晶显示模块 LCD1602 从仿真库中取出时，型号为 LM016L。

8.5.3 LCD1602 应用举例

【例 8.5】液晶显示模块 LCD1602 与单片机 89S51 的接口电路如图 8.21 所示，试编写程序控制 LCD1602 显示 2 行字符，上下两行分别是 "Zhuzhou, I love U" 和 "Ou wei-ming"，并且居中显示。

解：这里，重要的是编写 LCD1602 的驱动程序。题目要求是 LCD1602 静态显示 2 行字符，主程序在完成 LCD1602 的初始化后，只要分别向 DDRAM 送出所述 2 行字符的 ASCII 码即可。完整的 C51 语言程序如下。

```
#include <reg51.h>          //包含头文件
#include <intrins.h>
void LCD_Initial(void);     //函数声明
void GotoXY(unsigned char x, unsigned char y);
void Print(unsigned char *str);
sbit LcdRs = P2^0;     //端口定义
sbit LcdRw= P2^1;
sbit LcdEn = P2^2;
sfr   DBPort = 0x80;   //数据端口 P0 = 0x80, P1 = 0x90, P2 = 0xA0, P3 = 0xB0.
```

```
void main(void)    //主程序
{
    LCD_Initial();
    GotoXY(0, 0);
    Print("Zhuzhou,I love U");
    GotoXY(3,1);
    Print("Ou wei-ming");
}

unsigned char LCD_Wait(void)    //内部等待函数
{
    LcdRs = 0;
    LcdRw = 1;    _nop_();
    LcdEn = 1;    _nop_();
    //while(DBPort&0x80);    // 注意：在用 Proteus 仿真时屏蔽此语句，硬件运行时打开此语句
    LcdEn = 0;
    return DBPort;
}

//向 LCD 写入命令或数据
#define LCD_COMMAND        0            // Command
#define LCD_DATA           1            // Data
#define LCD_CLEAR_SCREEN   0x01         // 清屏
#define LCD_HOMING         0x02         // 光标返回原点
void LCD_Write(bit style, unsigned char input)
{
    LcdEn = 0;
    LcdRs = style;
    LcdRw = 0;        _nop_();
    DBPort = input;   _nop_();    //注意顺序
    LcdEn = 1;        _nop_();    //注意顺序
    LcdEn = 0;        _nop_();
    LCD_Wait();
}

//设置显示模式
#define LCD_SHOW           0x04         //显示开
#define LCD_HIDE           0x00         //显示关
#define LCD_CURSOR         0x02         //显示光标
```

```
#define LCD_NO_CURSOR      0x00      //无光标
#define LCD_FLASH          0x01      //光标闪动
#define LCD_NO_FLASH       0x00      //光标不闪动
void LCD_SetDisplay(unsigned char DisplayMode)
{
    LCD_Write(LCD_COMMAND, 0x08|DisplayMode);
}

//设置输入模式
#define LCD_AC_UP          0x02
#define LCD_AC_DOWN        0x00      // default
#define LCD_MOVE           0x01      // 画面可平移
#define LCD_NO_MOVE        0x00      //default
void LCD_SetInput(unsigned char InputMode)
{
    LCD_Write(LCD_COMMAND, 0x04|InputMode);
}

void LCD_Initial()     //LCD1602 初始化函数
{
    LcdEn = 0;
    LCD_Write(LCD_COMMAND, 0x38);                      //8 位数据端口，2 行显示，5×7 点阵
    LCD_Write(LCD_COMMAND, 0x38);
    LCD_SetDisplay(LCD_SHOW|LCD_NO_CURSOR);            //开启显示，无光标
    LCD_Write(LCD_COMMAND, LCD_CLEAR_SCREEN);          //清屏
    LCD_SetInput(LCD_AC_UP|LCD_NO_MOVE);               //AC 递增，画面不动
}

void GotoXY(unsigned char x, unsigned char y)
{
    if(y == 0)
        LCD_Write(LCD_COMMAND, 0x80|x);
    if(y == 1)
        LCD_Write(LCD_COMMAND, 0x80|(x-0x40));
}

void Print(unsigned char *str)
{
    while(*str != '\0')
    {
```

```
        LCD_Write(LCD_DATA, *str);
        str++;
    }
}
```

8.6　外部并行三总线接口

　　单片机有很强的外部扩展功能，在进行系统扩展时可以采用总线结构。整个扩展系统以单片机为核心，通过单片机外部总线把各扩展部件连接起来，总线就是连接系统中各扩展部件的一组公共信号线，按其功能分为 3 类：地址总线（Address Bus, AB）、数据总线（Data Bus, DB）和控制总线（Control Bus, CB）。

　　89S51 单片机构成的外部并行三总线电路结构，如图 8.22 所示。

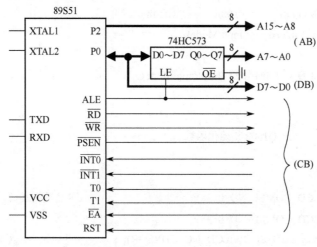

图 8.22　外部并行三总线结构图

1. 地址总线（AB）

　　地址总线用于传送单片机送出的地址信号，以便进行存储单元和 I/O 端口的选择。地址总线是单向的，只能由单片机向外发送。地址总线的宽度为 16 位，地址总线由 P0 口提供低 8 位 A0～A7，P2 口提供高 8 位 A8～A15，故可寻址范围为 64KB（2^{16}）。由于 P0 口还要用作数据总线口，只能分时用作地址线的低 8 位，所以由 P0 口输出的低 8 位地址必须用锁存器（如 74HC573）锁存。P0 口的低 8 位地址首先送到地址锁存器 74HC573，当 ALE 信号由高变低时，此地址被锁存到锁存器中，直到 ALE 信号再次变高，低 8 位地址才会发生变化。

　　P2 口具有输出锁存功能，故不需要外加锁存器。如果使用 P2 的全部 8 位，再加上 P0 提供的低 8 位地址，那么就会形成完整的 16 位地址总线，使单片机系统的寻址范围达到 64KB。但在实际应用系统中，高位地址并不是固定为 8 位的，而是根据需要用几位，就从 P2 口引出几根线，例如当扩展存储器容量小于 256B 时，就不需要构造高 8 位地址。

2. 数据总线（DB）

　　数据总线用来在单片机与存储器之间或单片机与 I/O 端口之间传送数据。数据总线是双向的，可以进行两个方向的数据传送。数据总线的位数与单片机处理数据的字长一致，都为

8 位。数据总线由 P0 口提供，P0 口是数据总线和低 8 位地址总线分时复用口。

3. 控制总线（CB）

控制总线包括片外系统扩展用控制线，以及片外信号对单片机的控制线。

系统扩展用控制线有 $\overline{RD}$、$\overline{WR}$、$\overline{PSEN}$、ALE 和 $\overline{EA}$。

- $\overline{RD}$、$\overline{WR}$：用于片外数据存储器的读写控制。执行片外数据存储器操作指令 MOVX 时，这两个信号由单片机自动生成并输出。
- $\overline{PSEN}$：用于片外程序存储器的读（取指）控制。CPU 访问程序存储器时，$\overline{PSEN}$ 信号由单片机自动生成并输出。
- ALE：用于锁存 P0 口输出的低 8 位地址的控制线。ALE 是由单片机提供的地址锁存控制信号，在 ALE 有效时，P0 口输出的是低 8 位地址信号，可利用该信号的下降沿将地址数据锁存。输出地址时，ALE 变为高电平有效，输出数据时 ALE 无效。
- $\overline{EA}$：用于选择片内或片外程序存储器。当 $\overline{EA}$ = 1 时，复位后，单片机先从内部程序存储器取指令，当超过内部程序存储器的取指范围时，就从外部程序存储器取指令；当 $\overline{EA}$ = 0 时，单片机只访问外部程序存储器，所以在扩展并使用外部程序存储器时必须将 $\overline{EA}$ 接地。
- RST：单片机的复位端。该引脚上保持 10ms 以上的高电平，即可使单片机复位，CPU 从 0000H 地址开始运行用户程序。

4. 并行总线的特点

（1）P0 口的地址/数据复用。在 89S51 中，P0 口除作为为数据总线 D0～D7 外，还要兼作为低 8 位地址总线 A0～A7。16 位地址总线由 P2 口和 P0 口提供。由于 P0 口数据、地址线的复用，作为低 8 位地址线时要有锁存器将地址锁存。ALE 提供了地址锁存信号。

（2）两个独立的并行扩展空间。单片机中程序存储器和数据存储器是两个独立的空间，这两个空间都使用相同的 16 位地址线和 8 位数据线，分别是两个 64KB 的寻址空间，只是它们的选通控制信号不同。程序存储器使用 $\overline{PSEN}$ 作为取指控制信号，数据存储器使用 $\overline{WR}$、$\overline{RD}$ 作为存取控制信号。

（3）外围扩展端口的统一编址。在 64KB 数据存储器的寻址空间上，可扩展片外数据存储器，也可扩展其他单片机外围器件，所有扩展的器件端口地址都在 64KB 空间里统一编址，寻址方式相同。

并行总线用于扩展外部程序存储器和外围电路，是第二代单片机结构完善的重要标志。早期单片机应用系统中外围电路及程序存储器主要依靠并行总线扩展，但目前已日趋衰退。

8.7 大功率器件驱动接口

单片机的主要作用之一是利用 I/O 口对外部设备进行控制，但由于单片机的 I/O 口驱动能力有限，不足以驱动大功率开关及设备，如继电器、电机、电炉等，并且许多大功率设备在开关过程中会产生强电磁干扰，可能会造成系统的误动作或损坏，所以在输出通道端口必须配接输出驱动电路，在强电情况下还要考虑隔离问题。本节介绍几种常见的功率驱动器件及其接口电路。

8.7.1 光耦接口

　　为防止大功率设备在开关过程中产生强电磁干扰，在单片机的输出端口常采用隔离技术，目前常用的是光电隔离技术，因为光信号的传输不受电场和磁场的影响，可以有效地隔离电信号，根据这种技术生产的器件称为光电隔离器，简称光隔，也称光耦合器。

　　目前生产的光耦合器型号很多，性能参数也不尽相同，但基本工作原理是相同的，即以光为媒介传输信号的器件。图 8.23(a)所示为一个三极管型的光电隔离器原理图。它把一个发光二极管和一个光敏三极管封装在一个管壳内，发光二极管加上正向输入电压信号（> 1.1V）就会发光，光信号作用在光敏三极管的基极产生基极光电流，使三极管导通，输出电信号。

　　利用光耦合器实现输出通道的隔离时，一定要注意被隔离的通道必须单独使用各自的电源，即驱动发光二极管的电源与驱动光敏三极管的电源必须是各自独立的，不能共地，否则外部干扰信号可能会通过电源进入系统，导致起不到隔离作用。图 8.23(b)所示为达林顿输出的光耦合器的正确接法。

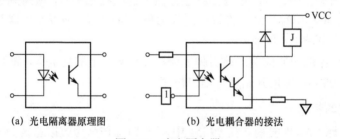

(a) 光电隔离器原理图　　　　　　　(b) 光电耦合器的接法

图 8.23　光电隔离器

　　光耦合器的主要特性参数如下。

　　（1）导通电流和截止电流：对于开关量输出，光电隔离主要用其非线性输出特性。当发光二极管的两端通以一定的电流时，光耦合器的输出端导通；当流过发光二极管的电流小于某值时，光耦合器的输出端截止。不同的光耦合器通常有不同的导通电流，典型值为 10mA。

　　（2）频率响应：受发光二极管和光敏三极管响应时间的影响，开关信号的传输速度和频率受光耦合器频率特性的影响。因此，在高频信号传输中要考虑其频率特性。在开关量输出通道中，输出开关信号的频率一般较低，不会受光耦合器频率特性的影响。

　　（3）输出端工作电流：光耦合器导通时流过光敏三极管的额定电流。该值表示光耦合器的驱动能力，一般为毫安量级。

　　（4）输出端暗电流：光耦合器截止时输出端流过的电流。对光耦合器来说，此值越小越好，以防误触发输出端。

　　（5）输入/输出压降：发光二极管和光敏三极管的导通压降。

　　（6）隔离电压：表示光耦合器对电压的隔离能力。

　　光耦合器二极管侧可直接用门电路驱动。由于一般的门电路驱动能力有限，因此常用带 OC 门的电路（如 74LS07）进行驱动。

8.7.2 继电器接口

　　继电器是一种常见的低压电器，具有接触电阻小、导通电流大、耐高压等特点，因此得到了广泛应用。它根据电磁作用原理使触点闭合或断开，从而控制电路的通断。继电器通常用于启停负荷不大、响应时间要求不高的场合。继电器利用小电流继电器线圈去控制通过大电流的触点。它所控制的负载可以是直流的，也可以是交流的。一般在驱动大型设备时，常利用继电器作为测控系统输出到输出驱动级之间的第一级执行机构。通过该级继电器输出，可完成从低压直流到高压交流的过渡。

需要注意的是，由于继电器的控制线圈有一定的电感，在关断瞬间会产生较大的反电动势，因此在继电器的线圈上常常反向并联一个二极管，以保护驱动晶体管不被击穿。

不同继电器允许的驱动电流不一样。对于需要较大驱动电流的继电器，可采用达林顿输出的光耦直接驱动，也可在光耦与继电器之间再加一级三极管驱动。

图 8.24 所示是一个继电器与单片机的接口电路。这个电路中的继电器 J1 是用直流电源励磁的，通过直流继电器 J1 间接控制需要用交流电源励磁的交流接触器 J2。

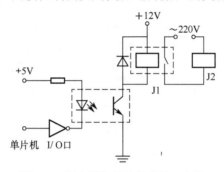

图 8.24 继电器与单片机的接口电路

8.7.3 双向晶闸管输出接口

双向晶闸管具有双向导通功能，能在交流、大电流场合使用，且开关无触点，所以在工业控制领域有着极为广泛的应用。双向晶闸管隔离驱动电路的传统设计，采用一般的光耦合器和三极管驱动电路。如图 8.25 所示，双向晶闸管 VT 和交流负载串联，当 89S51 的 P1.0 输出低电平时，光耦导通，进而使双向晶闸管导通，接通负载回路。

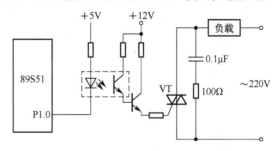

图 8.25 晶闸管与单片机接口电路

现在已有与之配套的光电隔离器产品，这种器件称为光耦合双向晶闸管驱动器。与一般光耦不同的是，光耦合双向晶闸管驱动器的输出部分是一个硅光敏双向晶闸管，有的还带有过零触发检测器，以保证在电压接近零时触发晶闸管。常用的有 MOC3000 系列等，它们在不同的负载电压下使用，如 MOC3011 用于 110V 交流，而 MOC3041 适用于 220V 交流。采用 MOC3000 系列光耦合器直接驱动双向晶闸管，大大简化了传统晶闸管隔离驱动电路的设计。

8.7.4 固态继电器输出接口

固态继电器（Solid State Relay，SSR）是近年发展起来的一种新型电子继电器，其输入控制电流小，用 TTL、CMOS 等集成电路或简单的辅助电路就可以直接驱动。与普通的电磁式继电器和磁力开关相比，固态继电器具有无机械噪声、无抖动、回跳、开关速度快、体积小、重量轻、寿命长、工作可靠等特点，并且耐冲力、抗潮湿、抗腐蚀，因此在微机测控等领域中，已逐步取代传统的电磁式继电器和磁力开关，作为开关量输出控制元件。

固态继电器由光耦合电路、触发电路、开关电路、过零控制电路和吸收电路五部分构成。这五部分被封装在一个六面体的外壳内，成为一个整体，外面有 4 个引脚（图 8.26 中的 A、B、C、D）。过零型 SSR 包括"过零控制电路"部分，非过零型 SSR 没有这部分电路。

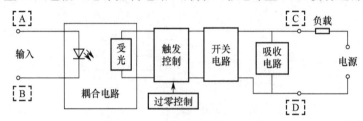

图 8.26　固态继电器的结构框图

1. 固态继电器分类

（1）直流型固态继电器（DC-SSR）

直流型固态继电器主要用于直流大功率控制场合。由于其输入端是一个光电耦合电路，所以可用 OC 门或晶体管直接驱动，驱动电流一般为 3～30mA，输入电压为 5～30V，在电路设计时可选用适当的电源电压和限流电阻。其输出端为晶体管输出，输出电压为 30～180V。注意在输出端为感性负载时，要接保护二极管来防止直流固态继电器因突然截止引起的高电压而损坏 SSR。

（2）交流型固态继电器（AC-SSR）

交流型固态继电器分为非过零型和过零型，二者都用双向晶闸管作为开关器件，用于交流大功率驱动场合。如图 8.27 所示，非过零型 SSR 在输入信号时，不论负载电源电压相位如何，负载端都立即导通；而过零型 SSR 必须在负载电源电压接近零且输入控制信号有效时，输出端负载电源才导通，以便抑制射频干扰。当输入端的控制电压撤销后，流过双向晶闸管负载的电流为零时才关断。

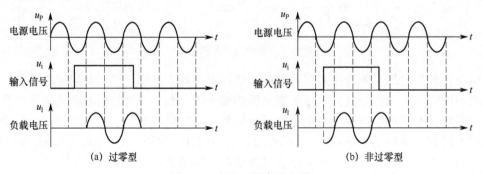

图 8.27　交流型固态继电器

2. 固态继电器接口电路

固态继电器接口电路如图 8.28 所示。DC-SSR 一般可以用 TTL 电路、OC 门或晶体管直接驱动，在图 8.28(a)中，单片机的 I/O 口可直接通过图中的与非门进行控制。而 AC-SSR 一般要加晶体管驱动，如图 8.28(b)所示，在此图中，单片机的输出控制三极管是否导通，在 SSR 导通后输出端接通负载回路。

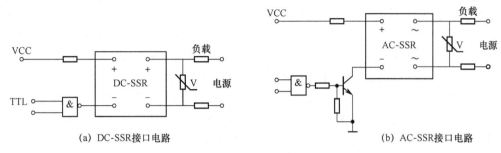

(a) DC-SSR接口电路　　　　　　　　(b) AC-SSR接口电路

图 8.28　固态继电器的接口电路

8.8　本章小结

本章主要介绍了与单片机相连的键盘、LED 显示器、模数转换器、数模转换器、液晶显示模块、功率器件等常用的并行接口技术。键盘接口、模数转换器构成了单片机应用系统的前向通道，数模转换器、LED 显示器、液晶显示模块和功率器件等构成了单片机应用系统的后向通道。同时，键盘接口和显示器接口是用来完成人-机对话的人-机通道。对于键盘、LED 显示器、模数转换器、数模转换器、液晶显示模块，以及功率器件等接口技术，本章给出了结构框图或电路原理图，并根据各自的特点给出了具体应用实例。

8.9　思考题与习题

1. 为什么要消除按键机械抖动的不良影响？消除抖动的方法有哪些？
2. LED 数码管静态显示方式与动态显示方式有何区别？
3. 数模转换器与模数转换器有哪些主要技术指标？
4. 数模转换器由哪几部分组成？各部分的作用是什么？
5. 试述 DAC0832 芯片输入寄存器和 DAC 寄存器二级缓冲的优点。
6. 试设计 89S51 与 DAC0832 的接口电路，并编写程序，输出图 8.13 所示的波形。
7. 逐次逼近式模数转换器由哪几部分组成？各部分的作用是什么？
8. 在图 8.17 所示的 89S51 与 ADC0809 的接口电路中，假设要从该模数转换芯片的模拟通道 IN0～IN7 每隔 1s 读取一个数据，并将数据存入地址为 0x0080～0x0087 的外部数据存储器中。编写相应的程序（不妨设晶振频率为 12MHz）。
9. 根据图 8.17 所示的电路，假设要从模数转换器芯片模拟通道 IN0 连续采样 4 个数据，然后用平均值法进行滤波以消除干扰，最后把结果送至 LED 数码管显示。设计完整的电路并编写相应的程序。

第 9 章 串行总线接口技术

任何微处理器都要与一定数量的外围部件及设备相连接。为了简化系统设计，常用一组线路，配置以适当的接口电路，与外围部件、外围设备相连接，这组共用的连接线路被称为总线。计算机通信方式可以分为并行通信与串行通信，相应的通信总线被称为并行总线和串行总线。串行总线技术已成为当前计算机总线的主导技术，无论是磁盘接口、系统总线、芯片互连还是各种外部总线，无一例外地引入了串行技术以简化系统结构，提高系统性能。

电子技术的迅速发展使得许多新的数据传输接口标准不断涌现，大多数单片机并没有在硬件中集成这些新的数据传输接口。为了使单片机适应不同标准的各类数据传输协议，必须对单片机的数据传输接口进行扩展。本章主要介绍 MCS-51 系列单片机串行总线接口技术，涉及的串行总线包括 RS-232/422/485、I^{2}C、SPI、CAN、USB、1-Wire 等。

9.1 EIA 系列总线标准及其接口

串行接口的标准化，是指与通信设备相连接的这组信号的内容、形式、接插件引脚排列等的标准化。目前最被人们熟悉的串行通信技术标准 EIA-232、EIA-422 和 EIA-485 都由美国电子工业联合会（Electronic Industries Alliance，EIA）最初制订并发布。由于 EIA 提出的建议标准都以 RS 作为前缀，因此在工业通信领域，仍然习惯将上述标准以 RS 作为前缀称谓，即 RS-232、RS-422 和 RS-485。

9.1.1 RS-232C 总线

1. RS-232C 总线简介

EIA-232 在 1962 年发布，后来陆续有不少改进版本，1991 年 EIA 和美国通信工业协会（Telecommunications Industry Association，TIA）联合发布了名为 TIA/EIA-232-E 的新版本，不过目前最常用的仍然是 1969 年公布的 EIA-232-C 版本，即通常所称的 RS-232C。RS-232C 标准（协议）的全称是 EIA-RS-232C 标准，其中 RS 代表推荐标准（Recommended Standard），232 是标识号，C 代表 RS232 的最新一次修改（1969）的版本号。在这之前，有 RS232B、RS232A。它规定了连接电缆和机械、电气特性、信号功能及传送过程。目前 PC 上的 COM1、COM2 接口就是 RS-232C 接口。

RS-232C 最初是为远程通信连接数据终端设备（DTE）与数据通信设备（DCE）而制定的。由于其推出时间早，目前已作为一种事实上的通用近端连接标准，被广泛地应用于计算机与终端或外设之间的接口。RS-232C 标准中提到的"发送"和"接收"，都是站在 DTE 而非 DCE 的立场来定义的。由于计算机系统中信息的传送往往出现在 CPU 和 I/O 设备之间，两者都是 DTE，因此双方都能发送和接收。它采取不平衡传输方式，在计算机串行接口外设等短距离（<15m）、较低波特率（0～20000bps）的点对点串行通信中得到了广泛应用。

RS-232C 没有定义连接器的物理特性，因此出现了 DB-25、DB-15 和 DB-9 等各种类型的连接器，其引脚的定义也各不相同，见图 9.1。由于很多设备只用了其中的一小部分引脚，出于节省资金和空间的考虑，不支持 20mA 电流环接口且只提供异步通信 9 个信号的 DB-9 型连接器被广泛使用。表 9.1 是 DB-9 连接器的信号和引脚分配，DB-25 连接器对应的功能引脚也列于表中。对于一般双工通信而言，RS-232C 仅需几根信号线就可实现，如一根发送线、一根接收线和一根地线。

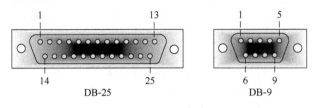

图 9.1　RS-232C 连接器外观图

表 9.1　RS-232C 连接器引脚分配

DB-9 引脚	DB-25 引脚	信号	功能说明	DB-9 引脚	DB-25 引脚	信号	功能说明
1	8	DCD	数据载波检测	6	6	DSR	数据设备准备好
2	3	RXD	接收数据	7	4	RTS	请求发送
3	2	TXD	发送数据	8	5	CTS	清除发送
4	20	DTR	数据终端准备	9	22	RI	振铃提示
5	7	GND	信号地				

RS-232C 规定最大的负载电容为 2500pF，这个电容限制了传输距离和传输速率。由于 RS-232C 的发送器和接收器之间具有公共信号地（GND），属于非平衡电压型传输电路，不使用差分信号传输，所以不具备抗共模干扰的能力，共模噪声会耦合到信号中。在不使用调制解调器（Modem）时，RS-232C 能够可靠进行数据传输的最大通信距离为 15m，对于远程通信，RS-232C 必须通过调制解调器进行远程通信连接。

2. 单片机扩展 RS-232C 总线接口

RS-232C 标准对信号电平标准和控制信号线的定义做了规定。RS-232C 规定数据线逻辑"1"的信号电平和控制线上信号无效（断开，OFF 状态）的信号电平范围是-3V～-15V，数据线逻辑"0"的信号电平和控制线上信号有效（接通，ON 状态）的信号电平范围是+3V～+15V。RS-232C 信号电平与 TTL 以高低电平表示逻辑状态的规定不同，两者之间的电平转换可通过专用集成电路芯片来完成，如 MAX232、SP3223E、ICL232 等。

MAX232 芯片的引脚结构如图 9.2 所示，其中引脚 1～6（C1+、V+、C1-、C2+、C2-、V-）用于电源电压转换，只要在外部接入相应的电解电容即可；引脚 7～10 和引脚 11～14 构成两组 TTL 信号电平与 RS-232 信号电平的转换电路，对应引脚可直接与单片机串行口的 TTL 电平引脚和 PC 的 RS-232 电平引脚相连。

图 9.3 是单片机采用 MAX232 扩展 RS-232 接口的电路原理图。MAX232 的工作电源为单电源，为了满足 RS-232C 的电平要求，MAX232 内部有一个电压变换电路，与外接的 4 个 1μF

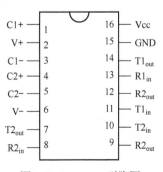

图 9.2　MAX232 引脚图

电容一起产生±10V 左右的工作电源。器件内还包含 2 个驱动器、2 个接收器，每个接收器将 RS-232C 电平转换成 5V TTL/CMOS 电平；每个发送器将 TTL/CMOS 电平转换成 RS-232C 电平。图 9.3 中，单片机 UART 的 RXD、TXD 直接与 MAX232 收发器 1 的 R1out、T1in 相连，R1in、T1out 即为 RS-232C 总线的数据发送信号和数据接收信号。收发器 2 可用于控制信号或其他单片机 UART 的信号转换。

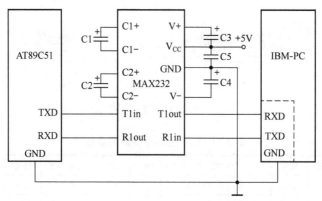

图 9.3　用 MAX232 芯片实现 RS-232 串行通信接口电路

9.1.2　RS-485 总线

1. RS-422 总线简介

在分布式控制系统和工业局部网络中，传输距离常有介于近距离和远距离（20m～2km）之间的情况，这时不能采用 RS-232C，采用 Modem 又不经济，为解决此问题，EIA 在 1977 年制定了 RS-422 标准。RS-422 是一种单机发送、多机接收的单向、平衡传输规范，提高了数据传输速率（最大位速率为 10Mbps），增大了传输距离（最大传输距离为 1200m），其正式名称为 TIA/EIA-422-A 标准。

RS-422 标准允许驱动器输出的电压为±(2～6)V，接收器可以检测到的输入信号电平可以低至 200mV。通信距离小于 15m 时，最大通信速率可达 10Mbps；当通信速率为 90kbps 时，传输距离可达 1200m。通常采用专用芯片来实现 RS-422 的平衡发送（双端发送）和差分接收（双端接收），芯片型号有 MC3487/3486、SP486/487 等。RS-422 的标准传输连接电路如图 9.4 所示。

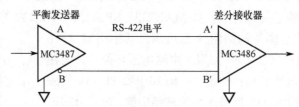

图 9.4　RS-422 的标准传输连接电路

2. RS-485 总线简介

RS-485 是 RS-422 的变体。RS-422 总线采用四线制的全双工工作方式，能同时发送与接收数据。RS-485 采用二线制的半双工工作方式，在同一时刻 RS-485 总线网络上只能有一个发送器发送数据。同一个 RS-485 总线网络中，可以有多达 32 个模块，这些模块可以是发送器、接收器或收发器。常用的 RS-485 收发专用芯片有 MAX485/487、SP485、SN75174/75175 等。

3. 单片机扩展 RS-485 总线接口

图 9.5 为单片机采用 MAX485 扩展 RS-485 接口的原理图，单片机串行口 UART 的 RXD、TXD 直接连接到 MAX485 的 RO、DI 上，MAX485 的引脚功能如下。

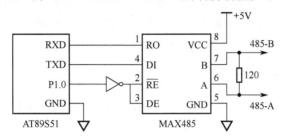

图 9.5　单片机扩展 RS-485 接口原理图

- ➢　RO：接收器输出。
- ➢　DI：驱动器输入。
- ➢　RE：接收器输出使能。RE 为低电平时，RO 有效；RE 为高电平时，RO 为高阻状态。
- ➢　DE：驱动器输出使能。DE 为高电平时，驱动器输出有效；DE 为低电平时，驱动器输出为高阻状态。
- ➢　A：接收器同相输入端和驱动器同相输出端。
- ➢　B：接收器反相输入端和驱动器反相输出端。

在图 9.5 中，单片机 P1.0 经反相器去控制 MAX485 的接收器输出使能端和驱动器输出使能端，目的是在 MCU 上电时自动置 MAX485 为接收状态，避免产生干扰发送。

在设计 RS-485 总线系统时，为使总线运行可靠，需要注意以下几点。

（1）总线匹配

总线匹配的作用是减小不匹配而引起的反射，吸收并抑制噪声干扰。总线匹配最常用的方法是加匹配电阻，由于大多数双绞线电缆的特征阻抗为 100～120Ω，因此在总线两端的差分端口 A 与 B 之间分别跨接 120Ω 电阻即可实现匹配。匹配电阻要消耗较大电流，不适用于功耗限制严格的系统，在短距离与低速率下可以不用考虑终端匹配。

（2）网络节点数

网络节点数与所选 RS-485 芯片驱动能力和接收器的输入阻抗有关。如 MAX485 标称最大值为 32 点，MAX487 标称最大值为 128 点，SP485R 标称最大值为 400 点。实际使用时，因线缆长度、线径、网络分布、传输速率不同，实际节点数均达不到理论值。通常推荐节点数按 RS-485 芯片最大值的 70%选取，传输速率在 1200～9600bps 之间选取。通信距离 1km 以内，从通信效率、节点数、通信距离等综合考虑选用 4800bps 最佳。通信距离 1km 以上时，应考虑通过增加中继模块或降低速率的方法提高数据传输的可靠性。

（3）光电隔离

在某些工业控制领域，由于现场情况十分复杂，各个节点之间存在很高的共模电压。虽然 RS-485 接口采用的是差分传输方式，具有一定的抗共模干扰能力，但当共模电压超过 RS-485 接收器的极限接收电压，即大于+12V 或小于−7V 时，接收器就再也无法正常工作，严重时甚至会烧毁芯片和仪器设备。解决此类问题的方法是通过 DC-DC 将系统电源和 RS-485 收发器的电源隔离；通过光耦将信号隔离，彻底消除共模电压的影响。

（4）通信协议

RS-485 通常应用于一点对多点的主从应答式通信系统中，相对于 RS-232 等全双工总线效率低了许多，因此选用合适的通信协议及控制方式非常重要。为保证数据传输质量，对每个字节进行校验的同时，应尽量减少特征字和校验字。推荐用户使用 Modbus 协议，该协议已广泛应用于水利、水文、电力等行业设备及系统的国际标准中。

9.1.3　单片机与 PC 之间的通信

MCS-51 系列单片机内部的 UART 经扩展 RS-232C 接口后，可直接与 PC 串行口 COM1、COM2 通信。如果通信距离较远，单片机扩展的是 RS-485 接口，那么需要在 RS-485 总线的 PC 端接入一个 485/232 通信接口转换器，实现单片机与 PC 之间的通信。

单片机与 PC 通信时，要注意使通信双方的波特率、传送字节数、校验位和停止位等保持一致，这些工作是由软件来完成的。因此，要实现单片机与 PC 之间的通信，除硬件连接外，还需要为单片机和 PC 设计相应的通信软件。

下面通过一个项目实例，介绍 51 系列单片机的 UART 经扩展 RS-232C 接口后，与 PC 串行口进行通信的编程调试方法。例 9.1 为单片机端的字符串发送程序，可用 Keil C51 软件进行编译调试（Keil C51 的用法详见第 10 章），并根据芯片的具体型号选择相应的烧写软件，将编译生成的目标代码烧写到单片机的 ROM。

【例 9.1】单片机向 PC 发送字符串，C51 语言程序如下。

```c
#include <reg51.h>
#include <stdio.h>

void Uart1Init(void)        //UART1 初始化
{
    TH1 = 0xFD;             //晶振频率 11.0592MHz，波特率设为 9600
    TL1 = 0xFD;
    TMOD |= 0x20;           //定时器 1 方式 2
    SCON = 0x50;            //串口工作方式 1，接收使能
    ES = 1;                //串口中断使能
    TR1 = 1;               //定时器 1 使能
}

void UART1_SendData(char dat)       //发送串行口数据
{
    ES = 0;                //关串口中断
    SBUF = dat;
```

```
    while(TI != 1);              //等待发送成功
    TI = 0;                      //清除发送中断标志
    ES = 1;                      //开串口中断
}


void UART1_SendString(char *s)   //发送字符串
{
while(*s)            //检测字符串结束符
{
UART1_SendData(*s++);        //发送当前字符
}
}


char putchar(char c)                 //重写 putchar 函数
{
    UART1_SendData(c);
    return c;
}


void main(void)                  //主程序
{
    Uart1Init();
    UART1_SendString("Hello World!\r\n");
    printf("printf Test!\r\n");
    while(1)
    {;}
}
```

例 9.1 中使用了两个字符串发送函数进行对比测试。一个是 UART1_SendString()，它是字符串发送函数，程序编写的思路和方法可参看第 7 章单片机串行接口中的相关例程；另一个采用了 C 语言中自带的标准输出函数 printf()，其包含在头文件<stdio.h>中。使用 printf 函数实现单片机的字符串发送必须重定向串口，printf 函数重定向串口的实现方法很简单，就是重写 putchar 函数（打开头文件<stdio.h>，可以看到 printf 函数主要依靠字符发送 putchar 函数来实现）。在 putchar 函数体中调用单片机单个字符发送程序即可实现 printf 函数的重映射。但是，printf 是一个不可重入的函数，即在多任务中不能被多次调用，所以例 9.1 中发送单个字符数据 UART1_SendData(char dat)函数代码的末位一定要加上 ES = 1（开串行中断）指令，否则 PC 会接收到乱码。

图 9.6 为 PC 串口 COM1 通过串口调试助手（详见第 10 章单片机常用工具中的介绍）接收到的字符串信息。

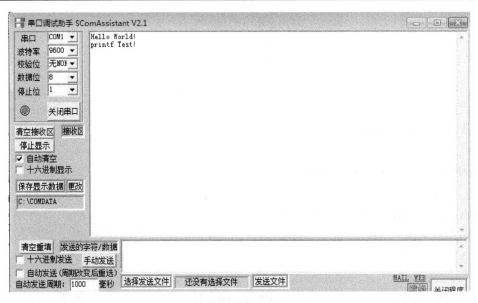

图 9.6　PC 端接收字符串示意图

9.2　SPI 总线

Motorola 公司制定的 SPI 总线和 National Semiconductor 公司制定的 MICROWIRE 总线都是三线制全双工同步串行总线，它们的传输速度快，抗干扰能力强，简单易用，在 MCU 与外围设备的通信中获得了广泛应用。

9.2.1　SPI 总线简介

1. SPI 总线接口系统

串行外围设备接口（Serial Peripheral Interface，SPI）是一种三线同步总线，接口协议要求接口设备按主/从方式进行配置，同一时间内总线上只能有一个主设备。

➢　主设备：即主机、主控制器，提供同步时钟，控制数据的传输和速率。
➢　从设备：即从机，总线上除主机外的设备。
➢　MOSI：主设备数据输出、从设备数据输入线。
➢　MISO：主设备数据输入、从设备数据输出线。
➢　SCK：同步时钟，由主设备启动发送并产生，每个时钟的宽度可以不一样。
➢　$\overline{\text{SS}}$：从设备使能信号，低电平有效，由主设备控制。

SPI 总线的系统结构如图 9.7 所示，主设备要与某一从设备通信时，只需将相应设备的 $\overline{\text{SS}}$ 脚驱动为低电平即可。SPI 总线以字节为单位进行传送，数据顺序（是最低位最先发送还是最高位最先发送）可以配置。主设备移位寄存器的数据从 MOSI 脚移出，发送到从设备的 MOSI 脚，从设备移位寄存器的数据从 MISO 脚移出，发送到主设备的 MISO 脚。主设备和从设备的两个移位寄存器可视为一个 16 位循环移位寄存器，当数据从主设备移位传送到从设备的同时，数据也以相反的方向移入。这意味着在一个移位周期中，主设备和从设备的数据相互交换。

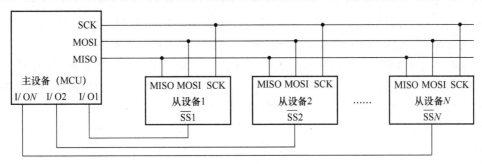

图 9.7　SPI 总线系统

9.2.2　SPI 总线通信协议

SPI 主设备为了和从设备进行数据交换，根据从设备的工作要求，其输出的串行同步时钟极性（CPOL）和相位（CPHA）可配置成 4 种工作方式：SPI0（CPHA = 0，CPOL = 0），SPI1（CPHA = 0，CPOL = 1），SPI2（CPHA = 1，CPOL = 0），SPI3（CPHA = 1，CPOL = 1），其中使用得最为广泛的是 SPI0 和 SPI3 方式。如果 CPOL = 0，那么串行同步时钟的空闲状态为低电平；如果 CPOL = 1，那么串行同步时钟的空闲状态为高电平。时钟相位（CPHA）能够配置用于选择两种不同的时钟模式之一进行数据传输。如果 CPHA = 0，那么数据在 SS 为低时被驱动，在 SCK 的后时钟沿被改变，并在前时钟沿被采样；如果 CPHA = 1，那么数据在 SCK 的前时钟沿被驱动，并在后时钟沿被采样。SPI 主设备和与之通信的从设备的时钟相位及极性应该一致。SPI 总线接口 4 种工作方式的时序如图 9.8 所示。

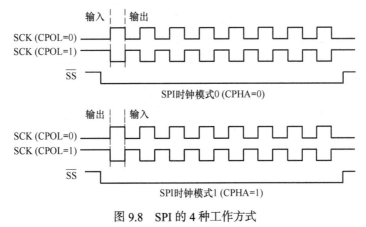

图 9.8　SPI 的 4 种工作方式

SPI 标准中没有定义最大数据传输速率。外部设备（器件）定义了自己的最大数据传输速率，通常为 MHz 量级，主设备（微处理器）应该根据外设的要求确定 SPI 数据传输速率。

9.2.3　E²PROM 存储器 AT93C46 及其应用

SPI 广泛用于微处理器微控制器和外围扩展芯片之间的串行连接，现已发展成为一种工业标准。目前，各半导体公司推出了大量带有 SPI 接口的具有各种功能的芯片，如 RAM、E²PROM、FlashROM、A/D 转换器、D/A 转换器、LED/LED 显示驱动器、I/O 接口芯片、实时时钟、UART 收发器等，为用户的外围扩展提供了极其灵活而价廉的选择。由于 SPI 总线接口只占用微处理器的 4 个 I/O 口线，因此采用 SPI 总线接口可以简化电路设计，节省很多常规电路中的接口器件和 I/O 口线，提高设计的可靠性。下面以目前单片机系统中广泛应用的 SPI 接口的 E^2PROM 存储器 AT93C46 为例，介绍 SPI 器件的基本应用。

　　AT93C46 的存储容量为 1024 位，内部可组织为 128×8 位即 7 位地址或 64×16 位即 6 位地址，组织方式的选择可通过 ORG 端口控制。AT93C46 为串行三线 SPI 操作芯片（加上片选信号也可称为 4 线），AT93C46 的引脚图如图 9.9 所示。

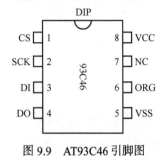

图 9.9　AT93C46 引脚图

　　在图 9.9 中，引脚 CS：芯片选择；SCK：时钟；DI：串行数据输入；DO：串行数据输出；VSS：接地；NC：空脚（应用时不用接任何电路）；VCC：电源；ORG：内部为 128×8 位（ORG = 0）、内部为 64×16 位（ORG = 1）。

　　AT93C46 在时钟时序的同步下接收数据口的指令。AT93C46 有 7 种操作，读、擦写使能、擦除、写、全擦、全写及擦除禁止，如表 9.2 所示。该芯片擦写时间快，有擦写使能保护，可靠性高，擦写次数可达 100 万次。

表 9.2　AT93C46 的 7 种指令格式

指令	功能描述	操作码	ORG = 0	数据字节	ORG = 1	数据字节
READ	读取数据	10	A6~A0	Q7~Q0	A5~A0	Q15~Q0
WRITE	写入数据	01	A6~A0	D7~D0	A5~A0	D15~D0
EWEN	擦/写使能	00	11XXXXX		11XXXX	
EWDS	擦/写使能	00	00XXXXX		00XXXX	
ERASE	擦字节或字	11	A6~A0		A5~A0	
ERAL	擦全部	00	10XXXXX		10XXXX	
WRAL	用同一数据写全部	00	01XXXXX	D7~D0	01XXXX	D15~D0

　　对于不带 SPI 串行总线接口的 51 单片机来说，可以使用软件来模拟 SPI 的操作。图 9.10 所示为 AT89S51 单片机与串行 E^2PROM AT93C46 的硬件连接图，其中 P1.0 模拟 SPI 主设备的数据输出端 SDO，P1.2 模拟 SPI 的时钟输出端 SCK，P1.3 模拟 SPI 的从机选择端 SCS，P1.1 模拟 SPI 的数据输入 SDI。

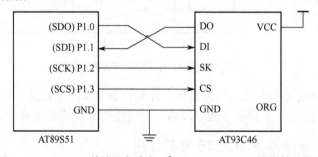

图 9.10　AT89S51 单片机与串行 E^2PROM AT93C46 的硬件连接图

　　上电复位后首先将 P1.2（SCK）的初始状态设置为 0（空闲状态）。读操作：AT89S51 首先通过 P1.0 口发送 1 位起始位（1），2 位操作码（10），6 位被读的数据地址（A5A4A3A2A1A0），然后通过 P1.1 口读 1 位空位（0），再后再读 16 位数据（高位在前）。写操作：AT89S51 首先通过 P1.0 口发送 1 位起始位（1），2 位操作码（01），6 位被写的数据地址（A5A4A3A2A1A0），然后通过 P1.0 口发送被写的 16 位数据（高位在前），写操作之前要发送写允许命令，写之后要发送写禁止命令。写允许操作（WEN）：写操作首先发送 1 位起始位（1），2 位操作码（00），6 位数据（11XXXX）。写禁止操作（WDS）：写操作首先发送 1 位起始位（1），2 位操作码（00），6 位数据（00XXXX）。

【例 9.2】 AT89S51 对 AT93C46 进行读操作的 C51 语言程序如下。

```c
#include <reg51.h>
#include <intrins.h>
//首先定义好 I/O 口
sbit SDO = P1^0;
sbit SDI = P1^1;
sbit SCK = P1^2;
sbit SCS = P1^3;
unsigned int SpiRead(unsigned char add)
{
    unsigned char i;
    unsigned int data16;
    add &= 0x3f;      /*6 位地址*/
    add |= 0x80;      /*读操作码 10*/
    SDO = 1;          /*发送 1 为起始位*/
    SCK = 0;
    SCK = 1;
    for(i = 0; i < 8; i++)    /*发送操作码和地址*/
    {
        if(add&0x80 == 1)
            SDO = 1;
        else
            SDO = 0;
        SCK = 0;          /*从设备上升沿接收数据*/
        SCK = 1;
        add<<=1;
    }
    SCK = 1;          /*从设备时钟线下降沿发送数据，空读 1 位数据*/
    SCK = 0;
    data16<<=1;        /*读 16 位数据*/
    for(i = 0; i < 16; i++)
    {
        SCK = 1;
        _nop_();
        if(SDI == 1) data16 |= 0x01;
        SCK = 0;
```

```
            data16<<=1;
        }
        return data16;
    }
```

9.3 I²C 总线

9.3.1 I²C 总线简介

I²C 总线是 Phlips 公司推出的一种串行总线，是具备多主机系统所需的包括总线裁决和高低速器件同步功能的高性能串行总线。

I²C 总线只有两根双向信号线。一根是数据线 SDA，另一根是时钟线 SCL，见图 9.11。

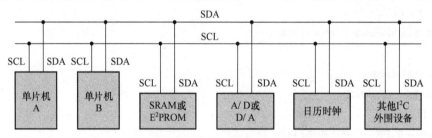

图 9.11 I² 总线与各器件的连接

1. I²C 总线的主要特点

（1）总线只有两根线，即串行时钟线（SCL）和串行数据线（SDA），这在设计中大大减少了硬件接口。

（2）每个连接到总线上的器件都有一个用于识别的器件地址，器件地址由芯片内部硬件电路和外部地址引脚同时决定，避免了片选线的连接方法，建立了简单的主从关系，每个器件既可作为发送器，又可作为接收器。

（3）同步时钟允许器件用不同的波特率进行通信。

（4）同步时钟可以作为停止或重新启动串行口发送的握手信号。

（5）串行数据传输速率在标准模式下可达 100kbps，在快速模式下可达 400kbps，在高速模式下可达 3.4Mbps。

2. I²C 总线的基本结构

I²C 总线是由数据线 SAD 和时钟线 SCL 构成的串行总线，可发送和接收数据。各种器件均并联在总线上，每个器件内部都有接口电路，用于实现与 I²C 总线的连接，结构形式如图 9.12 所示。

每个器件都有唯一的地址，器件两两之间都可以进行信息传送。当某个器件向总线上发送信息时，它就是发送器（也称主控制器），而当其从总线上接收信息时，它就是接收器（又称从控制器）。在信息的传输过程中，主控制器发送的信号分为器件地址码、器件单元地址和数据 3 部分，其中器件地址码用于选择从控制器，确定操作的类型（是发送信息还是接收信息）；器件单元地址用于选择器件内部的单元；数据是在各器件间传递的信息。处理过程就像打电话一样，只有拨通号码才能进行信息交流。各控制电路虽然挂在同一条总线上，却彼此独立，互不相关。

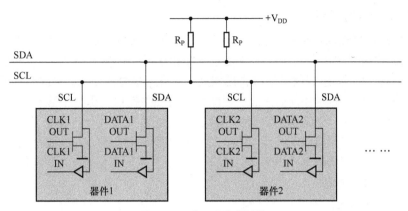

图 9.12　I^2C 总线的结构

　　I^2C 总线通过上拉电阻接正电源。总线空闲时，两根线均为高电平。连到总线上的任一器件输出的低电平，都将使总线的信号变低，即各器件的 SDA 及 SCL 都是线"与"关系。

　　在多主机系统中，可能同时有几台主机试图启动总线传送数据。为避免混乱，I^2C 总线要通过总线仲裁，以决定由哪台主机控制总线。

　　在 89S51 单片机应用系统的串行总线扩展中，经常遇到的是以 89S51 单片机为主机、以其他接口器件为从机的单主机情况。下面主要介绍这种情况。

9.3.2　I^2C 总线通信协议

1. I^2C 总线通信格式

图 9.13 所示为 I^2C 总线上进行一次数据传输的通信格式。

图 9.13　I^2C 总线上进行一次数据传输的通信格式

　　（1）主机发送起始信号。

　　（2）主机发送寻址信号。

　　（3）收到应答信号后传送数据。

　　（4）收到应答信号后继续传送数据。

　　（5）全部数据传送完毕后主机发送停止信号。

　　（6）当主机为接收设备时，主机对最后一字节不应答（非应答），以向发送设备表示数据传送结束。

2. 数据位的有效性规定

　　I^2C 总线进行数据传送时，时钟信号为高电平期间，数据线上的数据必须保持不变，只有在时钟线上的信号为低电平期间，数据线上的高电平或低电平状态才允许变化。

3. 起始信号和终止信号

SCL 线为高电平期间，SDA 线由高电平向低电平的变化表示起始信号；SCL 线为高电平期间，SDA 线由低电平向高电平的变化表示终止信号。起始和终止信号都是由主机发出的，在起始信号产生后，总线就处于被占用状态；在终止信号产生后，总线就处于空闲状态。

连接到 I²C 总线上的器件，如果具有 I²C 总线的硬件接口，那么很容易检测到起始和终止信号。接收器件收到一个完整的数据字节后，有可能需要完成一些其他工作，如处理内部中断服务等，而无法立刻接收下一个字节，这时接收器件可以将 SCL 线拉成低电平，使主机处于等待状态。直到接收器件准备好接收下一个字节时，再释放 SCL 线使之为高电平，使数据传送可以继续进行。

4. 总线的寻址信号

I²C 总线协议有明确的规定：采用 7 位的寻址字节（寻址字节是起始信号后的首字节）。

寻址字节的位定义如图 9.14 所示

图 9.14　寻址字节的位定义

D7～D1 位组成从机的地址。D0 位是数据传送方向位，为"0"时表示主机向从机写数据，为"1"时表示主机从从机读数据。

主机发送地址时，总线上的每台从机都将这 7 位地址码与自己的地址进行比较，如果相同，那么认为自己正被主机寻址，根据 R/$\overline{\text{W}}$ 位将自己确定为发送器或接收器。

从机的地址由固定部分和可编程部分组成。在一个系统中可能希望接入多个相同的从机，从机地址中的可编程部分决定了可接入总线的该类器件的最大数目。例如，一台从机的 7 位寻址位有 4 位是固定位，3 位是可编程位，这时仅能寻址 8 个同样的器件，即可以有 8 个同样的器件接入该 I²C 总线系统。

5. 应答信号

根据 I²C 总线协议的规定，每传送一个字节数据（含地址及命令字）后，都要有一个应答信号，以确定数据传送是否被对方收到，应答信号由接收设备产生，在 SCL 信号为高电平期间，接收设备将 SDA 拉为低电平，表示数据传输正确，产生应答，如图 9.15 最右边的下方所示。

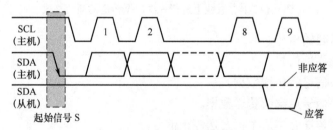

图 9.15　I²C 总线应答信号

6. 数据传输

主机发送寻址信号并得到从器件应答后，便可进行数据传输，每次传输一个字节，但每次传输都应在得到应答信号后再进行下一个字节的传送。每个字节必须保证是 8 位长度，数据传送时，先传送最高位（MSB），每个被传送的字节后面都必须跟随一位应答位（即一帧共有 9 位）。

7. 非应答信号

当主机为接收设备时，主机对最后一个字节不应答，以向发送设备表示数据传送结束。如图 9.15 最右边的上方所示。

8. 发送停止信号

在全部数据传送完毕后，主机发送停止信号，即在 SCL 为高电平期间，SDA 数据线上产生一个上升沿信号。

9. I^2C 总线特殊情况下的通信处理

由于某种原因从机不对主机寻址信号应答时（如从机正在进行实时性的处理工作而无法接收总线上的数据），它必须将数据线置于高电平，而由主机产生一个终止信号以结束总线的数据传送。如果从机对主机进行了应答，但在数据传送一段时间后无法继续接收更多的数据，那么从机可以通过对无法接收的第一个数据字节的"非应答"通知主机，主机则应发出终止信号以结束数据的继续传送。

当主机接收数据时，它收到最后一个数据字节后，必须向从机发出一个结束传送的信号。这个信号是由对从机的"非应答"来实现的。然后，从机释放 SDA 线，以允许主机产生终止信号。每次数据传送总是由主机产生的终止信号结束。但是，如果主机希望继续占用总线进行新的数据传送，那么可以不产生终止信号，马上再次发出起始信号对另一从机进行寻址。

9.3.3　I^2C 接口存储器 AT24C02 及其应用

具有 I^2C 总线接口的 E^2PROM 有多个厂家的多种类型的产品。这一节介绍 Atmel 公司生产的 AT24C 系列 E^2PROM，主要型号有 AT24C01/02/04/08/16 等，其对应的存储容量分别为 128×8/256×8/512×8/1024×8/2048×8。采用这类芯片可解决掉电数据保存问题，可对所存数据保存很长时间，并可多次擦写，擦写次数可达 10 万次以上。

在一些应用系统设计中，有时需要对工作数据进行掉电保护，如电子式电表等智能化产品。如果采用普通存储器，那么在掉电时需要备用电池供电，并需要在硬件上增加掉电检测电路，但存在电池不可靠及扩展存储芯片占用单片机过多口线的缺点。采用具有 I^2C 总线接口的串行 E^2PROM 器件可很好地解决掉电数据保存问题，且硬件电路简单。

1. AT24C02 的引脚功能

AT24C02 芯片的常用封装形式有直插（DIP8）式和贴片（SO-8）式两种，图 9.16 为 AT24C02 直插式引脚图。

各引脚功能如下：

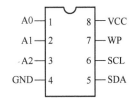

图 9.16　AT24C02 直插式引脚图

➢ 1 脚、2 脚、3 脚（A0、A1、A2）：可编程地址输入端。
➢ 4 脚（GND）：电源地。
➢ 5 脚（SDA）：串行数据输入/输出端。
➢ 6 脚（SCL）：串行时钟输入端。
➢ 7 脚（WP）：写保护输入端，用于硬件数据保护；当其为低电平时，可对整个存储器进行正常的读/写操作；当其为高电平时，存储器具有写保护功能，但读操作不受影响。
➢ 8 脚（VCC）：电源正端。

2. AT24C02 存储结构与寻址

1. 存储结构

AT24C02 的存储容量为 256 位，内部分成 32 页，每页 8B，共 256B。操作时有两种寻址方式：芯片寻址和片内地址寻址。

2. 芯片寻址

AT24C02 的芯片地址为 1010，地址控制字格式为 1010A2A1A0R/。其中 A2A1A0 为可编程地址选择位。A2A1A0 引脚接高、低电平后得到确定的三位编码，与 1010 形成 7 位编码，即为该器件的地址码。R/$\overline{W}$ 为芯片读写控制位，该位为 0 表示对芯片进行写操作，该位为 1 表示对芯片进行读操作。

3. 片内地址寻址

片内地址寻址可对内部 256B 中的任一个地址进行读/写操作，其寻址范围为 0X00～0Xff，共 256 个寻址单元。

4. AT24C02 读/写操作时序

串行 E²PROM 一般有两种写入方式：一种是字节写入方式，另一种是页写入方式。页写入方式允许在一个写周期（约 10ms）内对一个字节到一页的若干字节进行编程写入，AT24C02 的页面大小为 8B。采用页写入方式可提高写入效率，但也容易发生事故。AT24C02 系列片内地址在接收到每个数据字节后自动加 1，故装载一页以内的数据字节时，只需输入首地址，如果写到此页的最后一个字节，那么主器件继续发送数据，数据将重新从该页的首地址写入，造成原来的数据丢失，这就是页地址空间的"上卷"现象。

解决"上卷"的方法是：在第 8 个数据后强制地址加 1，或将下一页的首地址重新赋给寄存器。

（1）字节写入方式

单片机在一次数据帧中只访问 E²PROM 的一个单元。该方式下，单片机先发送启动信号，然后送一个字节的控制字，再后送一个字节的存储器单元子地址，上述几个字节都得到 E²PROM 的响应后，再发送 8 位数据，最后发送 1 位停止信号。发送格式如图 9.17 所示。

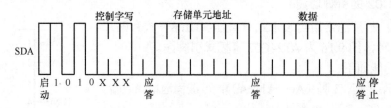

图 9.17　字节写入方式的发送格式

（2）页写入方式

单片机在一个数据写周期内可以连续访问 1 页（8 个）E²PROM 存储单元，在该方式中，单片机先发送启动信号，接着发送一个字节的控制字，再发送 1 个字节的存储器起始单元地址，上述几个字节都得到 E²PROM 的应答后就可以发送最多 1 页的数据，并顺序放在以指定起始地址开始的相继单元中，最后以停止信号结束。页写入帧格式如图 9.18 所示。

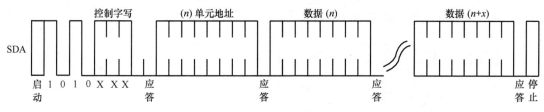

图 9.18　页写入帧格式

5. 指定地址读操作

指定地址读操作就是读指定地址单元的数据。单片机在启动信号后首先发送含有片选地址的写操作控制字，E^2PROM 应答后发送 1 个（2KB 以内的 E^2PROM）字节的指定单元的地址，E^2PROM 应答后再发送 1 个含有片选地址的读操作控制字，此时如果 E^2PROM 做出应答，那么被访问单元的数据就会按 SCL 信号同步出现在串行数据/地址线 SDA 上。这种读操作的数据帧格式如图 9.19 所示。

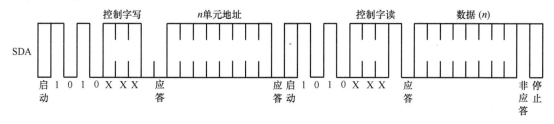

图 9.19　指定地址读操作的数据帧格式

6. 指定地址连续读

这种方式的读地址控制与前面指定地址的读操作相同。单片机接收到每个字节数据后应做出应答，只要 E^2PROM 检测到应答信号，其内部的地址寄存器就自动加 1 指向下一单元，并顺序将指向单元的数据送到 SDA 串行数据线上。需要结束读操作时，单片机接收到数据后在需要应答的时刻发送一个非应答信号，接着再发送一个停止信号。这种读操作的数据帧格式如图 9.20 所示。

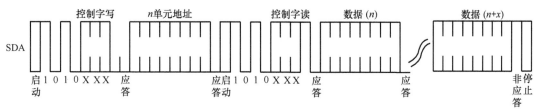

图 9.20　指定地址连续读操作的数据帧格式

7. AT24C02 应用实例

【例 9.3】某实验开发板上 AT24C02 与单片机的接线图如图 9.21 所示，其中 A0、A1、A2 与 WP 都接地，SDA 接单片机的 P2.0 脚，SCL 接单片机的 P2.1 脚，SDA 与 SCL 分别与 VCC 之间接 10kΩ 的上拉电阻（因为 AT24C02 总线内部是漏极开路形式，不接上拉电阻无法确定总线空闲时的电平状态），用 C 语言编写程序，在实验板上实现如下功能：利用定时器产生一个 0～99 秒变化的秒表，并显示在数码管上，每过 1 秒将这个变化的数写入 AT24C02 内部。关闭实验板电源并再次打开实验板电源时，单片机先从 AT24C02 中将原来写入的数读出，接着此数继续变化并显示在数码管上。

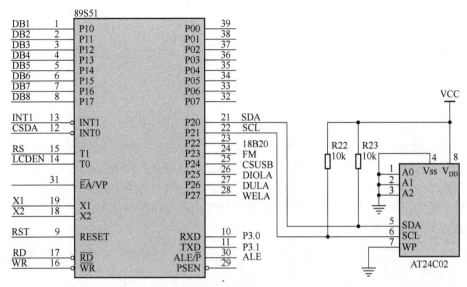

图 9.21　某实验开发板 E²PROM AT24C02 与 89S51 单片机的接线图

通过本实验可以看到，如果向 AT24C02 中成功写入，并且成功读取，那么数码管上显示的数会接着关闭实验板时的数继续显示，否则会显示乱码。正确的程序如下：

```c
#include<reg51.h>
#define uchar unsigned char
#define uint unsigned int
bit write = 0;
sbit sda = P2^0;
sbit scl = P2^1;
sbit dula = P2^6;
sbit wela = P2^7;
uchar sec, tcnt;
uchar code table[]={0x3f,0x06,0x5b,0x4f,0x66,0x6d,0x7d,0x07,
                    0x7f,0x6f,0x77,0x7c,0x39,0x5e,0x79,0x71};
void delay()                //延时 4～5μs 的延时子程序
{;;}
void delay1ms(uint xms)     //延时约 1ms 的延时子程序
{
    uint x, y;
    for(x = xms; x > 0; x--)
    for(y = 110; y > 0; y--);
}
void start()                //启动信号
{
    sda = 1;
```

```
delay();
    scl = 1;
    delay();
    sda = 0;
    delay();
}
void stop()                  //停止信号
{
    sda = 0;
    delay();
    scl = 1;
    delay();
    sda = 1;
    delay();
}
void respons()               //应答信号
{
    uchar i;
    scl = 1;
    delay();
    while((sda == 1)&&(i < 250)) i++;
    scl = 0;
    delay();
}
void init()                  //初始化
{
    sda = 1;
    delay();
    scl = 1;
    delay();
}
void write_byte(uchar date)  //写一个字节（具体操作时，date 要定下一个具体数）
{
    uchar i, temp;
    temp = date;                      //具体数赋给变量 temp
    for(i = 0; i < 8; i++)
    {
        temp = temp<<1;        //temp 左移一位，最高位进入 Cy 位
        scl = 0;
        delay();
```

```
            sda = Cy;               //将左移进入 Cy 位的值赋给 sda，写入 AT24C02
            delay();
            scl = 1;
            delay();
        }
        scl = 0;
        delay();
        sda = 1;
        delay();
    }
    uchar read_byte()
    {
        uchar i, k;
        scl = 0;
        delay();
        sda = 1;
        delay();
        for(i = 0; i < 8; i++)
        {
            scl = 1;
            delay();
            k = (k<<1)|sda;     //数据已在 sda 数据线上（k 是 8 位，sda 是 1 位，sda 先扩
                                //充成 8 位，再与 k 的 8 位相或，结果赋给 k
            scl = 0;
            delay();
        }
        return k;
    }
    void write_add(uchar address, uchar date)    //将具体的数写入指定单元的子函数
    {
        start();                        //启动信号
        write_byte(0xa0);               //一个字节的控制字：AT24C02 的片选地址
        respons();                      //应答信号
        write_byte(address);            //AT24C02 的 256 个地址中的一个具体地址
        respons();                      //应答信号
        write_byte(date);               //写数到指定地址中
        respons();                      //应答信号
        stop();                         //停止信号
    }
    uchar read_add(uchar address)                //读出指定单元数据的子函数
```

```
{
    uchar date;
    start();                        //启动信号
    write_byte(0xa0);               //一个字节的控制字：AT24C02 的片选地址
    respons();                      //应答信号
    write_byte(address);            //AT24C02 的 256 个地址中的一个具体地址
    respons();                      //应答信号
    start();                        //启动信号
    write_byte(0xa1);               //一个字节的控制字：AT24C02 读的片选地址
    respons();                      //应答信号
    date = read_byte();             //将读出的数据赋给变量 date
    stop();                         //停止信号
    return date;                    //返回读出的数据
}
void display(uchar shi_c, uchar ge_c)    //显示子函数
{
    dula = 1;                       //打开段码锁存器
    P0 = table[shi_c];              //输出十位段码
    dula = 0;                       //关闭段码锁存器
    P0 = 0xff;                      //关闭全部数码显示，防止乱窜
    wela = 1;                       //打开段码锁存器
    P0 = 0xfe;                      //输出最左一位的位码
    wela = 0;                       //关闭位码锁存器
    delay1ms(5);                    //延时 5 毫秒

    dula = 1;
    P0 = table[ge_c];
    dula = 0;
    P0 = 0xff;
    wela = 1;
    P0 = 0xfd;
    wela = 0;
    delay1ms(5);
}
void main()                         //主函数
{
    init();                         //先初始化
    sec = read_add(2);              //读出保存在 AT24C02 中的数据并赋予 sec
    if(sec > 100)                   //判断读出的秒是否大于 100
        sec = 0;                    //读出的秒大于 100，则重新从 0 开始
```

```
        TMOD = 0X01;                    //设置 T0 定时工作方式 1
        ET0 = 1;                        //允许 T0 中断
        EA = 1;                         //CPU 开中断
        TH0 = (65536-50000)/256;        //赋定时初值
        TL0=(65536-50000)%256;          //赋定时初值
        TR0 = 1;                        //启动 T0 定时
        while(1)                        //大循环
        {
            display(sec/10, sec%10);    //显示秒的十位和个位
            if(write == 1)              //判断计时器是否计时 1 秒
            {
                write = 0;              //清 0
                write_add(2, sec);      //在 24C02 的地址 0x02 中写入数据 sec
            }
        }
    }
    void t0()interrupt 1                //T0 中断服务子程序
    {
    TH0 = (65536-50000)/256;            //对 TH0、TL0 赋值
    TL0 = (65536-50000)%256;            //重装计数初值
    tcnt++;                             //每过 50ms，tcnt 加 1
    if(tcnt == 20)                      //计满 20 次（1 秒）时
    {
        tcnt = 0;                       //重新再计
        sec++;                          //到了 1 秒，sec 加 1
        write = 1;                      //1 秒写一次 24C02
        if(sec == 100)                  //定时 100 秒，再从零开始计时
        sec = 0;
    }
    }
```

程序分析如下：

（1）"void delay( ){;;}" 是一个微秒级延时函数，以前编写的延时函数内部都用变量递增或递减来实现延时，而这个函数用空语句来实现短时间延时，该延时函数延时 4~5μs，在操作 I2C 总线时使用。

（2）"void write_add(uchar address, uchar date)" 和 "uchar read_add(uchar addrss)" 两个函数分别实现向 AT24C02 的任一地址写 1 字节的数据和从 AT24C02 中的任一地址读取 1 字节数据的功能，函数操作步骤完全遵循前面讲解的操作原理，请参考对照。

（3）sec = read_add(2);   //读出保存在 AT24C02 中的数据并赋予 sec
    if(sec > 100)   //防止首次读取出错误数据
    sec = 0;

在主程序的开始处先读取上次写入 AT24C02 的数据，下面两句是为了防止第一次操作 AT24C02 时出现意外而加的，如果是全新的 AT24C02 芯片或是以前已被别人写过但不知道具体内容的芯片，那么首次上电后读出来的数据无法知道；如果是大于 100 的数，那么会在数码管上显示乱码。

9.4 1-Wire 单总线

1-Wire 单总线是美国 Dallas Semiconductor 公司的一项专利技术。与其他串行数据通信方式不同，它采用单根信号线完成数据的双向传输，并可以通过该信号线为单总线器件供电，具有节省 I/O 引脚资源、结构简单、成本低廉、便于总线扩展和维护等诸多优点，在电池供电设备、便携式仪器以及现场监控系统中有着良好的应用前景。

9.4.1 1-Wire 单总线简介

单总线标准为外设器件沿着一条数据线进行双向数据传输提供了一种简单的方案，任何单总线系统都包含一个主机和一个或多个从机，它们共用一条数据线。这条数据线被地址、控制和数据信息复用，大多数器件完全依靠从数据线上获得的电源供电，个别器件在许可的情况下由本地电源供电。当数据线为高电平时，电荷存储在器件内部；当数据线为低电平时，器件利用这些电荷提供能量。

单总线技术有 3 个显著的特点：①单总线芯片通过一根信号线进行地址信息、控制信息及数据信息的传送，并能通过该信号线为单总线芯片供电；②每个单总线芯片都具有全球唯一的访问序列号，当多个单总线器件挂在同一单总线上时，对所有单总线芯片的访问都通过这个唯一的序列号进行区分；③单总线芯片在工作过程中，可以不提供外接电源，而通过它本身具有的"总线窃电"技术从总线上获取电源。

1. 单总线工作原理

单总线设备通过漏极开路或三态端口连接单总线，以允许设备在不发送数据时能释放总线，让其他设备使用，因此，通过外接一个约 4.7kΩ 的上拉电阻，单总线闲置时的状态为高电平，如果总线保持低电平超过 480s，那么总线上的所有器件将复位。

单总线技术采用特殊的总线通信协议来实现数据通信，在通信过程中，单总线数据的波形类似于脉冲宽度调制信号，利用宽脉冲或窄脉冲来实现写"0"或写"1"。通信中主机处于控制地位，根据从机的不同发送不同的命令字。命令字分为总线复位命令、ROM 功能命令、存储器功能命令三种。主机与从机之间的通信通过 3 个步骤完成：系统主机初始化 1-Wire 器件、识别 1-Wire 器件和数据交换。主机访问 1-Wire 器件必须严格遵循单总线命令顺序，如果出现顺序混乱，那么 1-Wire 器件将不响应主机（搜索 ROM 命令、报警搜索命令除外）。

2. 单总线通信的初始化

基于单总线的所有传输过程都是以初始化开始的。初始化过程由主机发出的复位脉冲和从机响应的应答脉冲组成，应答脉冲使主机知道总线上有从机设备且准备就绪。

单总线初始化时序如图 9.22 所示。在初始化期间，主机通过拉低单总线至少 480s 以产生 Tx 复位脉冲，接着主机释放总线并进入接收模式 Rx。总线被释放后，4.7kΩ 上拉电阻将单总线拉高，在从机（单总线器件）检测到上升沿后延时 15～60s，接着通过拉低总线 60～

240s 以产生应答脉冲，向主机表明它处于总线上且工作准备就绪。

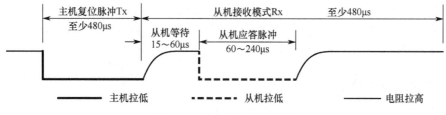

图 9.22　单总线初始化时序

3. 单总线的读、写时隙

在写时隙期间，主机向单总线器件写入数据；而在读时隙期间，主机读入来自从机的数据。在每个时隙，总线只能传输一位数据。单总线的读写时隙如图 9.23 所示。

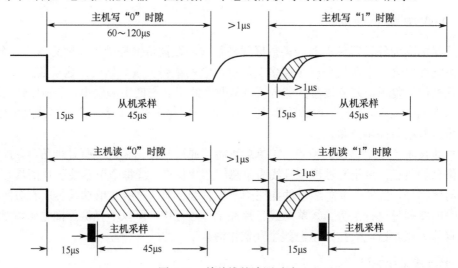

图 9.23　单总线的读写时隙

（1）写时隙

存在两种写时隙：写 "1" 和写 "0"。所有写时隙至少需要 60μs，在两次独立的写时隙之间至少需要 1μs 的恢复时间。两种写时隙均起始于主机拉低总线。写 1 时隙为：主机在拉低总线后，接着必须在 15μs 内释放总线，由 4.7kΩ 上拉电阻将总线拉至高电平；写 0 时隙为：在主机拉低总线后，只需在整个时隙内保持 60~120μs 低电平。在写时隙起始后 15~60μs 期间，从机采样总线电平状态，如果在此期间采样为高电平，那么逻辑 1 被写入该器件；如果为 0，那么写入逻辑 0。

（2）读时隙

单总线器件仅在主机发出读时隙时，才向主机传输数据，因此在主机发出读数据命令后，必须马上产生读时隙，以便从机能够传输数据。所有读时隙至少需要 60μs，在两次独立的读时隙之间至少需要 1μs 的恢复时间。每个读时隙都由主机发起，至少拉低总线 1μs。在主机发起读时隙之后，单总线器件才开始在总线上发送 0 或 1。如果从机发送 1，那么保持总线为高电平；如果发送 0，那么拉低总线。发送 0 时，从机在该时隙结束后释放总线，由上拉电阻将总线拉回至空闲高电平状态。从机发出的数据在起始时隙之后，保持有效时间 15μs，因而主机在读时隙期间必须释放总线，并在时隙起始后的 15μs 内采样总线状态。

9.4.2　温度传感器 DS18B20 及其应用

DS18B20 是美国 Dallas Semiconductor 公司推出的单总线数字温度传感器,具有微型化、低功耗、高性能、抗干扰能力强、易匹配处理器等优点。DS18B20 内部自带 A /D 转换器,通过内部的温度采集、A/D 转换等一系列过程,将温度值以规定的格式转换为二进制数据并输出,用户可以通过一些简单的算法,将数据还原为温度值,其分辨率可达 12 位,满足一般情况下对温度采集的需要。DS18B20 主要性能指标如下:

① 电压范围:3.0~5.5V。

② 测温范围:−55℃~+125℃。

③ 测温分辨率可达 0.0625℃。

④ 可自设定非易失性的报警上下限值。

1. DS18B20 的内部结构

DS18B20 的内部结构如图 9.24 所示,主要包括:寄生电源、温度传感器、64 位 ROM 与单总线接口、存放中间数据的高速暂存器 RAM、用于存储用户设定温度上下限值的 TH 和 TL 触发器、存储与控制逻辑、8 位循环冗余校验码(CRC)发生器等。

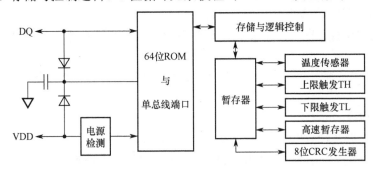

图 9.24　DS18B20 的内部结构

2. DS18B20 存储器

如表 9.3 所示,DS18B20 内部 ROM 由 64 位二进制数字组成,共分为 8 个字节,字节 0 的内容是该产品的厂家代号 28H,字节 1 至字节 6 的内容是 48 位器件序列号,字节 7 是 ROM 前 56 位的 CRC 校验码。所有单总线器件的 64 位 ROM 码具有唯一性,在使用时作为该器件的地址,通过读 ROM 命令将它读出。

表 9.3　DS18B20 的内部存储器

地址	ROM	RAM	E²PROM	地址	ROM	RAM	E²PROM
0	28H	温度低 8 位		5		保留	
1		温度高 8 位		6		保留	
2	48 位	TH	TH	7	CRC	保留	
3	器件序列号	TL	TL	8		CRC	
4		配置寄存器	配置寄存器				

DS18B20 的内部 RAM 由 9 个字节的高速暂存器组成,其中字节 0、字节 1 存储当前温度,字节 2、字节 3 存储上、下限报警温度 TH 和 TL,字节 4 是配置寄存器,字节 8 是 RAM

前 64 位的 CRC 校验码。电可擦写 E²PROM 用于存储 TH、TL 和配置寄存器的值，通过 DS18B20 功能命令对 RAM 进行操作，数据先写入 RAM，经校验后再传给 E²PROM。

DS18B20 的温度测量范围是−55℃～+125℃，分辨率的默认值为 12 位。表 9.4 是温度存储格式与配置寄存器控制字的格式。由表 9.4 中可知，检测温度由两个字节组成，字节 1 的高 5 位 S 代表符号位，字节 0 的低四位是小数部分，2 个字节的中间 7 位是整数部分。字节 4 是配置寄存器控制字的格式，当 R1R0 的值为 00B、01B、10B、11B 时，对应的分辨率为 9、10、11、12 位，转换时间为 93ms、187ms、375ms、750ms。配置寄存器的低 5 位保持为 1，TM 是测试位，用于设置 DS18B20 进入测试模式，出厂时该位为 0，设置 DS18B20 为工作模式。

表 9.4　温度存储格式与配置寄存器控制字格式

	D7	D6	D5	D4	D3	D2	D1	D0
字节 0	2^3	2^2	2^1	2^0	2^{-1}	2^{-2}	2^{-3}	2^{-4}
字节 1	S	S	S	S	S	2^6	2^5	2^4
字节 4	TM	R1	R0	1	1	1	1	1

3. DS18B20 的测温过程

访问 DS18B20 的操作顺序遵循 3 个步骤：初始化；ROM 命令；DS18B20 功能命令。

（1）初始化

主机发出复位脉冲，DS18B20 响应应答脉冲。应答脉冲使主机知道总线上有从机设备且准备就绪。

（2）ROM 命令

在主机检测到应答脉冲后，就可以发出 ROM 命令。这些命令与各台从机设备的唯一 64 位 ROM 代码相关，允许主机在 1-Wire 总线上连接多台从机设备时，指定操作某台从机设备。共有 5 种 ROM 命令，分别是：读 ROM（33H），搜索 ROM（0F0H），匹配 ROM（55H），跳过 ROM（0CCH），报警搜索（0ECH）。

对于只有一个温度传感器的单点系统，跳过 ROM 命令特别有用，主机不必发送 64 位序列号，从而节约了大量时间。对于 1-Wire 总线的多点系统，要访问某个从属节点时，首先发送匹配 ROM 命令，然后发送 64 位序列号，这时可以对指定的从属节点进行操作。

（3）DS18B20 功能命令

主机发出 ROM 命令后就可以发出 DS18B20 支持的某个功能命令。这些命令允许主机写入或读出 DS18B20 暂存器、启动温度转换以及判断从机的供电方式。DS18B20 的功能命令有：启动温度转换（44H），DS18B20 采集温度并进行 A/D 转换，结果保存在暂存器的字节 0 和字节 1；写暂存器（4EH），主机把 3 个字节的数据按照从 LSB 到 MSB 的顺序写入暂存器的 TH、TL 和配置寄存器；读暂存器（0BEH），读取暂存器中 9 个字节的数值，其中最后一个字节是循环冗余校验（CRC），用于检验读取数据的有效性；复制暂存器（48H），将暂存器中 TH、TL 和配置寄存器的值保存到 E²PROM 中；恢复 E²PROM（0B8H），将 E²PROM 中保存的 TH、TL 值恢复到 RAM 中；读取电源供电方式（0B4H），寄生供电时 DS18B20 发送 "0"，外接电源供电时发送 "1"。

4. DS18B20 与单片机的连接

采用寄生供电方式的单个 DS18B20 与单片机之间的连接方式如图 9.25 所示。DS18B20 从信号线上汲取能量，在信号线 DQ 处于高电平期间把能量存储在内部电容中，在信号线处于低电平期间消耗电容中的电能工作，直到 DQ 线再一次变为高电平。

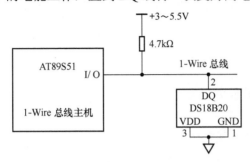

图 9.25　单个 DS18B20 与 AT89S51 的连接方式

当多个 DS18B20 挂在同一总线上时，只靠 4.7kΩ 上拉电阻无法提供足够的能量，此时的 DS18B20 最好使用外部电源供电方式。

5. DS18B20 单总线通信接口程序

【例 9.4】AT89S51 单片机与 DS18B20 的硬件电路连接情况为，DQ 接单片机的 P3.0 引脚，采用 4 个共阳极数码管显示温度值，数码管段码接 P1 口，位选信号由 P2 口的 P2.3～P2.0 控制，单片机的晶振频率为 12MHz，C51 语言源程序如下［注意，该程序可用 Proteus 仿真（见图 9.26），感兴趣的读者可以尝试一下］。

```
#include<reg51.h>
sbit    DQ = P3^0;
unsigned int temp;
unsigned char    dis[4] = {0,0,0,0};
unsigned    char led[] = {0xc0,0xf9,0xa4,0xb0,0x99,0x92,0x82,0xf8,0x80,0x90,0x88,0xff,0xbf};
//分别为 0～9，不显示负号
unsigned    char    led1[10] = {0x40,0x79,0x24,0x30,0x19,0x12,0x02,0x78,0x00,0x10};//带小数点显示
void delay(unsigned int i) //延时
{
  while(i--);
}
void Init(void)//DS18B20 初始化
{
  //unsigned char flag = 0;
  DQ = 0;              //单片机将 DQ 拉低
  delay(100);          //精确延时大于 480μs、小于 960μs
  DQ = 1;              //拉高总线
  delay(30);
  //flag = DQ;          //稍做延时后，若 flag = 0 则初始化成功，若 flag = 1 则初始化失败
```

```
    //delay(20);
  }
unsigned char Read(void)     //读字节
  {
  unsigned char i = 0;
  unsigned char dat = 0;
  for (i = 8; i > 0; i--)
    {
      DQ = 0;     // 给脉冲信号
      dat>>=1;
      DQ = 1;     // 给脉冲信号
      if(DQ)
      dat|=0x80;
      delay(5);
    }
    return(dat);
  }
void Write(unsigned char dat)          //写字节
  {
    unsigned char i = 0;
    for (i = 8; i > 0; i--)
    {
      DQ = 0;
      DQ = dat&0x01;
      delay(5);
      DQ = 1;
      dat>>=1;
    }
  }
void Display(unsigned int temp)        //显示程序
  {
if(temp<=0x0800)
  {     temp>>=4;                      //右移 4 位，相当于乘 0.0625，将温度化为十进制
      temp *= 10;                      //扩大 10 倍，显示一位小数
      dis[0] = temp/1000;              //千位
      dis[1] = temp%1000/100;          //百位
      dis[2] = temp%1000%100/10;       //十位
      dis[3] = temp%1000%100%10;       //个位
  }
  else
```

```
{
    temp=~temp;
    temp+=1;
    temp>>=4;
    dis[0] = 0x0c;              //负数
    dis[1] = temp%100/10;       //百位
    dis[2] = temp%100%10;       //十位
    dis[3] = 0;                 //个位
}
    P2 = 0x01;                  //先片选，再段选，反过来就不能正常显示
    P1 = led[dis[0]];
    delay(200);
    delay(200);
    P2 = 0x02;
    P1 = led[dis[1]];
    delay(200);
    delay(200);
    P2 = 0x04;
    P1 = led1[dis[2]];
    delay(200);
    delay(200);
    P2 = 0x08;
    P1 = led[dis[3]];
    delay(200);
    delay(200);
}
main()
{
    unsigned char tl = 0, th = 0;
    while(1)
    {
        Init();
        Write(0xCC);        //跳过读序号列号的操作
        Write(0x44);        //启动温度转换
        delay(100);
        Init();
        Write(0xCC);        //跳过读序号列号的操作
        Write(0xBE);        //读取温度寄存器等
        delay(100);
        tl = Read();        //读取温度值低位
```

```
    th = Read();          //读取温度值高位
    temp = th<<8;
    temp|=tl;
    Display(temp);
    }
}
```

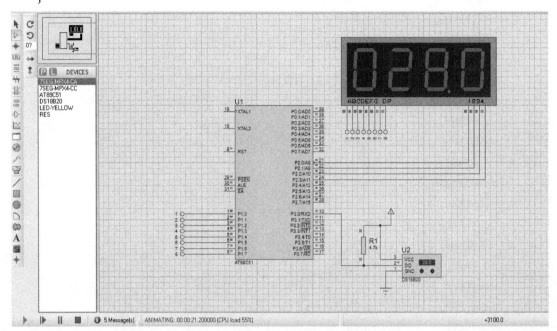

图 9.26　DS18B20 测温程序效果图

9.5　USB 总线

　　通用串行总线（Universal Serial Bus，USB）的出现解决了以往 PC 的 I/O 模式的缺点，使用户能够很方便地将多个设备同时连到 PC 上。USB 总线具有通用、接口简单、传输速率高、连接灵活、即插即用等特性，目前在键盘、闪存、鼠标、摄像头等 PC 外围设备上得到广泛应用。在数据采集、仪器仪表、控制工程等方面，使用 USB 接口与 PC 进行通信也有着传统串行口不可比拟的优势。

9.5.1　USB 总线原理

1. USB 总线简介

　　USB 是由包括 Intel 和 Microsoft 在内的多家公司开发的，目前有 3 种接口规范 USB 1.1、USB 2.0 和 USB 3.0。USB 1.1 允许的最高数据传输速率为 12Mbps，而 USB 2.0 允许的最高数据传输速率率 480Mbps。

　　USB 总线电缆共有 4 根线，其中的两根线 VBUS 和 GND 传送+5V 电源，用于给需要的 USB 设备供电，最大可提供 500mA 的电流。使用 USB 线缆不足以满足 USB 设备的供电需要时，USB 也可以使用其他形式的外部电源。

USB 线缆的另外两根线 D+、D-是一对差分信号线，用于传送串行数据。USB 连接线的形式与传输速率有关，当 USB 1.1 以全速 12Mbps 传输数据时，D+、D-必须使用屏蔽的双绞线，传输距离小于 5m；当 USB 工作在 1.5Mbps 下且传输距离小于 3m 时，可以使用无屏蔽的非双绞线。

2. USB 总线系统

一个完整的 USB 总线系统包括 USB 总线主机、USB 总线设备和 USB 总线互连三部分，如图 9.27 所示。系统中的主机是唯一的，主机通过主控制器与 USB 设备接口，主控制器由硬件、固件和软件综合实现。主机中还集成有根集线器，以提供更多的连接点。

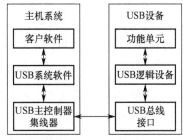

图 9.27　USB 总线系统

USB 总线上的设备分享 USB 带宽，且允许在运行状态下添加、设置、使用及撤除外设。总线设备可分为两种：一种是网络集线器，一种是功能外设。网络集线器用于为系统提供更多节点，每个集线器将一个连接点转化成多个连接点。功能外设即通常的外部设备，为系统添加具体的功能。USB 的物理连接是有层次的星形结构，每个网络集线器是星形的中心。从主机到集线器及功能部件或从集线器到集线器及功能部件，均采用点到点的连接。

USB 系统的基本软件包括 USB 设备驱动程序、USB 驱动程序和 USB 控制器驱动程序。在 USB 系统中，所有 USB 事件的处理都由 USB 软件初始化，这些事件一般由 USB 设备驱动程序产生，它们负责和 USB 设备进行通信。

USB 设备驱动程序也称客户驱动程序，它通过 I/O 请求包将请求传送给 USB 驱动程序，用于初始化一个来自 USB 目标设备或发送到 USB 设备的传输。

USB 驱动程序提供了 USB 设备驱动程序和 USB 控制器驱动程序之间的接口，这些驱动程序把客户请求转换成一个或多个事件进行处理，它们被直接送往一个目标 USB 设备或从一个 USB 设备发出。USB 总线主机要识别一个 USB 设备，必须经过设备枚举过程，过程如下：

① 使用预设的地址 0 获得设备描述符。
② 设定设备的新地址。
③ 使用新地址获得设备描述符。
④ 获得配置描述符。
⑤ 设定配置描述符。

USB 控制器驱动程序主要安排事务处理在 USB 上广播。USB 控制器驱动程序通过建立一系列的事务处理列表来安排事务处理，事务处理的安排方式取决于多种因素，包括事务处理的类型、设备指定的传输要求以及其他 USB 设备的事务处理情况。

3. USB 总线协议

USB 总线是一种轮询方式的总线，主机控制端口负责初始化所有的数据传输。

USB 传输的数据中，共有 3 种形式的数据包，分别为标记包、数据包和握手包。在每次传送开始时，主机控制器首先发送一个描述传输运作的种类、方向以及 USB 设备地址和终端号的标志包。每个 USB 设备根据自己的地址，从解码后的标志包中的相应位置取出属于自己的数据，然后根据其内容对该次传输初始化，同时决定数据传输的方向。标志包发送、接收完毕之后，发送端开始发送包含信息的数据包或表明没有数据传送，接收端则要相应发送一个握手的数据包表明是否传送成功。握手包包括 ACK、NAK、STALL 和 NYET 四种，其中 ACK 表示肯定的应答，即数据传输成功；NAK 表示否定的应答，即数据传输失败，要求重新传输；STALL 表示功能错误或端点被设置了 STALL 属性；NYET 表示尚未准备好，要求等待。

为保证数据传输的可靠性，USB 协议规定用 5 位 CRC 循环冗余校验码来检验令牌包中的 11 位数据，其生成多项式为 $G(x) = x^5 + x^2 + 1$。当 USB 主机或设备发现数据传输错误时，主机控制器将启动数据的重新传输，如果连续三次失败，那么主机对客户端以软件的方式报告错误，由客户端软件使用特定方法处理。

4. USB 总线数据传输类型

USB 通过通道在主机和一个 USB 设备的指定端口之间传输数据，一个指定的 USB 设备可有许多通道，例如，一个 USB 设备存在一个向其他 USB 设备发送数据的通道中，还可建立一个从其他 USB 设备的端口接收数据的通道。通道有两种类型：流和消息。USB 中有一个特殊的默认控制通道，它属于消息通道，设备只要启动就会存在，从而为设备的设置、查询状况和输入控制信息提供一个入口。

USB 要求在通道上传输的数据均要被打包，由客户软件和应用层软件负责数据包的解释工作。USB 为此提供了多种数据格式，使之尽可能满足客户软件和应用软件的需要。在消息通道中，数据传递必须使用 USB 定义的格式。

USB 定义了四种基本的数据传输类型。

（1）控制数据传送。在设备连接时用来对设备进行设置，还可在设备运行中进行控制，如通道控制。

（2）批量数据传送。用于进行大批量数据传输。在传输约束下，具有很大的动态范围，被大量数据占用的带宽可以相应地进行改变。

（3）中断数据的传送。当主机与设备之间仅需不定期传输少量数据时使用。

（4）同步数据的传送。在主机和 USB 设备之间进行周期性的、连续的传输，同步数据以稳定的速率和时间延迟发送和接收。

9.5.2　USB 总线通信接口设计实例

按芯片结构的不同，一般把 USB 接口芯片分为两种类型。

一种是在内部集成 MCU，这类芯片的优点是其片内 MCU 的信息处理能力强，所构成的 USB 接口电路简单，调试方便，电磁兼容性好，其结构和指令集对开发者来说相对熟悉，开发难度较低，可缩短开发时间。典型器件有 CYPRESS 公司的 EZ-USB 系列芯片、Atmel 公司的 AT43USB321 等。

另一种是纯粹的 USB 接口芯片，即只集成有 USB 物理层和链路层功能的接口芯片，在设计 USB 接口时再配以适当类型的微控制器，从而使开发者能增加一个 USB 端口到其他任何一种自己熟悉的微控制器上。这种芯片的优点是价格和开发费用相对低廉，而且不需要购买专门的开发编译工具，但开发和调试难度较大。如 Philips 公司的 PDIUSBD12、National Semiconductor 公司的 USBN9602 以及 FTDI 公司的 FT245BM 等。

图 9.28 的设计实例采用了英国 FTDI 公司的 FT245BM 芯片，支持 USB 1.1 和 USB 2.0 规范，数据传输速度可达 1Mbps。与 PDIUSBD12 等其他 USB 芯片相比，应用 FT245BM 芯

片进行 USB 外设开发，只需熟悉单片机编程以及简单的 VC 或 VB 编程，而无须考虑固件设计及驱动程序的编写，从而能大大缩短 USB 外设产品的开发周期。

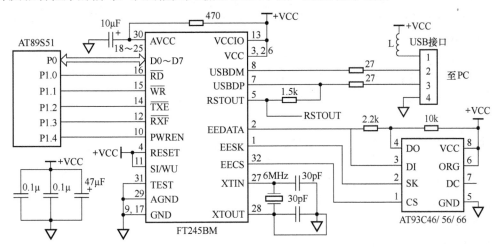

图 9.28　USB 总线通信接口设计实例

FT245BM 内部主要由 USB 收发器、串行接口引擎（SIE）、USB 协议引擎和先进先出（FIFO）控制器等组成。USB 收发器实现与单片机（如 AT89S51 等）的接口；USB 协议引擎管理来自 USB 设备控制端口的数据流；128B 的 FIFO 接收缓冲区和 384B 的 FIFO 发送缓冲区用于 USB 数据与并行 I/O 口进行数据交换；串行接口引擎负责将从主机接收的 USB 串行数据转换成并行数据，存储在 FIFO 接收缓冲区，将发送缓冲区的并行数据转换成 USB 串行数据，通过 USB 收发器传送到主机。

设计采用 USB 总线供电，USB 接口电源端的扼流线圈 L 可以减少主机和设备之间的干扰，增加的去耦和旁路电容可以提高电路的抗干扰性能。FT245BM 与 AT89S51 并行通信的握手信号线有 $\overline{RXF}$、$\overline{TXE}$、$\overline{RD}$ 和 $\overline{WR}$。$\overline{WR}$ 为低，表示当前 FIFO 发送缓冲区空，此时 $\overline{WR}$ 脉冲的下降沿将数据线 D0～D7 上的数据写入 FIFO 发送缓冲区；当 $\overline{TXE}$ 变高时，表示当前 FIFO 发送缓冲区满或正在存储上一个字节，禁止向发送缓冲区中写数据。$\overline{RXF}$ 为低，表示当前 FIFO 接收缓冲区有数据，这时读信号 $\overline{RD}$ 为低时，FT245BM 把数据放到数据线 D0～07 上；当 $\overline{RXF}$ 为高时，禁止从 FIFO 接收缓冲区读数据。FT245BM 提供的 PWREN 信号可用于判断 USB 总线是处于挂起状态还是处于正常状态。

图 9.28 中的 E^2PROM 芯片 AT93C46 用于存储产品的 VID（供应商 ID）、PID（产品识别码）、设备序列号及一些说明性文字信息。FTDI 提供的 Mprog 软件可以向 E^2PROM 在线写入 USB 接口的特定设备信息，当外接的 E^2PROM 内容非空且有效时，PC 对 USB 设备枚举得到的就是该设备独有的信息，分配的地址是全局唯一的，从而解决了多个 USB 接口的共存。该 E^2PROM 是可选的，如果没有 E^2PROM，那么 FT245BM 将使用器件默认的 VID、PID、设备序列号等信息，此时的 USB 系统只承认最后接入的 FT245BM 有效。

下面给出用 C51 语言编制的设备端单片机字节接收与发送子程序。在与 USB 接口的 PC 主机端，可使用 VC 或 VB 进行应用程序的编写，通过调用 FTDI 公司提供的编程库函数来对 FT245BM 进行打开、关闭和读写等操作。

```
#include <reg51.h>
#define USBDATA    P0
```

```
sbit USBRD = P1^0;
sbit USBWR = P1^1;
sbit USBTXE = P1^2;
sbit USBRXF = P1^3;
sbit USBREN = P1^4;
//从 FIFO 接收缓冲区读一个字节送入累加器 A
RD_BYTE( )
{
while(1)
{
if (USBRXF == 0)     //等待接收数据，低电平有效
{
USBRD = 0;          //发出读信号
ACC = USBDATA;      //读字节
USBRD = 1;
return;
}
}
}
//将累加器 A 中的内容写入 FIFO 发送缓冲区
WR_BYTE( )
{
while(1)
{
if (USBTXE == 0)     //等待发送数据，低电平有效
{
USBRD = 0;          //输出字节内容
USBDATA = ACC;      //发出写信号
USBWR = 0;
USBWR = 0;
return;
}
}
}
```

9.6　CAN 总线

控制器局部网（Controller Area Network，CAN）是 Bosch 公司为汽车应用而开发的多主机局部网络，是一种支持分布式实时控制系统的串行通信局域网。目前，CAN 总线以其低成本、高可靠性、实时性强等优点，被广泛应用于汽车工业、航空工业、工业控制、安全防

护等诸多领域。

9.6.1　CAN 总线简介

1. CAN 总线的特点

（1）CAN 以多主方式工作，网络上任一节点均可在任意时刻主动地向网络上的其他节点发送信息，而不分主从，且在通信中没有节点地址信息，通信方式灵活。

（2）CAN 节点只需对报文的标识符滤波即可实现点对点、点对多点及全局广播方式发送和接收数据，其节点可分成不同的优先级，以满足不同的实时要求。

（3）CAN 采用非破坏性总线仲裁技术，当多个节点同时向总线发送信息时，优先级较低的节点会主动地退出发送，而最高优先级的节点不受影响地正常发送，极大地节省了总线冲突仲裁时间。

（4）CAN 总线通信格式采用短帧格式，每帧最多为 8B，不会过长地占用总线时间，保证了通信的实时性，可满足一般工业领域中控制命令、工作状态及测试数据的要求。

（5）CAN 总线的直接通信距离最大可达 10km（速率在 5kbps 以下），最高通信速率可达 1Mbps（通信距离 40m），节点数可达 110 个，通信介质可以是双绞线、同轴电缆或光纤。

（6）CAN 总线采用 CRC 校验并可提供相应的错误处理功能，保证数据通信的可靠性，其节点在错误严重的情况下，具备自动关闭输出功能，使总线上其他节点的操作不受影响。

2. CAN 总线协议

建立在开放系统互连模型（OSI）基础上的 CAN 协议模型结构只有 3 层，即只取开放系统互连模型 7 层结构的应用层、物理层、数据链路层。CAN 总线的数据链路层分为逻辑链路控制（LLC）子层和媒体访问控制（MAC）子层。MAC 子层是实现 CAN 总线协议的核心，其功能主要是传送规则，即控制帧结构、执行仲裁、错误检测、出错标定和故障界定；LLC 子层的功能主要是报文滤波、超载通知和恢复管理。物理层定义信号怎样传输，完成电气连接，实现驱动器/接收器特性。物理层和数据链路层的功能可以由 CAN 总线接口器件完成，应用层的功能一般由微处理器完成。

CAN 总线目前有 2 个协议版本，分别为 CAN 2.0A 和 CAN 2.0B。CAN 2.0A 为标准格式，CAN 2.0B 为扩展格式。标准格式和扩展格式唯一的不同是标识符（地址）长度不同，标准格式为 11 位，扩展格式为 29 位。

3. CAN 总线报文传输的帧结构

CAN 总线上的信息以不同的固定报文格式发送，当总线空闲时任何连接的单元都可以开始发送新的报文。为了实现数据传输和链路控制，CAN 总线提供了 4 种帧结构，分别为数据帧、远程帧、错误帧和过载帧。在这 4 种帧结构中，每种又可以分为几部分，每部分负责不同的功能，这些部分被称为"位场"。

数据帧用于携带数据从发送器传输至接收器，由 7 个不同的位场组成，分别为帧起始（SOF）、仲裁场、控制场、数据场、CRC 场、应答场、帧结尾（EOF），其中数据场的长度可以为 0。

远程帧用于接收器向发生器请求数据传输，对不同的数据传送进行初始化设置。它由 6 个不同的位场组成，分别为帧起始、仲裁场、控制场、CRC 场、应答场和帧结尾。

错误帧用于报告数据在传输过程中发生的错误，它由两个不同的位场组成，分别是为不同节点提供的错误标志的叠加和错误界定符。

过载帧用于在接收器未准备好的情况下请求延时数据帧或远程帧，它由两个位场组成，分别为过载标志和过载界定符。

9.6.2 CAN 总线控制器

CAN 通信系统主要由 CAN 总线控制器和 CAN 收发器组成。CAN 总线控制器的种类繁多，如 Philips 公司的 SJA1000、PCA82C200，Intel 公司的 Intel82526/82527 等。很多单片机内部也集成有 CAN 总线控制器，如 Motorola 公司的 68HC05X4 系列，Philips 公司的 P87C591/ P87C592、P8XC592，Cygnal 公司的 C8051F040，NEC 公司的大多数 8 位 78K/0 系列单片机等。

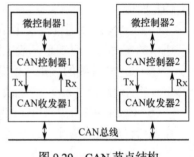

图 9.29　CAN 节点结构

CAN 总线的节点结构如图 9.29 所示，所有节点以平等的地位挂接在总线上，一个总线节点至少包括 3 部分，分别为处理具体应用事项的应用层、进行报文传输的数据链路层以及处理接口电气特性的物理层。

微控制器承担节点的控制任务，负责上层应用和系统控制，包括通信协议的实现、系统控制、人机接口等。

CAN 通信控制器执行完整的 CAN 协议，控制 CAN 数据报文的收发与缓冲，按照 CAN 协议完成错误界定。控制器通过接收来自上层微处理器的命令，分配控制信息缓存器，并向微处理器提供中断和状态信息。

CAN 收发器用于提供 CAN 控制器与物理总线之间的接口，完成逻辑电平的控制和接口电气特性的处理。

9.6.3 CAN 总线通信接口设计实例

在设计 CAN 总线系统时，应尽量选用带 CAN 控制器的微控制器。图 9.30 为采用 SJA1000 和 PCA82C250 设计的 CAN 通信接口原理图。SJA1000 是 Philips 公司生产的独立 CAN 通信控制器，它同时支持 CAN 2.0A 和 CAN 2.0B，与 PCA82C200 CAN 控制器兼容，集成了 CAN 协议的物理层和数据链路层功能，可完成对通信数据的成帧处理，具有多主结构、总线访问优先权、硬件滤波等特点，获得了十分广泛的应用。PCA82C250 为 Philips 公司生产的 CAN 总线收发器，是 CAN 控制器和物理总线的接口，提供对总线的驱动发送能力、对 CAN 控制器的差动发送能力和对 CAN 控制器的差动接收能力。PCA82C250 在 40m 内的传输速率可达 1Mbps，最多可挂 110 个节点。

在图 9.30 中，SJA1000 作为微控制器 AT89S51 的一个并行扩展接口以中断模式工作，通过其中断输出引脚向微控制器申请中断，微控制器在中断服务程序中通过 SJA1000 完成与其他 CAN 节点的通信。SJA1000 的部分引脚功能说明如下：

- ➢ AD0～AD7：多路地址/数据总线。
- ➢ MODE：1，Intel 模式；0，Motorola 模式。
- ➢ $\overline{\text{CS}}$：片选信号输入。
- ➢ $\overline{\text{INT}}$：中断输出。
- ➢ ALE：地址锁存信号输入。

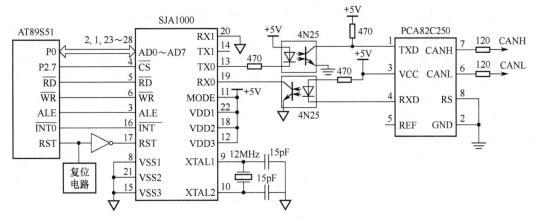

图 9.30　CAN 接口通信硬件设计

　　PCA82C250 输出 CANH、CANL 差分信号，2 个 120Ω 的匹配电阻可提高总线信号传输的抗干扰能力。斜率电阻输入端（RS）接地，使 PCA82C250 工作在高速模式。如果要降低射频干扰（RFI），那么可以在 RS 端让一个小于 140kΩ 的电阻接地，限制 CAN 信号的上升斜率和下降斜率。为了有效地增大通信距离和系统的抗干扰能力，系统中使用光电隔离器件 4N25 隔离了 CAN 的控制部分和物理接口部。

　　微控制器通过对 SJA1000 片内寄存器编程来实现 CAN 总线的控制。SJA1000 的地址区包括控制段和信息缓冲区，微控制器和 SJA1000 之间的状态控制和命令信号交换都在控制段中完成，对控制段的初始化编程可用来配置通信参数（如位时序），而只有在控制寄存器的复位位被置 1 时，才能进行初始化配置。微控制器待发送的信息应写入 SJA1000 的发送缓冲器，而 SJA1000 成功接收信息后，微控制器从接收缓冲器中读取接收的信息，然后释放空间准备重新接收数据。

9.7　本章小结

　　单片机常用的串行通信总线包括 RS-232/422/485、I^2C、SPI、1-Wire、CAN、USB 等。

　　MCS-51 系列单片机提供通用异步串行收发器 UART，电平转换后能够连接 RS-232/422/485 数据终端设备接口，这样单片机就可以和调制解调器或其他使用 RS-232/422/485 接口的串行设备进行通信。

　　同步串行外设接口 SPI 由三根信号线组成，分别是串行时钟线（SCK）、主机输入/从机输出数据线（MISO）、主机输出/从机输入数据线（MOSI）。SPI 总线可以实现多个 SPI 设备的互连，提供 SPI 串行时钟的 SPI 设备称为 SPI 主机或主设备，其他设备称为 SPI 从机或从设备。主从设备间可以实现全双工通信，当有多个从设备时，还可以增加一条从设备选择线。

　　I^2C 是半双工多主控总线，具有总线仲裁机制，所以任何一个设备都能像主控器一样工作并控制总线。总线上每个设备都有一个独一无二的地址，根据设备自己的能力，它们可以作为发送器或接收器工作。多个微控制器能在同一根 I^2C 总线上共存。

　　1-Wire 总线采用单根信号线，既能传输时钟，又能传输数据，而且数据传输是双向的，因而这种单总线技术具有线路简单、硬件开销少、成本低廉、便于总线扩展和维护等优点。1-Wire 总线是主从结构，只有主机呼叫从机时，从机才能应答。由于采用单根信号线传输时钟与数据，因此主机访问 1-Wire 器件时必须严格遵循单总线协议和命令时序，如果出现命令顺序混乱或命令时序错误，那么 1-Wire 器件将不响应主机。

USB 总线结构简单，信号定义仅由 2 根电源线、2 根信号线组成，其主要特点是即插即用，可热插拔。USB 连接器将各种各样的外设 I/O 端口合而为一，具有自动配置能力，用户只要简单地将外设插入 PC 以外的总线，PC 就能自动识别和配置 USB 设备，实现真正的即插即用，增加外设时只需使用 USB 集线器。USB 支持"热"插拔，即不需要关机断电，就可以在正运行的计算机上插入或拔除一个 USB 设备。

CAN 总线是德国 Bosch 公司在 20 世纪 80 年代初为解决现代汽车中众多的控制与测试仪器之间的数据交换而开发的一种串行数据通信协议，已被国际标准化组织认证，技术成熟，控制的芯片已经商品化，性价比高，特别适用于分布式测控系统之间的数据通信。CAN 是一种多主总线，通信介质可以是双绞线、同轴电缆或光纤。CAN 的直接通信距离最远可达 10km（传输速率低于 5kbps），通信速率最高可达 1Mbps（通信距离为 40m）。CAN 报文采用短帧结构，每帧信息都有 CRC 校验及其他检错措施，传输时间短，受干扰概率低，保证了数据出错率极低。CAN 总线通信接口中集成了 CAN 协议的物理层和数据链路层功能，可完成对通信数据的成帧处理，包括位填充、数据块编码、循环冗余校验、优先级判别等工作。

9.8 思考题与习题

1. RS-232C 最基本的数据传送引脚是哪几个？
2. 为什么要在 RS-232C 与 TTL 之间加电平转换器件？一般采用哪些转换器件？请画图说明。
3. 比较 RS-232C 和 RS-485 的特点。
4. 在利用 RS-485 通信的过程中，如果通信距离（波特率固定）过长，应如何处理？
5. SPI 总线有几种工作方式？
6. I^2C 总线的寻址方式如何？
7. I^2C 总线的优点是什么？其起始信号和终止信号是如何定义的？
8. 哪些单片机具备 I^2C 总线接口？
9. SPI 有何特性？它与 I^2C 总线相比较有何特点？
10. 简述 1-Wire 总线的基本工作原理。
11. 简述 USB 的特点和数据流的传输。
12. 简述 CAN 总线的基本特性。

第10章　单片机应用系统开发环境

本章从实际应用的角度,介绍单片机应用系统的调试方法,以及开发环境和开发小工具。具体内容包括单片机应用系统开发过程中的硬件调试方法和软件仿真调试方法、集成开发环境 Keil μVision4、电路仿真软件 Proteus 8 以及 4 个单片机应用系统开发小工具。

10.1　单片机应用系统的调试方法

10.1.1　硬件调试方法

单片机应用系统的开发过程主要包括调研工作、总体设计、硬件设计、软件设计、仿真调试、可靠性实验和产品化等几个阶段(见第 1 章)。经过硬件设计、软件设计、制板、元器件安装后,在程序存储器中固化编好的应用程序,一个单片机应用系统即可运行。然而,一次性成功几乎是不可能的,通常需要进行软件、硬件联合调试,发现并解决应用系统中出现的硬件、软件错误。为了节约硬件成本,提高开发效率,可以通过仿真调试来发现错误并加以改正。单片机应用系统仿真调试的目的是,借助某种开发工具模拟用户实际的单片机,模仿现场的真实条件,统一调试系统的软件和硬件,调试期间随时观察运行的中间过程和相关数据结果,进而检查硬件、软件的运行状态,及时发现并解决系统中存在的硬件、软件问题。单片机应用系统的仿真调试方法分为 2 类,即借助硬件仿真和通过软件虚拟仿真。

随着单片机技术的不断发展,硬件仿真调试的方法和技术手段也在不断提高。目前,在实际应用中比较流行的仿真调试方法有以下 3 种。

1. PC + 仿真器 + 单片机应用系统版

一个典型单片机应用系统的仿真器调试环境组成如图 10.1 所示,其中调试环境硬件由 PC、单片机仿真器、用户目标系统和连接电缆等组成。调试软件由 PC 上的单片机程序集成开发环境软件等构成。

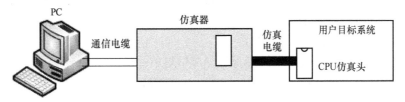

图 10.1　单片机应用系统仿真器调试环境组成

借助单片机仿真器进行单片机应用系统仿真调试的工作步骤如下:取下用户目标系统中的单片机芯片(目标系统 CPU),把仿真器上的 CPU 仿真头插入用户目标系统 CPU 相应的位置,将仿真器中的 CPU 和程序存储器出借给目标系统;PC 通过仿真器和目标系统建立透明的联系,由仿真器向目标系统的应用电路部分提供各种信号、数据,进而进行调试。在这种仿真中,用户目标系统中的程序存储器是闲置的,程序员调试的是仿真器中的程序,仿真器中的程序运行完全受仿真器的监控程序控制。仿真器的监控程序相当于 PC 的操作系统,它与 PC 上运行的单片机程序集成开发环境相配合，通过单步运行、连续运行等多种方法来运行程序，程序员则观察用户程序的运行情况和 CPU 内部的全部资源情况，以便改正程序。

　　在单片机应用系统研制过程中，仿真器是一个重要的辅助开发工具，因此有必要选择一个好的仿真调试工具——仿真器。选择仿真器的要求如下。

　　① 全地址空间的仿真。

　　② 不占用任何用户目标系统的资源。

　　③ 必须实现硬断点，并且具有灵活的断点管理功能。

　　④ 硬件能够实现单步执行功能。

　　⑤ 可跟踪用户程序的执行。

　　⑥ 可观察用户程序执行过程中的变量和表达式。

　　⑦ 可中止用户程序的运行，可将用户程序复位。

　　⑧ 系统硬件电路的诊断与检查。

　　⑨ 支持汇编语言和高级语言源程序级的调试。

　　虽然借助仿真器可在线仿真、调试，开发效率高，但仿真器的价格较为昂贵，而且通用性较差。

2. PC ＋ 通用编程器 ＋ 单片机应用系统版

　　编程器的功能是把调试好的应用程序目标代码［一般是二进制文件（.bin）或十六进制文件（.hex）］写入单片机的片内（外）程序存储器，让单片机应用系统的硬件和软件真正结合，组成一个完整的单片机应用系统。

　　借助编程器进行单片机应用系统调试的工作步骤如下：将编程器通过通信电缆线连接到 PC，用编程器软件将调试好的目标程序通过编程器写入单片机芯片内部的程序存储器（或外部程序存储器），把写好目标程序的单片机芯片插到用户目标板上运行，如果未达到用户要求，那么重新返回，查找软件或硬件的原因，修改错误后再次将目标代码写入。通常这个过程可能要重复多次。

　　因此，虽然编程器价格较便宜，且通用性强，但开发效率低。

3. 单片机的在线仿真调试技术

　　随着单片机技术的发展，出现了能在线编程的单片机。目前，在线编程有两种实现方法：在系统编程（In-System Programmable, ISP）和在应用编程（In-Application Programming, IAP）。

　　（1）在系统编程（ISP）

　　ISP 一般是指通过单片机专用的串行编程接口对单片机内部的 Flash 存储器进行编程，ISP 的实现一般只需要很少的外部电路。例如，AT89S51 单片机就具有 ISP 编程功能（本书第 2 章已经介绍）。下面介绍另一种 ISP 编程方式——JTAG 编程方式。

　　JTAG 是英文 Joint Test Action Group（联合测试行动组织）的首字母缩写，是一种国际标准测试协议，它兼容 IEEE 1149.1 标准，主要用于芯片内部测试。现在多数高级器件都支持 JTAG 协议，如 DSP、FPGA 器件等。标准的 JTAG 接口是 4 根线：TMS、TCK、TDI、TDO，分别为模式选择、时钟、数据输入线、数据输出线。TCK 为测试时钟输入；TDI 为测试数据输入，数据通过 TDI 引脚输入 JTAG 接口；TDO 为测试数据输出，数据通过 TDO 引脚从 JTAG 接口输出；TMS 为测试模式选择，用来设置 JTAG 接口处于某种特定的测试模式。JTAG 的基本原理是在器件内部定义一个测试访问口（Test Access Port, TAP），通过专用的 JTAG 测试工具对内部节点进行测试。JTAG 测试允许多个器件通过 JTAG 接口串联为一个 JTAG 链，能分别对各个器件进行测试。JTAG 最初是用来对芯片进行测试的，现在 JTAG 接口经常用于实现 ISP，对单片机内部的 FLASH E²PROM 进行编程。

新一代单片机芯片内部不仅集成了大容量 Flash E²PROM，而且具有 JTAG 接口，可接上 JTAG ICE 仿真器。PC 提供高级语言开发环境，支持 C 语言和汇编语言，不仅可以下载程序，而且可以在系统调试程序，具有调试目标系统的所有功能，因此开发不同的单片机系统只需更换目标板。JTAG 接口单片机仿真开发环境如图 10.2 所示。

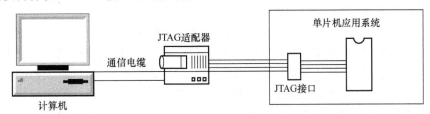

图 10.2　JTAG 接口单片机仿真开发环境

在 JTAG 单片机仿真开发环境中，JTAG 适配器提供计算机通信接口到单片机 JTAG 接口的透明转换，不出借 CPU 和程序存储器给应用系统，使得仿真更加贴近实际目标系统。当然，单片机内部集成了基于 JTAG 协议的调试程序和下载程序。

（2）在应用编程（IAP）

IAP 从结构上将 Flash 存储器映射为两个存储区，运行一个存储区上的用户程序时，可对另一个存储区重新编程，之后将控制从一个存储区转向另一个存储区。与 ISP 相比，IAP 的实现更加灵活，通常可利用单片机的串行口接到计算机的 RS-232 接口，通过专门设计的固件程序来编程内部程序存储器。例如，SST 公司的单片机 SST89C54 内部包含两个独立的存储区，通过预先编程其中一个存储区中的程序，就能通过串行口与计算机相连，并用 PC 上的专用用户界面程序将目标程序代码直接下载到单片机的另一个存储区中。

ISP 和 IAP 为单片机的实验与开发带来了很大的方便和灵活性。利用 ISP 和 IAP，不需要编程器就能进行单片机的实验和开发，单片机芯片能直接焊接到电路板上，调试结束后即为成品，甚至能远程在线升级或改变单片机中的用户程序。

10.1.2　软件仿真调试方法

采用单片机仿真器仿真需要一定的设备成本，因此对于一些简单的项目或程序可采用软件仿真的方法。单片机集成开发环境如 Keil C51 等软件具有简单的仿真功能，可通过单步运行、连续运行等多种方法来运行程序，并能观察单片机内部工作寄存器、数据存储器、I/O 端口的数据变化，但不能仿真单片机的外围电路和器件，且仿真效果有一定的局限性。

Keil C51 的使用方法详见 10.2 节。

Proteus 与其他电路仿真软件不同的是，它不仅能仿真单片机 CPU 的工作情况，而且能仿真单片机的外围电路（包括模拟电路、数字电路）的工作情况。Proteus 提供 30 多种元件库，超过 8000 种模拟/数字元器件，设计者可以按照设计要求选择不同生产厂家的元器件。此外，对于元器件库中没有的元件，设计者也可以通过软件自己创建。除拥有丰富的元器件外，Proteus 还提供各种虚拟仪器，如常用的电流表、电压表、示波器、SPI 调试器等虚拟终端，并支持图形化的分析功能。Proteus 特别适合对嵌入式系统进行软/硬件协同设计与仿真，其最大的特点是可以仿真 MCS-51 系列、AVR、PIC 等常用的 MCU 及其外围电路，外围电路包括 LCD 显示模块、RAM 和 ROM 存储器、键盘、电动机、LED、ADC、DAC、部分 SPI 器件、部分 I2C 器件等。而且，Proteus 包含强大的调试工具，能够观察代码在仿真硬件上的实时运行效果。因此，在仿真和程序调试时，关心的不再是某些语句执行时单片机寄存器和存储器内容的改变，而是从工程的角度直接查看程序运行和电路工作的过程与结果。

　　Proteus 软件的使用方法详见 10.3 节。

　　系统通过仿真调试后，必须进行现场调试运行。现场调试是单片机应用系统开发中的一个不可缺少的环节。由于单片机芯片主要应用于工业控制、智能化仪器仪表和家用电器等领域，因此容易受到电磁干扰、电源电压、温度波动、环境湿度等外部因素的影响，导致系统出错，例如程序"跑飞"或内部 RAM 及寄存器数据出错。因此，单片机应用系统的可靠性和抗干扰能力是影响系统好坏的重要指标。只有通过最终的现场运行测试后，用户目标系统才能成为一个满足用户要求的单片机应用系统。

10.2　Keil μVision4 集成开发环境

　　单片机开发中除必要的硬件外，同样离不开软件。单片机源程序的编写、编译、调试等都是在一定的集成开发环境下进行的。集成开发环境软件将源程序文件的编辑、汇编语言的汇编与链接、高级语言的编译与链接等高度集成，能对汇编语言源程序和高级语言源程序进行仿真调试。用于 MCS-51 单片机的汇编软件有早期的 A51，随着单片机开发技术的不断发展，人们从普遍使用汇编语言到逐渐使用高级语言开发，单片机程序的开发软件也在不断发展。目前，较为流行的单片机程序开发软件有 Keil C51、WAVE（伟福）等。

　　Keil C51 是美国 Keil Software 公司出品的 51 系列兼容单片机 C 语言软件开发系统，与汇编语言相比，C 语言在功能、结构、可读性、可维护性方面优势明显，因而易学易用。Keil 提供包括 C 编译器、宏汇编、链接器、库管理和一个功能强大的仿真调试器等在内的完整开发方案，通过一个集成开发环境（μVision）将这些部分组合在一起。下面，通过 Keil 集成开发环境的版本 4（Keil μVision4）介绍软件的特点和基本使用方法。

10.2.1　Keil μVision4 的主要特性

　　Keil μVision4 集成开发环境是基于 80C51 内核的微处理器软件开发平台，内嵌多种符合当前工业标准的开发工具。可以完成从工程建立、管理、编译链接、目标代码的生成、软件仿真、硬件仿真等完整的开发流程。C 语言编译工具在产生代码的准确性和效率方面达到了较高的水平，而且可以附加灵活的控制选项，在开发大型项目时非常理想。它的主要特性如下。

1. Keil μVision4 集成开发环境

　　Keil μVision4 包括一个工程管理器、一个功能丰富并有交互式错误提示的编辑器、选项设置、生成工具以及在线帮助。可以使用 Keil μVision4 创建源文件并组成应用工程加以管理，可以自动完成编译、汇编和链接程序的操作，让用户可以只专注于开发工作的效果。

2. C51 编译器和 A51 汇编器

由 Keil μVision4 创建的源文件可被 C51 编译器或 A51 汇编器处理,生成可重定位的 object 文件。Keil C51 编译器遵循 ANSI C 语言标准,支持 C 语言的所有标准特性,另外还增加了几个可以直接支持 80C51 单片机结构的特性。Keil A51 宏汇编器支持 80C51 及其派生系列单片机的所有指令系统。

3. LIB51 库管理器

LIB51 库管理器可以根据汇编器和编译器创建的目标文件建立目标库。这些库是按规定格式排列的目标模块,可在以后被链接器使用。链接器处理一个库时,仅使用库中的部分目标模块而不使用全部模块。

4. BL51 链接器/定位器

BL51 链接器使用从库中提取的目标模块和由编译器、汇编器生成的目标模块,创建一个绝对地址目标模块。绝对地址目标文件或模块包括不可重定位的代码和数据,所有代码和数据都被固定在具体的存储器单元中。绝对地址目标文件可以用于:

(1)编程 EPROM 或其他存储器设备。

(2)由 Keil μVision4 调试器对目标进行调试和模拟。

(3)使用在线仿真器进行程序测试。

5. Keil μVision4 软件调试器

Keil μVision4 软件调试器能十分理想地进行快速、可靠的程序调试。调试器包括一个高速模拟器,用它能模拟整个 80C51 系统,包括片上外围器件和外部硬件。当从器件数据库选择器件时,这个器件的属性会被自动配置。

6. Keil μVision4 硬件调试器

Keil μVision4 硬件调试器提供几种在实际目标硬件上测试程序的方法。例如,安装 MON51 目标监控器到目标系统,并通过 Monitor-51 接口下载程序;使用高级 GDI 接口将 Keil μVision4 调试器与第三方仿真器的硬件系统相连接,通过 Keil μVision4 的人机交互环境完成仿真操作。

7. RTX51 实时操作系统

RTX51 实时操作系统是针对 80C51 系列单片机的一个多任务内核。RTX51 实时内核简化了需要对实时事件进行反应的复杂应用的系统程序设计。这个内核完全集成在 C51 编译器中,使用非常简单。关于 RTX51 实时操作系统的详细介绍和应用实例,见本书第 11 章和第 12 章。

10.2.2　Keil μVision4 集成开发环境设置方法

1. Keil μVision4 集成开发环境界面

安装完成后,会在桌面上出现 Keil μVision4 程序的图标,并在"开始"菜单中增加 Keil μVision4 程序项。从"开始"菜单中选择 Keil μVision4 程序项或直接双击桌面上的 Keil μVision4 程序图标,即可启动 Keil μVision4。启动 Keil μVision4 后的界面如图 10.3 所示。

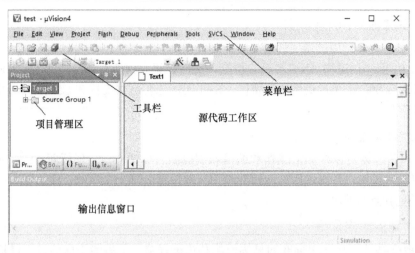

图 10.3　Keil μVision4 集成开发环境界面

可以看到，Keil μVision4 集成开发环境具有典型的 Windows 界面风格。整个编程界面主要包括菜单栏、工具栏、项目管理区、源代码工作区和输出信息窗口。另外，还有一些功能窗口将在后面逐步介绍。下面介绍 Keil μVision4 集成开发环境的主要组成部分。

2. Keil μVision4 菜单命令

Keil μVision4 的菜单栏提供项目操作、编辑操作、编译调试及帮助等各种常用操作。所有操作基本上都能通过菜单命令来实现。为了快速执行 Keil μVision4 的许多功能，有些菜单命令在工具栏上还具有按钮。为了更快速执行一些功能，Keil μVision4 提供了比工具栏上的按钮更为快捷的操作，即快捷键。在 Keil μVision4 集成开发环境中不仅提供常用功能的默认快捷键，同时用户也能根据自己的需要自定义快捷键。下面分别介绍菜单命令、按钮、快捷键。

（1）File 菜单

File 菜单和标准 Windows 软件的 File 菜单类似，提供项目和文件的操作功能。File 菜单中各个命令的功能如表 10.1 所示。

表 10.1　File 菜单

菜单命令	按　钮	快捷键	功能说明
New	☐	Ctrl + N	创建一个新的空白文件
Open	☐	Ctrl + O	打开一个已有的文件
Close			关闭当前打开的文件
Save	☐	Ctrl + S	保存当前打开的文件
Save as	☐		当前文件另存为
Save all			保存所有打开的文件
Device Database			打开器件库
License Management			产品注册管理
Print Setup			设置打印机
Print	☐	Ctrl + P	打印当前文件
Print Preview			打印预览
1 .. 10			列出最近打开的源文件或文本文件
Exit			退出 KeilμVision4

（2）Edit 菜单

Edit 菜单提供常用的代码编辑操作命令。Edit 菜单中各个命令的功能如表 10.2 所示。

表 10.2 Edit 菜单

菜单命令	按 钮	快捷键	功能说明
Undo		Ctrl + Z	取消上次操作
Redo		Ctrl + Y	重复上次操作
Cut		Ctrl + X	剪切选定的内容
Copy		Ctrl + C	复制选定的内容
Paste		Ctrl + V	粘贴已复制的内容
Navigate Backwards		Ctrl + Shift + −	光标移动到使用 Find 或 go to line 命令的前一行
Navigate Forwards		Ctr + −	光标移动到使用 Find 或 go to line 命令的后一行
Insert/Remove Bookmark		Ctrl + F2	设置/取消当前行的标签
Go to Next Bookmark		F2	光标移动到下一个标签
Go to Previous Bookmark		Shift + F2	光标移动到上一个标签
Clear All Bookmarks		Ctrl + Shift + F2	清除当前文件的所有标签
Find		Ctrl + F	在当前文件中查找
Replace		Ctrl + H	替换
Find in Files		Ctrl + Shift + F	在多个文件中查找
Incremental Find		Ctrl + I	渐进式寻找
Outlining			源代码概要显示模式
Advanced			各种高级编辑命令
Configuration			颜色、字体等高级配置

（3）View 菜单

View 菜单提供在源代码编辑和仿真调试过程中的各个窗口和工具栏的显示和隐藏命令。View 菜单的各个命令的功能如表 10.3 所示。

表 10.3 View 菜单

菜单命令	按 钮	功能说明
Status Bar		显示/隐藏状态条
Toolbars		显示/隐藏工具栏
Project Window		显示/隐藏项目管理窗口
Books Window		显示/隐藏参考书窗口
Functions Window		显示/隐藏函数窗口
Templates Window		显示/隐藏模板窗口
Source Browser Window		显示/隐藏资源浏览器窗口
Build Output Window		显示/隐藏输出信息窗口
Find in Files Window		显示/隐藏在所有文件中查找文本窗口
Full Screen		显示/隐藏全屏显示窗口
调试模式下的菜单命令		
Command Window		显示/隐藏命令行窗口
Disassembly Window		显示/隐藏反汇编窗口

（续表）

菜单命令	按　钮	功能说明
调试模式下的菜单命令		
Symbols Window	🔲	显示/隐藏字符变量窗口
Registers Window	▤	显示/隐藏寄存器窗口
Call Stack Window	📇	显示/隐藏堆栈窗口
Watch Windows	📇	显示/隐藏变量菜单观察窗口
Memory Windows	▦	显示/隐藏存储器子菜单窗口
Serial Windows	📄	显示/隐藏串行口观察子菜单窗口
Analysis Windows		显示/隐藏分析子菜单窗口
Trace		显示/隐藏跟踪子菜单窗口
System Viewer		显示/隐藏外设子菜单窗口
Toolbox Window	🔧	显示/隐藏自定义工具条窗口
Periodic Window Update		在程序运行时刷新调试窗口

（4）Project 菜单

Project 菜单提供 MCU 项目的创建、设置和编译等命令。Project 菜单中各个命令的功能如表 10.4 所示。

表 10.4　Project 菜单

菜单命令	按　钮	快捷键	功能说明
New μVision Project...			创建新项目
New Multi-Project Workspace...			创建多项目工作空间
Open Project...			打开一个已有的项目
Close Project			关闭当前项目
Export			导出当前一个或多个项目为 μVision3 格式
Manage			管理项目的包含文件、库的路径及多项目工作空间
Select Device for Target name...			为当前项目选择一个 MCU 类型
Remove object			从当前项目中移除选择的文件或项目组
Options for object	🔧	Alt + F7	设置当前文件、项目或项目组的配置选项
Clean target			清除编译过程中创建的中间文件
Build target	🔲	F7	编译文件并生成应用文件
Rebuild all target files	🔲		重新编译所有文件并生成应用文件
Batch Build...	📚		批量编译文件并生成应用文件
Translate file	📄	Ctrl + F7	编译当前文件
Stop build	🔲		停止编译当前项目
1 .. 10			列出最近打开的项目（最多 10 个）

（5）Flash 菜单

Flash 菜单提供下载程序、擦除 MCU 程序存储器等操作。这里的命令需要外部编程器支持才能使用。Flash 菜单中的各个命令的功能如表 10.5 所示。

表 10.5 Flash 菜单

菜单命令	按 钮	功能说明
Download		下载 MCU 程序
Erase		擦除程序存储器
Configure Flash Tools...		打开配置工具

（6）Debug 菜单

Debug 菜单中的命令大多用于仿真调试过程中，提供断点、调试方式及逻辑分析等功能。Debug 菜单中的各个命令的功能如表 10.6 所示。

表 10.6 Debug 菜单

菜单命令	按 钮	快捷键	功能说明
Start/Stop Debug Session		Ctrl + F5	开始/停止仿真调试模式
Reset CPU			复位 CPU（MCU）
Run		F5	运行程序，直到遇到一个断点
Stop			停止运行程序
Step		F11	单步执行程序，遇到子程序则进入
Step over		F10	单步执行程序，跳过子程序
Step out		Ctrl + F11	程序执行到当前函数的结束
Run to Cursor line		Ctrl + F10	程序执行到光标所在行
Show Next Statement			显示下一条指令
Breakpoints		Ctrl + B	打开断点对话框
Insert/Remove Breakpoint		F9	设置/取消当前行的断点
Enable/Disable Breakpoint		Ctrl + F9	使能/禁止当前行的断点
Disable All Breakpoints			禁用所有断点
Kill All Breakpoints		Ctrl + Shift + F9	取消所有断点
OS Support			打开查看事件、任务及系统信息的子菜单
Execution Profiling			打开一个带有配置选项的子菜单
Memory Map			打开存储器空间配置对话框
Inline Assembly			对某一行重新汇编，可以修改汇编代码
Function Editor（Open Ini File）			编辑调试函数和调试配置文件
Debug Settings			设置调试参数

（7）Peripherals 菜单

Peripherals 菜单提供 MCU 各种硬件资源的仿真对话框。这里的所有命令都只在仿真调试环境下才显示并使用，而且显示的资源内容随用户选择的 MCU 型号的不同而不同。这里列出一些常用到的 Peripherals 菜单命令的功能，如表 10.7 所示。

（8）Tools 菜单

Tools 菜单提供一些第三方软件的支持，如 PC-Lint。用户需要额外安装相应的软件才可以使用。Tools 菜单一般使用得较少，这里仅列出各个命令的功能，如表 10.8 所示。

表 10.7　Peripherals 菜单

菜单命令	功能说明	菜单命令	功能说明
Interrupt	打开中断仿真对话框	A/D Converter	打开 A/D 转换器仿真对话框
I/O Ports	打开并行端口仿真对话框	D/A Converter	打开 D/A 转换器仿真对话框
Serial	打开串口仿真对话框	I²C Controller	打开 I²C 总线控制器仿真对话框
Timer	打开定时器仿真对话框	CAN Controller	打开 CAN 总线控制器仿真对话框
Watchdog	打开看门狗仿真对话框		

表 10.8　Tools 菜单

菜单命令	功能说明
Set-up PC-Lint	配置 PC-Lint 程序
Lint	用 PC-Lint 程序处理当前编辑的文件
Lint All C-Source Files	用 PC-Lint 程序处理项目中所有的 C 源代码文件
Customize Tools Menu...	自定义工具菜单

（9）SVSC 菜单

SVSC 菜单提供程序的版本控制，该菜单下仅包括 Configure Version Control 命令，用于配置软件版本。

另外，Windows 菜单下提供对工作区窗口布局的管理，Help 菜单提供一些帮助信息，这里不再具体介绍。

10.2.3　Keil μVision4 工程应用

使用 Keil μVision4 完成开发任务的基本流程如下。

（1）建立工程。

（2）为工程选择目标器件（如选择 Atmel 公司的 AT89S51）。

（3）设置工程的配置参数。

（4）打开/建立源程序文件。

（5）编译和链接工程。

（6）纠正程序中的书写和语法错误，并重新编译和链接。

（7）对程序中某些纯软件的部分使用软件仿真验证。

（8）使用硬件仿真器对应用程序进行硬件调试。

（9）将生成的 HEX 文件写入程序存储器，运行测试。

下面通过创建一个流水灯项目实例，逐步介绍软件中工程的建立和设置，源程序的编辑、编译，以及调试的基本方法。

1. 新建工程文件

双击 Keil μVision4 的图标，启动 Keil μVision4 集成开发环境。新建一个项目文件，可以从 Keil μVision4 的 Project 菜单中选择 New Project 项，打开 Create New Project 对话框，如图 10.4 所示。

图 10.4　Create New Project（新建工程）对话框

建议为每个项目建立一个独立的文件夹。另外，建议在界面顶部的下拉列表中选择要保存的位置，最好选择逻辑盘 D 或 E（不要保存在系统盘 C，避免因系统重新安装而丢失文件）。在"文件名"文本框中输入项目的名称，如 test，创建一个名为 test.uvproj 的新项目文件。

2. 为工程选择目标器件

单击"保存"按钮，弹出 Select Device for Target 'Target 1'对话框，提示为项目选择一个 MCU。在该对话框中，Data base 列表框中显示了各个 MCU 的生产商。找到选用的 MCU 生产商，单击前面的"+"号，显示 Keil μVision4 所支持的该公司的 MCU 型号列表，单击其中选定的 MCU 型号。在本例中，选择 Atmel 公司型号为 AT89S51 或 52 的 MCU，如图 10.5 所示。

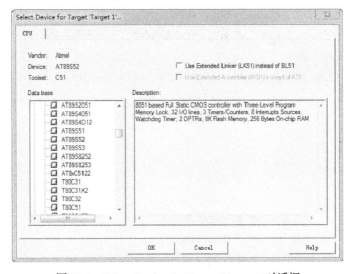

图 10.5　Select Device for Target 'Target 1'对话框

单击 OK 按钮，弹出如图 10.6 所示的对话框，提示是否将标准 80C51 启动代码复制到项目文件夹中并将该文件添加到项目中。

图 10.6　复制启动代码提示对话框

在 Keil μVision4 中，启动代码在复位目标系统后立即被执行。启动代码主要实现以下功能：

➢ 清除内部数据存储器。
➢ 清除外部数据存储器。
➢ 清除外部页存储器。
➢ 初始化 small 模式下的可重入栈和指针。
➢ 初始化 large 模式下的可重入栈和指针。
➢ 初始化 compact 模式下的可重入栈和指针。
➢ 初始化 80C51 硬件栈指针。
➢ 传递初始化全局变量的控制命令或在没有初始化全局变量时给 main 函数传递命令。

每个启动文件中提供了可供用户自己修改来控制程序执行的汇编常量。如果只是调试简单的程序，那么可以选择"否"；如果项目复杂，那么可以选择"是"。用户可根据需要修改启动代码，但一般不建议修改启动代码。

3. 打开/建立源程序文件

新建工程项目文件后，要在项目中创建新的程序文件或加入已有的程序文件。如果没有现成的程序，那么就要新建一个程序文件。从 File 菜单中选择 New 新建一个源文件，或单击工具栏上的按钮，打开一个空白的编辑窗口后，用户就可输入程序源代码。输入以下程序源代码：

```c
//通过单片机的 P2 口将 8 个发光二极管依次点亮
#include<reg51.h>              /* 声明头文件，定义标准 51 的特殊功能寄存器 */
#define uchar unsigned char
#define uint   unsigned  int
void delay(uint n)            /* 延时子程序 */
{    while(n--);              /* 利用减 1 的执行时间达到延时目的 */
}
void main(void)
{   uchar i;                  /* 变量声明 */
    uchar p;
    while(1)                  /* 连续运行 */
{   p = 0x01;                 /* 变量赋值 */
    for(i = 0; i<8; i++)      /* 8 个 LED 依次循环点亮 */
    { P2 = ~p;
      delay(50000);
      p = p<<1;
```

```
        }
      }
    }
```

4. 文件保存

从 File 菜单中选择 Save 或单击工具栏中的保存按钮 ，将文件保存为想要的名字。如果使用汇编语言编写程序，那么文件名的后缀是 ".asm" 或 ".a51"，如 test.asm；如果使用 C 语言编写程序，那么文件名的后缀是 ".c"。将流水灯程序保存为 led.c，如图 10.7 所示。

图 10.7　保存源文件

5. 向项目添加源程序文件

源文件创建完成后，就可将它加入项目（如不加入，则无法对此文件进行操作）。在 Project Workspace（项目管理器）窗口中单击 Target 1 前面的 "+" 号，展开下一层的 Source Group 1 文件夹，在 Source Group 1 文件夹上单击鼠标右键，在弹出的快捷菜单中单击 Add Files to Group 'Source Group 1'…，如图 10.8 所示，弹出 Add Files to Group 'Source Group 1'…对话框。

在该对话框中，默认的文件类型是 C Source file (*.c)。若使用汇编语言进行设计，则需要从 "文件类型" 下拉列表中选择 Asm Source file (*.S*；*.src；*.a*)文件类型。这样，以.asm 为扩展名的汇编语言程序文件才会出现在文件列表框中。从文件列表框中选择要加入的文件并双击，即可添加到项目中；也可单击选中的文件，然后单击 Add 按钮将该文件加入项目。添加文件后，对话框不会自动关闭，而是继续等待添加其他文件，用户可单击 Close 按钮关闭对话框。给项目添加文件成功后，项目管理器中 Source Group 1 文件夹的前面会出现 "+" 号，单击它可看到 led..c 文件已包含在项目中。双击它即可打开并进行修改。

6. 工程设置

工程建好后，要满足要求，还要对工程进行进一步的设置。首先右键单击左边 Project 窗口中的 Target 1，然后在弹出的菜单中选择 Project → Option for target 'target1'，随即出现工程设置对话框。这个对话框比较复杂，共有 10 个选项卡，大多数设置项取默认值即可。工程设置对话框中的 Target 选项卡如图 10.10 所示。

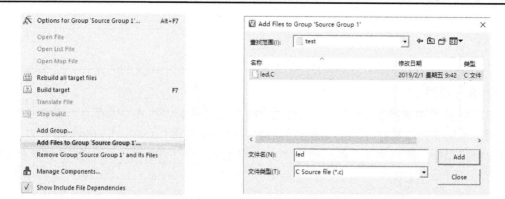

图 10.8　Add Files to Group 'Source Group 1'…菜单项　　　　图 10.9　添加文件对话框

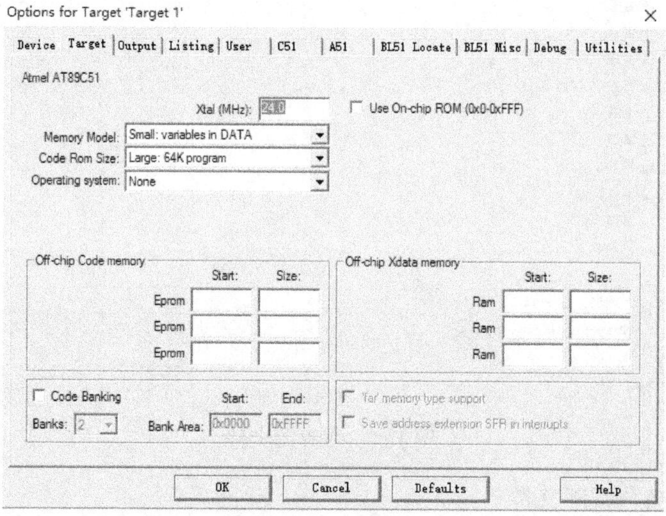

图 10.10　Target 选项卡

在 Target 选项卡中，Xtal 后面的数值是晶振频率值，默认值是所选目标 CPU 的最高可用频率值，对所选的 AT89S51 而言是 24MHz，该数值与最终产生的目标代码无关，仅影响软件模拟调试时程序的执行时间。正确设置该数值可使显示时间与实际所用时间一致，一般将其设置成与硬件所用的晶振频率相同，如果没必要了解程序执行的时间，也可以不设置。

Memory Model 用于设置 RAM 的使用情况，它有三个选项：Small 使所有变量都存储在单片机的内部 RAM 中；Compact 使用外部 RAM 的第 0 页存储变量，使用 8 位地址间接寻址；Large 全部使用外部的扩展 RAM，变量存储在单片机的外部 RAM 中，使用 16 位地址间接寻址。

Code Rom Size 设置 ROM 空间的使用，它同样有三个选项：① Small 模式，只有不到 2KB 的程序空间，如果代码地址超过 2KB，那么会出错；② Compact 模式，每个子函数的代码量不能超过 2KB，整个程序可以使用 64KB 的程序空间；③ Large 模式，可以使用全部 64KB 的程序空间。通常选用 Large 模式，选择 Large 模式时，速度不会比 Small 模式慢多少，因此一般没有必要选择 Small 模式和 Compact 模式。

Use On-chip ROM 选择项确认是否使用单片机的片内 ROM（注意，选中该项并不会影响最终生成的目标代码量）。该选项取决于单片机应用系统，如果单片机的引脚 $\overline{EA}$ 接高电平，那么选中这个选项，表示使用内部 ROM。如果单片机的引脚$\overline{EA}$接低电平，表示使用外部 ROM，那么不选中该选项。

Off-chip Code memory 选项用于填写系统扩展的外部程序存储器的起始地址和大小，Off-chip Xdata memory 选项用于填写系统扩展的外部数据存储器的起始地址和大小。这些选项必须根据单片机应用系统的硬件设计的具体情况设置，如果未进行任何扩展，那么不用重新选择，按默认值设置即可。

Operating 选项选择操作系统。Keil μVision4 提供两种操作系统：RTX-51 tiny 和 RTX-51 full，通常不使用任何操作系统，即使用该项的默认值 None。

7. 编译项目并检查

单击工具栏上的 Rebuild 图标，编译所有源文件并生成应用。程序中出现语法错误时，Keil μVision4 会在 Build Output 窗口显示错误或警告信息。在错误信息上双击鼠标，光标自动定位到出现错误的程序行。根据错误信息提示修改程序中出现的错误，直到编译成功为止。编译成功后显示如图 10.11 所示信息。提示信息的最后一行为"'test' - 0 Error(s), 0 Warning(s).",表明不但没有错误，而且也没有警告。

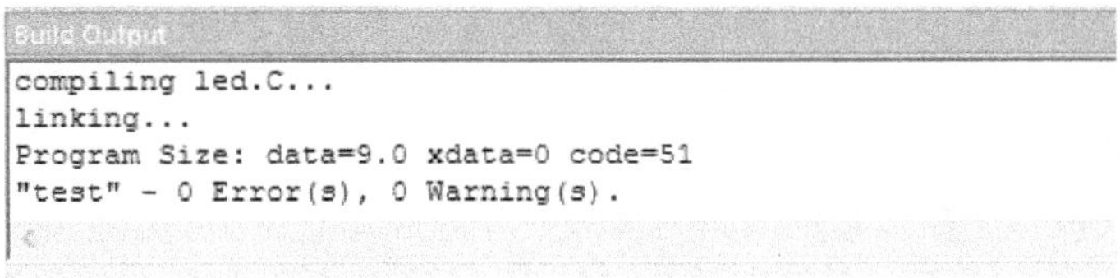

```
Build Output
compiling led.C...
linking...
Program Size: data=9.0 xdata=0 code=51
"test" - 0 Error(s), 0 Warning(s).
```

图 10.11　编译成功提示信息

8. 仿真设置

编译成功后，就可进行程序的仿真调试。程序调试的方式有两种：一是软件模拟仿真调试，二是下载到硬件仿真器或 MCU 中进行在线仿真调试。

在前面步骤 6 打开的 Options for Target 'Target 1'...对话框中，选中 Debug 选项卡，如图 10.12 所示。Debug 设置窗口分成两部分，即软件仿真设置（左边）和硬件仿真设置（右边），Keil μVision4 IDE 的默认仿真模式是软件仿真，即选择 Use Simulator。软件仿真是指使用计算机来模拟单片机程序的运行，用户不需要建立硬件平台就能快速地得到某些运行结果。一般情况下，如果未进行硬件仿真，那么默认选中 Use Simulator 单选选，此时进行软件模拟调试，其他选项不做修改。硬件仿真则选择右边的 Use 单选项，并在下拉框中选择相应的硬件驱动，然后单击 Settings 按钮对目标仿真硬件进行设置。相对于软件仿真，硬件仿真是最准确的仿真方法，因为它必须建立起硬件平台，通过 PC、硬件仿真器、用户目标系统的连接来进行系统调试。适当地结合两种仿真方法，可以快速地对程序进行验证。

9. 软件仿真调试

设置 Debug 选项卡后，就可进行软件模拟调试。单击工具栏上的 Start/Stop Debug Session 按钮，或在 Debug 菜单中选择 Start/Stop Debug Session（快捷键为 Ctrl + F5），就可开始模拟调试过程。在调试过程中，可以进行如下操作。

（1）连续运行

单击工具栏上的按钮，或选择 Debug 菜单中的 Run（快捷键 F5），可使程序全速运行。

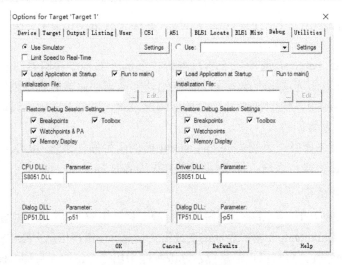

图 10.12　Debug 选项卡

（2）停止程序运行

程序全速运行时，可以单击工具栏上的 ⊗ 按钮，或选择 Debug 菜单中的 Stop，使程序停止运行。

（3）复位 CPU

程序运行过一次以上后，累加器 A、某些寄存器或其他资源的值会变化，再次运行时需要恢复到初始状态，这时要执行复位 CPU 的命令。单击工具栏上的 按钮，或选择 Debug 菜单中的 Reset CPU，可以使 MCU 恢复到初始状态。

（4）单步运行

单击工具栏上的 按钮，或选择 Debug 菜单中的 Step（快捷键 F11），可以执行一行程序。若遇到函数调用，则进入函数内部并单步运行。

（5）单步跳过函数运行

单击工具栏上的 按钮，或选择 Debug 菜单中的 Step Over（快捷键 F10），可以执行一行程序。若遇到函数调用，则将函数调用视为一行程序运行，而不进入函数内部运行。

（6）运行到当前函数的结束

这种情况出现在单步运行后进入函数内部运行程序，通过单击工具栏上的 按钮，或选择 Debug 菜单中的 Step Out（快捷键 Ctrl＋F11），可运行到当前函数的结束。

（7）运行到光标行

单击工具栏上的按钮 ，或选择 Debug 菜单中的 Run to Cursor Line（快捷键 Ctrl＋F10），可以执行到光标所在的程序行。

（8）设置断点

在要设置断点的程序行上双击鼠标左键，或单击工具栏上的按钮 ，或选择 Debug 菜单中的 Insert/Remove Breakpoint（快捷键 F9），可在当前行插入或删除断点。只要在当前行上设置了断点，在当前行的最左边就会显示一个红色的小方块。连续运行程序后，执行到该行时，程序会暂停运行。此时用户可以查看程序运行的一些中间状态和结果（累加器 A、工作寄存器、SFR、数据存储器等）。

（9）查看寄存器

进入调试状态后，Keil μVision4 集成开发环境中左侧的项目管理器变成寄存器查看器，如图 10.13 所示。用户可以通过这个窗口查看工作寄存器、部分 SFR 的内容。

（10）查看变量及堆栈

在调试状态下，Keil μVision4 集成开发环境的右下侧会出现如图 10.14 所示的窗口，即调用堆栈和变量查看窗口（使用 C 语言编程调试时常用）。

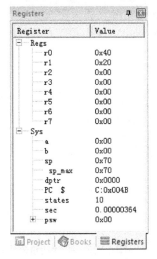

图 10.13　查看寄存器的内容　　　　　　图 10.14　调用堆栈和变量查看窗口

（11）查看存储器

在图 10.14 中单击 Memory1 选项卡，在 Keil μVision4 集成开发环境的右下侧会出现如图 10.15 所示的窗口，即存储器查看窗口。

默认情况下，要想查看内部 RAM（片内数据存储器）中的内容，需在 Address 文本框中输入"D:0"并按回车键。拖动窗口的左边框可以调整窗口的大小，调整后最佳的显示范围如图 10.16 所示。

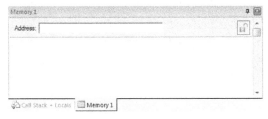

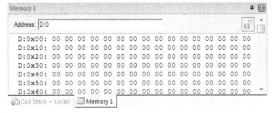

图 10.15　存储器查看窗口　　　　　　图 10.16　片内数据存储器查看窗口

还可使用 View 菜单中的 Memory Windows，添加存储器查看窗口，以便通过不同的窗口查看不同存储器的内容。例如，可增加一个窗口查看外部 RAM 中的内容，在 Address 文本框中输入"X:0"并按回车键即可出现如图 10.17 所示的片外数据存储器查看窗口。

要改变某个地址单元中的内容，可在其上双击鼠标左键；或在要修改内容的单元上单击鼠标右键，在弹出的菜单中选择 Modify Memory at …。通过弹出菜单，还可修改进制、有符号数、无符号数、ASCII 码等。

Address 文本框的一般输入格式为"X:XXXX"，其中 X 如下：

➤　D，查看内部 RAM。

➤　X，查看外部 RAM。

> ➤ I，查看间接访问的内部 RAM。
> ➤ C，查看程序 ROM。

XXXX 为查看的起始地址（0000H～FFFFH）。

（12）查看外部设备

单击菜单 Peripherals 可选择查看所选 MCU 集成的不同外部设备。例如：

① Interrupt：打开中断向量表窗口，在窗口中显示所有的中断向量，如图 10.18 所示。对选定的中断向量可以用窗口下面的复选框进行设置。

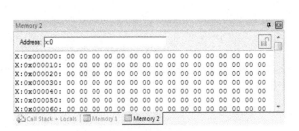

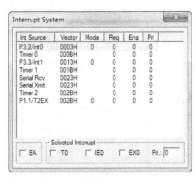

图 10.17　片外数据存储器查看窗口　　　　　图 10.18　中断向量表窗口

② Serial：打开串行口的查看窗口，随时查看并修改窗口中显示的不同状态。

③ Timer：打开定时器的查看窗口，随时查看并修改窗口中显示的不同状态。

④ I/O-Ports：打开 I/O 端口（P0～P3）的查看窗口，在窗口中显示程序运行时的端口状态。可以随时查看并修改端口的状态，以便模拟外部的输入。例如，要查看 P2 口的状态，可打开 P2 口的查看窗口，如图 10.19 所示。图中 I/O 标有"√"的复选框表示这一位的值是1，没有的为 0。对于不同的 MCU，可能显示略有不同。

图 10.19　进入调试状态时 P2 口的状态窗口

对于流水灯程序的软件仿真，可通过查看 P2 口的状态进行验证。首先单击工具栏上的 Start/Stop Debug Session 按钮 ，接着选择 Debug 菜单中的 Run（快捷键 F5），最后通过菜单 Peripherals 选择查看 I/O-Ports，P2 口的值从 11111110，11111101，…，011111111 循环变化，如图 10.20 所示。从调试结果看，程序完全正确。

图 10.20　流水灯程序的仿真结果

另外，如图 10.19 所示，窗口左侧有个程序执行时间的查看项 sec（单位为秒）。可以根据前面介绍的调试方法，插入断点调试，即可检测流水灯循环点亮的间隔时间。这种通过插入断点检测程序执行时间的方法，对于判断用 C 语言写的延时函数的延时十分有效。

9. 硬件仿真和烧写程序

虽然一些简单的项目或子程序可用 Keil μVision4 软件进行模拟仿真，但由于 Keil μVision4 软件不能仿真单片机外围电路和外围器件，软件仿真效果有一定的局限性。因此，仍然需要使用单片机仿真器对应用程序进行硬件仿真；或通过编程器把生成的 HEX 文件写入用户目标系统板上的程序存储器，进行最终的现场运行测试。只有完成最终的现场运行测试后，用户目标系统才能成为一个满足用户要求的单片机应用系统。

需要注意的是，Keil μVision4 默认是不生成 HEX 文件的。要生成 HEX 文件，可右键单击左边 Project 窗口的 Target 1，选择 Project → Option for target 'target1'，进入设置对话框。这时需要选择 Output 选项卡，选中 Create HEX File 复选项，如图 10.21 所示。

单击工具栏上的 Rebuild 图标🔨，重新编译所有的源文件即可生成同工程名的.HEX 文件，如图 10.22 所示。也可使用 Proteus 并加载该 HEX 文件进行模拟仿真验证，Proteus 的用法详见 10.3 节。

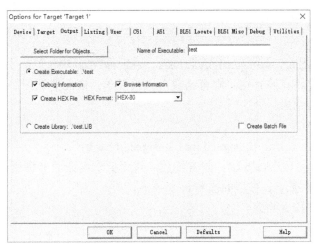

图 10.21　Output 选项卡设置

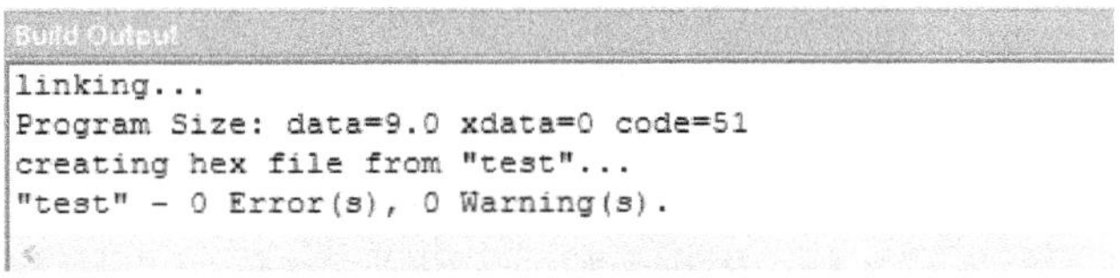

```
Build Output
linking...
Program Size: data=9.0 xdata=0 code=51
creating hex file from "test"...
"test" - 0 Error(s), 0 Warning(s).
```

图 10.22　生成.hex 文件提示信息

10.2.4　Keil C51 主要头文件介绍

Keil C51 功能强大和高效的重要体现之一是，它提供丰富的可直接调用的头文件和库函数。使用头文件和库函数能使程序代码简单、结构清晰，并且易于调试和维护。下面主要介绍 MCS-51 系列单片机 C51 语言程序设计时经常用到的 C51 头文件，这些头文件中包含的库函数很多，因此仅节选其中常用的予以说明。

1. reg51.h、reg52.h 头文件

专用寄存器头文件 reg51.h、reg52.h 包括所有 80C51、80C52 单片机的 SFR 及其位定义，使用 80C51 或 80C52 系列单片机进行应用程序设计时，必须包括该头文件。通常在程序开始的位置用#include 将头文件包含进来，如#include <reg51.h>。

2. intrins.h 头文件

头文件 intrins.h 包括空操作、左右位移等内嵌函数，简要介绍如下。

（1）_nop_()函数

原型：void _nop_(void);

功能：在程度中插入一个 80C51 单片机 NOP 空操作指令，用来停顿 1 个 CPU 机器周期，它是固有函数，代码要求内嵌而非调用。

返回值：无。

（2）_testbit_()函数

原型：bit _testbit_(bit b);

功能：在生成的代码中用 JBC 指令来测试位 b，并清零。该函数只能用在直接寻址位变量中，对任何类型的表达式无效。它是固有函数，代码要求内嵌而非调用。

返回值：_testbit_程序返回值 b

（3）_cror_()函数

原型：unsigned char _cror_(unsigned char c, unsigned char b);

功能：字符 c 循环右移 b 位。固有函数，代码要求内嵌而非调用。

返回值：右移的结果。

（4）_iror_()函数

原型：unsigned int _iror_(unsigned int i, unsigned char b);

功能：将整数 i 循环右移 b 位。固有函数，代码要求内嵌而非调用。

参数：i 右移的整数，b 右移的次数。

返回值：返回右移后的值。

（5）_crol_()函数

原型：unsigned char _crol_(unsigned char c, unsigned char b);

功能：字符 c 循环左移 b 位。固有函数，代码要求内嵌而非调用。

返回值：左移的结果。

（6）_irol_()函数

原型：unsigned int _irol_(unsigned int i, unsigned char b);

功能：将整数 i 循环左移 b 位。固有函数，代码要求内嵌而非调用。

参数：i 左移的整数，b 左移的次数。

返回值：_irol_程序返回左移后的值。

（7）_push_()函数

原型：void _push_(unsigned char _sfr);

功能：将特殊功能寄存器_sfr 压入堆栈。

（8）_pop_()函数

原型：void _pop_(unsigned char _sfr);

功能：将堆栈中的数据弹出到特殊功能寄存器_sfr。

3. math.h 头文件

头文件 math.h 中包含大量数学函数，简要介绍如下。

（1）abs()函数

原型：int abs(int val);

功能：求绝对值。

参数：val 整型数。

返回值：val 的绝对值。

（2）sqrt()函数

原型：float sprt(float x);

功能：计算 x 的平方根。

返回值：sqrt 函数返回 x 的正平方根。

（3）exp()函数

原型：float exp(float x);

功能：计算自然对数中 e 的 x 次幂。e≈2.71828182845953581496，是无限循环小数。

返回值：e^x 的值。

（4）log()函数

原型：float log(float val);

功能：计算浮点数 val 的自然对数。自然对数的基数为 e。

返回值：val 的浮点自然对数。

（5）sin()函数

原型：float sin(float x);

功能：计算浮点数 x 的正弦值。

参数：x 必须在−65535～65535 之间，或产生一个 NaN 错误。

返回值：返回 x 的正弦值。

4. stdio.h 头文件

头文件 stdio.h 中包括标准输入/输出函数，简要介绍如下。

（1）_getkey()函数

原型：char _getkey(void);

功能：等待从串口接收字符。_getkey 和 putchar 函数的源代码可以修改，提供针对硬件的字符级 I/O。

返回值：接收到的字符。

（2）getchar()函数

原型：char getchar(void);

功能：用_getkey 函数从输入流读一个字符。所读的字符用 putchar 函数显示。该函数基于_getkey 或 putchar 函数的操作。这些函数在标准库中提供，用 80C51 的串口读和写字符。定制函数可以用其他 I/O 设备。

返回值：所读的字符。

（3）putchar()函数

原型：char putchr(char c);

功能：用 80C51 的串口输出字符 c。该函数指定执行，功能可能有变。因为提供了_getkey 和 putchar 函数的源程序，因此可以根据任何硬件环境修改以提供字符级 I/O。

返回值：putchar 函数返回输出的字符 c。

（4）printf()函数

原型：int printf(const char *fmtstr [,arguments]…);

功能：格式化一系列的字符串和数值，生成一个字符串用 putchar 写到输出流。

返回值：printf 函数返回实际写到输出流的字符数。

（5）scanf()函数

原型：int scanf(sonst char *fmtstr [,argument]…);

功能：用 getchar()函数读数据。输入的数据保存在由 argument 根据格式字符串 fmtstr 指定的位置。

返回值：返回成功转换的输入域的数目。若有错误则返回 EOF。

其他常用的 C51 头文件还有：绝对地址头文件<absacc.h>，该文件中实际上只定义了几个宏，以确定各存储空间的绝对地址。字符串操作头文件<string.h>，用于添加、删除、比较字符串等。由于篇幅有限，这里不一一列举这些头文件中的库函数。

10.3　Proteus 8 仿真软件

单片机应用系统设计涉及的实验、实践环节较多，设备投入较大。在具体的工程实践中，如果因为方案有误，那么单片机应用系统的开发过程会浪费较多的时间和经费。Proteus 仿真软件很好地解决了这些问题，它可对基于单片机的电子系统设计和所有外围电子器件一起仿真，用户甚至可以实时采用诸如 LED/LCD、键盘、RS-232C 终端等动态外设模型来对设计进行交互仿真。

此外，像 Protel 软件一样，使用 Proteus 软件能够完成单片机应用系统电路原理图的绘制、PCB 设计，更为显著的特点是能与 Keil μVision4 等工具软件结合进行程序的编辑、编译和仿真调试。本节以 Proteus 8 Professional 为例，介绍 Proteus 在单片机应用系统设计中的仿真应用方法。

10.3.1　Proteus 8 主界面介绍

运行 Proteus 8 后，进入仿真软件的主界面，如图 10.23 所示。主界面分为菜单栏、工具栏、模型选择元器件栏、原理图编辑窗口、预览窗口、元器件列表区、方向工具栏和仿真工具条栏。下面简单介绍各部分的功能。

1. 原理图编辑窗口

原理图编辑窗口用来绘制电路原理图，与其他 Windows 应用软件不同，这个窗口没有滚动条，但可用左上角的预览窗口改变原理图的可视范围。

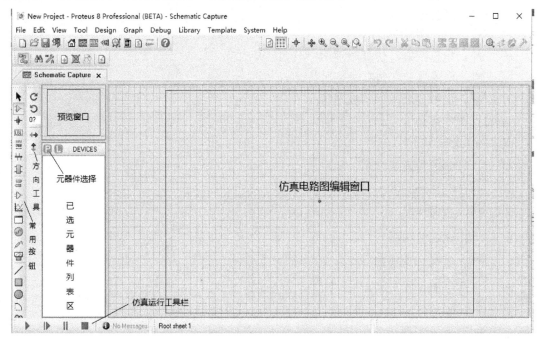

图 10.23　Proteus 的主界面

2. 预览窗口

预览窗口可以显示两个内容：在元器件列表中选择一个元器件时，它会显示该元器件的预览图；鼠标焦点落在原理图编辑窗口时，会显示整张原理图的缩略图，并会显示一个绿色的方框，绿色方框中的内容就是当前原理图窗口中显示的内容，因此可以用鼠标单击来改变绿色方框的位置，进而改变原理图的可视范围。

3. 模型选择元器件栏

模型选择元器件栏分为主要模型、配件、2D 图形三部分，各部分的功能如下。

（1）主要模型部分

从上至下分别如下：

- ➤　：即时编辑元器件参数（先单击该图标再单击要修改的元件）
- ➤　：选择元器件
- ➤　：放置连接点
- ➤　：放置标签（相当于网络标号）
- ➤　：放置文本
- ➤　：绘制总线
- ➤　：放置子电路

（2）配件部分

由上到下分别如下：

- ➤　：终端接口，有 VCC、地、输出、输入等端口
- ➤　：器件引脚，用于绘制各种引脚

- ➤ 〰️：仿真图表，用于各种分析，如 Noise Analysis
- ➤ 📼：录音机
- ➤ ⊚：信号发生器
- ➤ 📈：电压探针，仿真时使用
- ➤ 📉：电流探针，仿真时使用
- ➤ 📟：虚拟仪表，如示波器等

（3）2D 图形部分

由上到下分别如下：

- ➤ ／：画各种直线
- ➤ ▢：画各种方框
- ➤ ●：画各种圆
- ➤ ◠：画各种圆弧
- ➤ ⬗：画各种多边形
- ➤ **A**：添加各种文本
- ➤ 🔲：画符号
- ➤ ＋：画原点等

4. 元器件列表区

元器件列表区用于选择元器件、终端接口、信号发生器等。例如，单击元器件选择按钮 P 会打开挑选元器件对话框，选择一个元器件后（单击 OK 按钮后），该元器件会在元器件列表区中显示，以后要用到该元器件时，只需在元器件列表区中选择即可。

5. 方向工具栏

方向工具栏有旋转角度设置框（只能输入 90°的整倍数），以及两个翻转按钮（水平翻转和垂直翻转）。使用方法：先右键单击所选元件，再选择相应的旋转图标。

6. 仿真工具栏

仿真工具栏 ▶ ⏭ ⏸ ⏹ 上的按钮从左到右分别为：运行、单步运行、暂停、停止。

10.3.2　Proteus 8 绘制电路原理图

下面仍以 10.2.3 节中的流水灯为例，介绍 Proteus 软件绘制电路原理图的过程，以及对单片机应用系统进行仿真的方法。

1. 将所需元器件添加到元器件列表区

通过模型元件选择区中的元器件选择按钮 P，在 Pick Devices 窗口中选择所需的元器件，如图 10.24 所示。Proteus 提供了 30 多种元件库，超过 8000 种模拟、数字元器件。为节约查找元件的时间，一般都在 Keywords 中输入元器件名称或关键词，如输入关键词 89C51，可以找到单片机 89C51 芯片。双击选中的元器件，或单击元器件后单击 OK，即可将元器件添加到元器件列表区。

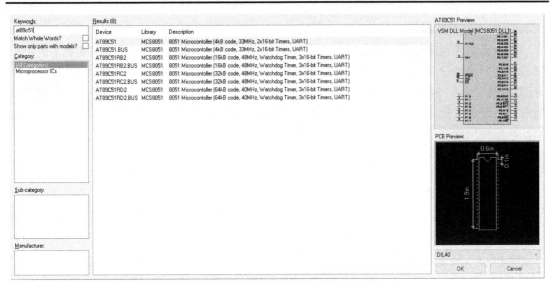

图 10.24　选择元器件

2. 将元器件放到原理图编辑窗口

在元器件列表区中选中元件后，在原理图编辑窗口中单击鼠标左键，即可放置元件。全部元件放置好后，调整相对位置，使布局合理美观。

3. 在元器件之间连线

在元器件之间连线十分简单：将鼠标移至元件（对象）的引脚（连接点）处，鼠标的指针会出现一个红色小方格，单击鼠标左键即可开始连线，需要拐角时再单击鼠标左键，直到连接到另一个元件（对象）的引脚（连接点）处。也可单击屏幕左侧的按钮 ，选择 DEFAULT，放置标签 LABEL，双击标签 LABEL 输入标签号（字母数字任意），只要标签号一致，就相当于已连接上。按照上述方法完成的流水灯电路图如图 10.25 所示。

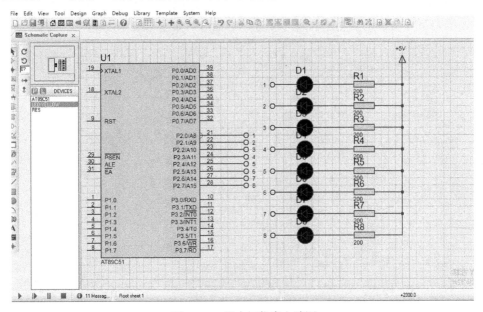

图 10.25　流水灯仿真电路图

4. 元器件参数设置

双击元器件可设置元器件的相关参数。本例采用芯片 AT89C51 的引脚与实际芯片的引脚基本相同，唯一差别是隐去了 GND 和 VCC 引脚，系统默认将它们分别连接到地和+5V 直流电源。因此，在电路连线时可以不考虑电源和地的连接。为了快速进行仿真，系统所需的时钟电路、复位电路可以省略。需要设定单片机的晶振频率时，可以双击 AT89C51 的元器件，在弹出的对话框中直接设置，系统默认的晶振频率为 12MHz。

10.3.3　Proteus 8 仿真调试

1. 加载程序文件

使用 Keil μVision4 或 WAVE（伟福）等单片机程序开发软件编写流水灯程序，编译生成十六进制目标程序文件（后缀名为.hex）。双击电路图中的 AT89C51 元件，在弹出的对话框 Program File 中，选择前面编译好的十六进制目标程序文件 test.hex，如图 10.26 所示。

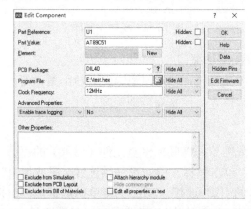

图 10.26　加载十六进制目标程序文件到单片机芯片中

2. 调试运行

单击屏幕下方仿真工具栏中的运行按钮，仿真结果如图 10.27 所示。

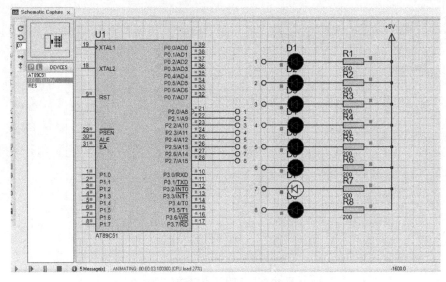

图 10.27　流水灯 Proteus 仿真结果示意图

从仿真过程可知，P2 口的状态值按 11111110，11111101，…，011111111 依次循环变化（蓝色为低电平，红色为高电平），与 P2 口相连的 8 个发光二极管从上至下依次循环点亮，仿真结果表明程序设计正确。

10.4　单片机应用系统开发小工具

在单片机应用程序设计时，有时借助一些开发小工具可以极大地提高编程的效率。本节主要介绍几种常用的开发小工具，包括波特率初值计算工具、数码管编码器、定时器计算工具、串口调试助手。

10.4.1　波特率初值计算工具

80C51 系列单片机进行串行通信时，通常选用单片机定时器/计数器 T1 作为波特率发生器。一般来说，对于单片机的串行口工作方式 1、方式 3 要使用公式计算 T1 的初值，比较费时且容易出错。然而，采用专门的波特率初值计算工具，可以提高编程效率。

图 10.28(a)是 80C51 系列单片机波特率初值计算工具的运行界面，使用者只需完成定时器方式设定（方式 0～方式 3），晶振频率设定（自定义），需要产生的波特率的大小及 SMOD 标志位设定（0 或 1）。按下"确定"键后，即可得到定时器初值结果，如图 10.28(b)所示。结果显示界面上方得到定时器的初值为十六进制数 FDH。

(a) 参数设定　　　　　　　　　　　　　　(b) 结果显示

图 10.28　波特率初值计算工具示意图

10.4.2　数码管编码器

获得数码管显示的字型编码比较烦琐。数码管极性的选择不同，段码与单片机 I/O 端口硬件的连接不同，字型编码就不相同。手工列出真值表再进行字型编码既耗时又易出错。然而，利用一个小工具软件——数码管编码器，可以很方便地得到字型编码。

数码管编码器的使用非常简单，其运行界面如图 10.29 所示。首先，在数码管极性选择栏选择数码管的极性，然后对照图中左上角笔画段码与单片机 I/O 端口硬件连接的关系填写段码表。例如，单片机的 P0 口连接数码管：P0.0 连接 a，a 下填 0，P0.1 连接 b，b 下填 1，以此类推，填写段码表后，单击"编码"按钮即可得出数字 0～F 的字型编码。单击"复制"按钮即可在程序编辑器中粘贴编码。

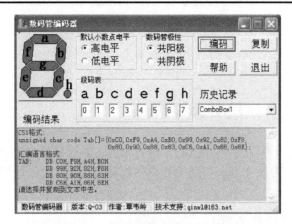

图 10.29　数码管编码器的运行界面

注意，一般数码管的小数点消隐不亮，"默认小数点电平"会自动跟踪"数码管极性"一栏中的状态。一般我们不做改动，除非有特殊要求才对"默认小数点电平"进行设置。

10.4.3　定时器计算工具

定时器计算工具用于计算定时器的定时初值，软件的运行界面如图 10.30 所示，用户只需设置定时器方式（方式 0～方式 3）、晶振频率（自定义）、定时时间，单击"确定"按钮即可得出定时器的定时初值。

图 10.30　定时器计算工具

10.4.4　串口调试助手

PC 与单片机的串行通信在很多场合下都有应用，有时借助一个小工具软件——串口调试助手，可以很方便地完成单片机串行通信程序的调试。

首先，用一根串口电缆线（一般为 9 针）连接单片机开发板上的串行口与 PC 的串行口 RS-232C。然后，将串行通信程序下载到单片机开发板，打开"串口调试助手"，对相关参数进行设置，接着调试程序，如图 10.31 所示。

1．设置串口参数

串口选择：COM1～COM4；波特率设置：600～256000bps，大于 115200bps 时需要硬件支持。其他参数如校验位、数据位长度、停止位，可根据单片机的串行通信方式进行设置。

图 10.31　串口调试助手

2. 接收数据

设置串口参数后，单击窗口左侧的"关闭串口"按钮，打开串口（右侧图标为红色时表示串口已打开，图标为黑色时表示串口关闭），如果要按十六进制显示接收数据，那么选中"十六进制显示"选项。最后检查接收区中的数据接收正确与否。

3. 发送数据

在键盘发送区的输入框中单击鼠标，输入发送的英文字符或字符串内容。如果要按十六进制形式发送数据，那么选中"十六进制发送"选项，单击"手动发送"按钮。如果选择"自动发送"，那么可以每隔一段时间（自动发送周期）反复地自动发送输入框中的信息，自动发送周期最大为 65535ms。另外，也可通过单击"选择发送文件"按钮，将编辑好的英文文本文件通过 PC 的 RS-232C 串口发送出去。

4. 状态信息

屏幕的底部是串口的状态信息，以及发送和接收字符次数的计数情况。

10.5　本章小结

单片机应用系统的开发过程主要包含硬件设计和软件设计两方面。由于用户目标系统不具备自开发能力，当用户目标系统硬件设计完成后，需要借助于外部的硬件开发环境（由 PC、单片机仿真器、用户目标系统、编程器和连接电缆组成）和软件开发环境（由 PC 上的单片机集成开发环境软件和编程器软件构成），才能完成相应的编程和调试工作。只有将应用程序目标代码写入目标系统的程序存储器，完成最终的现场运行测试后，用户目标系统才能成为一个满足用户要求的单片机应用系统。

Keil C51 软件是目前最流行的开发 MCS-51 系列单片机应用程序的软件工具。Keil C51 提供了包括 C 编译器、宏汇编器、连接器、库管理和一个功能强大的仿真调试器等在内的完整开发方案，通过一个集成开发环境 Keil μVision4 将这些部分组合在一起，它集编辑、编译、仿真于一体，支持汇编语言和 C51 高级语言的程序设计。掌握这一软件的使用，对于单片机应用系统设计的工程实践有很大的帮助。

Labcenter Electronics 公司推出的 Proteus 软件可对基于单片机的电子系统设计和所有外围电子器件仿真，用户甚至可以实时采用诸如 LED/LCD、键盘、RS-232C 终端等动态外设来对电子系统进行交互仿真。用 Proteus 软件进行单片机应用系统仿真，从某种意义上讲，弥补了单片机课程实验和工程应用间脱节的现象。

10.6　思考题与习题

1. 简述单片机应用系统设计的基本步骤。
2. 单片机仿真器的作用是什么？编程器的作用是什么？
3. 解释 ISP 和 IAP。具有 ISP 和 IAP 功能的单片机有什么好处？
4. 什么是 JTAG？使用 JTAG 接口进行单片机开发有什么好处？
5. 使用 Keil μVision4 集成开发环境，调试下面的 C51 语言源程序，采用单步运行调试方式，观察并记录片外存储器以 2000H 开始的连续单元的数据变化情况，并根据观察记录的结果，简述程序实现的功能。

```
#include <reg51.h>
    main()
        {
            int i;
            unsigned char xdata *p = 0x2000;
            for(i = 0; i < 256; i++)
                {*p = 0xff; p++;}
        }
```

6. 设计秒表（00～59 循环计数）的数码管显示程序，在 Keil μVision4 集成开发环境中编译通过后，自行设计硬件电路图，并在 Proteus 中仿真实现。
7. 设计十字路口信号灯控制显示程序，在 Keil μVision4 集成开发环境中编译通过后，自行设计硬件电路图，并在 Proteus 中仿真实现。

第 11 章　基于嵌入式实时操作系统的单片机程序设计方法

在嵌入式系统的应用开发中，嵌入式实时操作系统是核心软件，就像我们日常所用的计算机的桌面系统中，微软公司的 Windows XP 一样重要。本章在介绍嵌入式实时操作系统 RTX51 Tiny 内核的基础上，主要论述基于 RTX51 Tiny 的单片机程序设计方法。

11.1　嵌入式实时操作系统的概念

下面在介绍嵌入式系统特征的基础上，说明嵌入式实时操作系统的概念。

11.1.1　嵌入式系统的特征

第 1 章对嵌入式系统的概念进行了简要的介绍。由于嵌入式系统没有唯一的全面定义，因此我们必须注重嵌入式系统的特征，从多方面理解什么是嵌入式系统及嵌入式系统具有哪些特殊性。

嵌入式系统是一个大系统或一个大的电子设备中的一部分，工作在一个与外界发生交互并受到时间约束的环境中，在没有人工干预的情况下进行实时控制。其中，软件用以实现有关功能，并使其系统具有适应性及灵活性；硬件（处理器、ASIC、存储器等）用以满足性能甚至安全的需要。嵌入式系统是以应用为中心，以计算机技术为基础的。嵌入式系统的软硬件可裁减，以适应应用系统对功能、可靠性、成本、体积及功耗方面的严格要求。例如，数字机顶盒（Digital Set-Top box，DST）可以在许多家庭、娱乐场所中找到，而数字音频/视频解码系统（A/V decoder，A/V 解码器）是 DST 的一个完整部分，是一个嵌入式系统，A/V 解码器接收单个多媒体流，并且产生声音和视频帧输出。在 DST 从卫星接收的信号中，包含多个流或频道，因此 A/V 解码器与传输流解码器连接工作。传输流解码器也是一个嵌入式系统，传输流解码器解调收到的多媒体流到分离的频道上，并且只将所选的频道送给 A/V 解码器。

嵌入式系统是面向用户、面向产品、面向应用的，如果独立于应用自行发展，那么会失去市场。与通用计算机不同，嵌入式系统的硬件和软件都必须高效率地设计，量体裁衣、去除冗余，力争在同样的硅片面积上实现更高的性能，这样才能在具体应用对嵌入式系统的选择中更具竞争力。嵌入式系统和具体应用有机地结合在一起，它的升级换代也是与具体产品同步进行的，所以嵌入式系统产品一旦进入市场，就具有较长的生命周期。

嵌入式系统是将先进的计算机技术、半导体技术、电子技术与各个行业的具体应用相结合的产物，这一点决定了它必然是一个技术密集、资金密集、高度分散、不断创新的知识集成系统。嵌入式设备市场分散，品种繁多，其特点是：本地化特点强，范围广，需求数量大，发展速度快，易用性要求高，3C 融合，个性化特征明显。嵌入式系统的开发已成为近年来 IT 行业的技术热点。

通常，嵌入式系统的硬件和软件是并行开发的。在这种协同设计模型中，软/硬件两个设计队伍之间要经常交流，以便每个队伍都能从另一个队伍中获得有价值的参考意见。软件方面可以获得特殊的硬件优势，以提高性能。硬件方面可以简化模块设计，如果该功能用软件实现，那么可以降低硬件的复杂性和费用。设计缺陷经常在软件和硬件的这种紧密合作中揭示。硬件和软件协同设计模型强调嵌入式系统的基本特征——它们的应用是特殊的。嵌入式系统经常建造客户化的硬件和软件。

嵌入式系统的另一个典型特征是软件开发方法，它称为交叉平台开发。嵌入式系统的软件在一个平台上开发，而在另一个平台上运行。为叙述方便，我们把用来开发嵌入式软件的系统称为宿主机系统，把被开发的嵌入式系统称为目标机系统。宿主机系统由硬件、操作系统和用于开发的软件开发工具组成。进行交叉平台开发的主要软件工具是交叉编译器，它是运行在一种处理器体系结构上，但产生可以在另一种不同处理器体系结构上运行的目标码的编译器，使用交叉编译器是因为目标机系统上没有自己的编译器。例如，德国 Keil 公司开发的 Keil C51 编译器就是这样的编译器。

11.1.2　嵌入式实时操作系统的概念

需要说明的是，嵌入式系统与通用计算机不同，应用程序可以没有操作系统而直接在芯片上运行，但为了合理地调度多任务、利用系统资源，系统一般以成熟的实时操作系统作为应用程序开发平台，这样才能保证程序执行的实时性、可靠性，并减少开发时间，保证软件质量。这些作为开发平台的实时操作系统也就是本节要说明的嵌入式实时操作系统。

嵌入式实时操作系统（Embedded Real-Time Operating System，ERTOS）是一种实时的、支持嵌入式系统应用的操作系统软件，它是嵌入式系统极为重要的组成部分，通常包括与硬件相关的底层驱动软件、系统内核、设备驱动接口、通信协议、图形界面、标准化浏览器等。目前，嵌入式操作系统的品种较多，据统计，仅用于电器的嵌入式操作系统就有约 40 种，其中较为流行的有 Windows CE、palm OS、Vx works、pSOS、Real-Time Linux、μC/OS-Ⅱ、RTX51。与通用操作系统相比，嵌入式实时操作系统在系统实时高效性、硬件的相关依赖性、软件固态化及应用的专用性等方面具有较为突出的特点。

当前，嵌入式实时操作系统已成为许多嵌入式系统的关键，它提供建立应用的软件平台。然而，并非所有嵌入式系统都使用 ERTOS 进行设计，某些嵌入式系统使用相对很简单的硬件或很少量的应用软件代码，可能不需要 ERTOS。但是，许多嵌入式系统具有中到大规模的应用软件，需要某种方式的调度，因此需要 ERTOS。

应用需求决定了嵌入式实时操作系统的特性要求。好的嵌入式实时操作系统应当是可靠、可预测、高性能、紧凑和可裁剪的。

11.2　在电子系统设计中引入 RTOS 的意义

今天，人们越来越清楚地认识到了在嵌入式系统设计中引入实时操作系统的必要性。在许多嵌入式系统应用中，不但要求系统能够及时响应随机发生的外部事件，并对其做出快速处理，而且需要同时执行多个任务，并对每个任务做出实时响应。实践证明，对于这样的应用，采用实时操作系统（Real-Time Operating System，RTOS）作为应用软件设计平台是一个良好的选择。

可以这样说，电子系统设计方法的演化是因为应用需求的牵引和 IT 技术的推动。

11.2.1　两种软件开发模式的比较

随着嵌入式系统软件复杂性的增加，如果不使用多任务操作系统或多任务的思想进行软件设计，那么传统软件开发模式将不能满足要求。在传统的软件开发模式下，程序由一个主循环控制，通过判断不同的标志顺序循环调用各个功能函数，主循环中调用的模块按顺序运行。这种软件开发模式的缺点是，除中断服务程序外，各程序模块没有优先级的区别，被主循环简单地轮转调用，实时性差，响应时间无法预料；而且，当一个任务申请不到资源或循环过程中由于某种原因无法跳出循环时，其他任务将得不到响应。程序很小时，虽然可通过设置看门狗（Watch Dog Timer，WDT）、利用中断等方法来解决上述矛盾，如果程序变得较大，那么会大大增加开发时间和调试难度，复杂度不堪想象。

因此，在应用程序处理的任务较多，尤其是要求同时执行两个或两个以上的工作或任务时，在软件设计中引入多任务操作系统非常必要。嵌入式系统中的多任务操作系统在应用系统启动后，首先运行的是背景程序，用户的应用程序是运行于其上的各个具体任务。多任务操作系统允许灵活地向各个任务分配系统资源（CPU、存储器等），各程序模块（或任务）如同中断程序那样并行运行，因此能简化那些复杂而且时间要求严格的应用软件设计。

通常，由于 8 位或 16 位单片机的处理速度、内部寄存器资源等因素的限制，定制的多任务操作系统功能有限，主要功能包括任务管理和内存管理。任务管理的主要工作是按某种调度策略使最应该运行的任务占用 CPU，同时保存各个任务切换时的上下文，以便下次运行该任务时能够恢复运行。

其实，简单的嵌入式系统程序设计不必引入占用系统资源的多任务操作系统，只需将多任务的思想贯穿在程序的设计中，就能使程序优化不少。但对于要求应用程序同时并行运行多个任务的情况，如果仍然通过类似的方法编程，那么应用程序就会显得比较复杂。这时，可以采用一些现成的嵌入式多任务操作系统来管理任务，设计程序时，只需设计好各个任务的功能程序，而不必关心程序运行时的细节，进而降低开发难度，缩短开发时间。

11.2.2　嵌入式应用中使用嵌入式 RTOS 的必要性

嵌入式系统的应用必须能同时执行多个任务或工作，基于单任务顺序循环机制的传统程序设计方法难以胜任这一点，如图 11.1 所示。因此，需要找到一种合适的新应用软件设计方法。由于单片机应用系统功能通常可以分解为多个相对独立的模块，因此将这些模块理解为任务，可以引入多任务机制进行管理。引入多任务机制后，可以有效地改善程序结构，满足应用系统复杂的定时和实时控制要求。在多任务机制下，CPU 的运行时间被划分为许多小时间片，由某种调度算法按不同的优先级别分配给不同的任务。多个任务分别在各自的时间片内访问 CPU，进而产生微观上轮流运行、宏观上并行运行的多任务效果，如图 11.2 所示。

在多任务嵌入式系统中，合理的任务调度必不可少。单纯通过提高处理器速度无法达到目的，因此要求嵌入式系统的软件必须具有多任务调度能力。因此，必须基于多任务实时操作系统进行嵌入式系统应用软件的开发。

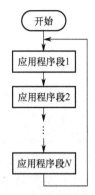

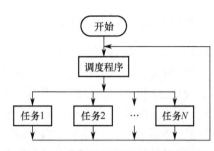

图 11.1　顺序循环机制的程序流程图　　　　图 11.2　多任务机制下的程序流程图

实时操作系统的首要任务是调度一切可以利用的资源来完成实时控制任务，次要任务是提高计算机系统的使用效率。实时操作系统的重要特点是，在规定的时间内通过任务调度对重要事件做出正确的响应。实时操作系统既能保证对外界的信息以足够快的速度进行相应处理，又能并行运行多个任务，具有实时性和并行性的特点，因此能很好地完成对多个信息的实时测量、处理和实时控制。

提倡使用 RTOS 的另一个原因是，提高应用软件的开发效率，缩短系统开发周期。一个复杂的应用软件可以分解成多个任务，每个任务模块的调试和修改几乎不影响其他任务模块。

11.2.3　嵌入式操作系统环境下的应用软件设计

嵌入式操作系统向设计人员提供可以引用的系统调用（一般是以子程序或函数的形式提供的），它们实现了系统的基本功能。

嵌入式操作系统提供的系统调用一般是针对输入/输出的基本功能，这些基本输入/输出功能可以做到可靠而高效。

在嵌入式系统的开发过程中，如果没有操作系统的支持，那么面向底层硬件的输入/输出功能的开发会占用设计人员的大部分开发工作量，并且很难保证实现的输入/输出功能的可靠性。而在嵌入式操作系统的支持下，设计者可以从一组可靠的底层函数出发，开发自己的应用程序，使得设计的软件一开始就建立在可靠的基础上。同时，也使设计者在开发过程中的注意力更多地集中在与应用问题直接相关的软件功能实现上，从而大大降低程序设计、调试的工作量。此外，程序的可移植性也会大大提高，因为嵌入式系统硬件变化和功能升级引起的程序修改工作量可以降到最低。

良好的操作系统可以保障系统的安全性、可靠性。利用操作系统的安全性、可靠性保障，应用程序既能具有良好的基础，又不必为此开销大量的代码编写和测试工作量。操作系统总是提供进程管理功能，因此应用程序的设计更贴近于系统设计的目标要求。同时，利用操作系统的进程管理功能可以提高嵌入式系统软件的稳定性和可靠性。

总之，在操作系统环境下的应用软件开发，为设计者将注意力集中到应用问题提供了完善而良好的条件。

11.2.4　嵌入式操作系统环境下的应用软件调试

开发一个嵌入式系统，与在一台通用微机上的开发工作是不同的。由于硬件和软件的不可靠性，新设计的嵌入式系统往往要经过细致的调试来排除软件故障和硬件故障，这是一项费时且费力的开发工作。在嵌入式系统中引入操作系统，为避免这一工作提供了条件。操作系统的基本目标之一是对底层硬件的封装，操作系统在这一点上一般做得很完善，它的底层软件经过了许多人长时间运行的考验。操作系统使设计者将注意力更多地集中在要实现的目标上，而不是系统硬件的调试上。

在一个共同的操作系统平台上，多进程程序设计、团队式开发方式都成为可能。引入操作系统的进程概念后，嵌入式系统的应用功能实现就能分解为许多相对独立的进程，在操作系统的统一管理下完成系统的应用目标。这些进程的设计、调试能相对独立地进行，通过多人的协同作战来提高开发效率。

11.3　嵌入式实时操作系统 RTX51 的介绍

RTX51 是一个用于 MCS-51 系列单片机的多任务实时操作系统，它由德国 Keil 公司开发。RTX51 有 2 个不同的版本：

- ➢ RTX51 Full 允许 4 个优先级的任务时间片轮转调度和抢先式的任务切换，可以并行地利用中断功能。信号和信息可以通过邮箱系统在任务之间互相传递，可以从一个存储池中分配和释放内存，可以强迫一个任务等待中断、超时、从另一个任务或中断发出的信号或信息。
- ➢ RTX51 Tiny 是 RTX51 的一个子集，它能很容易地在没有任何外部存储器的单片机 89S51 应用系统上运行。RTX51 Tiny 仅支持时间片轮转任务切换和使用信号进行任务切换，不支持抢先式任务切换，可以并行地利用中断功能，可以强迫一个任务等待中断、超时、从另一个任务或中断发出的信号，不能进行信息处理，也不支持存储器分配或释放。

本节主要介绍嵌入式实时操作系统 RTX51 Tiny。

11.3.1　RTX51 的技术参数

RTX51 的技术参数如表 11.1 所示。

表 11.1　RTX51 的技术参数

文字说明	RTX51 Full	RTX51 Tiny
任务的数量	256；最多 19 个任务处于激活状态	16
RAM 需求	40~46B DATA 20~200B IDATA（用户堆栈） 最小 650B XDATA	7B DATA 3×任务数 B IDATA
程序存储器需求	6~8KB	900B
硬件要求	Timer 0 或 Timer 1	Timer 0
系统时钟	1000~40000cycles	1000~65535cycles
中断等待	<50cycles	<20cycles

（续表）

文字说明	RTX51 Full	RTX51 Tiny
切换时间	70～100cycles（快速任务） 180～700cycles（标准任务） 取决于堆栈负载情况	100～700cycles 取决于堆栈负载情况
邮箱系统	8 个邮箱，每个邮箱有 8 个入口	不可用
存储器池系统	最多可到 16 个存储器池	不可用
信号通知	8×1 位	不可用

11.3.2　几个概念

1. 任务定义

一个任务是独立的执行线程，它可以和其他的并发任务竞争 CPU 时间。开发者将应用程序的功能分解为多个并发的任务，从而应用程序由一个或多个完成具体操作的任务组成。RTX51 Tiny 允许最多 16 个任务。任务是返回数据类型和参数列表均为空的 C 语言函数，它使用下面的格式定义：

　　　void function_name (void) _task_ *num*

其中 *num* 是一个从 0 到 15 的任务标识号。每个任务都有一个相关的名字 function_name、一个唯一的标识号 *num* 和一个任务例程。下面是任务定义的例子：

```
void job8 (void) _task_ 8    {
    while (1) {
        counter0++;              /* increment counter */
        }
    }
```

定义任务 job8 的任务号为 8，这个任务的作用是使计数器 counter0 的值加 1，并重复执行之。一般说来，所有任务都是用无限循环实现的。

2. 任务状态

RTX51 Tiny 的用户任务具有以下几个状态，每个任务都为表 11.2 中的某个状态之一。任务状态转换图如图 11.3 所示。

表 11.2　任务的状态

状态	状态描述
RUNNING	运行状态。当前正在运行的任务处于 RUNNING 状态，同一时刻只有一个任务可以运行
READY	就绪状态。等待运行的任务处于 READY 状态，在当前运行任务的时间片完成后，RTX51 Tiny 开始下一个处于 READY 状态的任务
WAITING	等待状态。等待一个事件的任务处于 WAITING 状态，如果事件发生的话，那么该任务由 WAITING 状态进入 READY 状态
DELETED	删除状态。未开始的任务处于 DELETED 状态，该任务不在执行队列中
TIME-OUT	超时状态。任务由于时间片用完而处于 TIME-OUT 状态，并等待再次运行。TIME-OUT 状态与 READY 状态相似，但由于是内部操作过程使一个任务被切换而冠以标记

图 11.3　任务状态转换图

3. 任务切换

RTX51 Tiny 不仅能完成时间片轮转的多重任务，而且允许并行执行多个无限循环或任务，任务并不是并行执行的，而是按时间片轮流执行的。可利用的 CPU 时间被分成若干时间片，由 RTX51 Tiny 为每个任务分配一个时间片，每个任务允许执行一个预先确定的时间，然后 RTX51 Tiny 切换到另一个准备运行的任务，并且允许这个任务执行片刻。

RTX51 Tiny 内核提供的基本服务是任务切换。简单地说，任务切换是将全部自由堆栈空间分配给正在运行的任务。具体地说，当多任务内核决定运行其他任务时，保存正运行任务的当前状态，即保存 CPU 寄存器中的全部内容，这些内容保存在自己的堆栈区中。压入堆栈工作完成后，就把下一个将要运行的任务的当前状态从任务的堆栈中取出并装入 CPU 的寄存器，开始运行下一个任务，这个过程称为任务切换。

RTX51 Tiny 是基于时间片轮转调度算法的操作系统，它支持非抢占式的任务切换，即允许每个任务运行直到该任务自愿放弃 CPU 的控制权，中断可以打断正在运行的任务，中断服务完成后将 CPU 的控制权还给被中断的任务。所以，当任务主动放弃 CPU 时，RTX51 Tiny 才进行任务的切换，这是一种情况；另一种情况是，当一个任务的时间片用完时，进行任务切换。任务切换时，RTX51 Tiny 保护现场，进行系统堆栈管理，至少要保护 15B。

4. RTX51 事件

RTX51 Tiny 的系统函数 os_wait 支持以下 3 种事件类型。

（1）SIGNAL：信号

SIGNAL 是用于任务之间通信的位（bit），可以用系统函数进行置"1"或清"0"。如果一个任务调用了 os_wait1 函数等待 SIGNAL 而 SIGNAL 未置"1"，那么该任务就被挂起直到 SIGNAL 置"1"，才返回 READY 状态，并可被再次执行。

（2）TIME-OUT：超时

TIME-OUT 是由 os_wait2 函数开始的时间延时，其持续时间可由定时节拍数确定。带有 TIME-OUT 值调用 os_wait2 函数的任务将被挂起，直到延时结束才返回 READY 状态，并可被再次执行。

（3）INTERVAL：间隔

INTERVAL 是由 os_wait2 函数开始的时间间隔，持续时间可由定时节拍数确定。带有 INTERVAL 值调用 os_wait2 函数的任务将被挂起，直到时间间隔结束才返回 READY 状态，并可被再次执行。与 TIME-OUT 不同的是，任务的节拍计数器不清"0"，因此可以实现准确的定时。

5. RTX51 Tiny 的系统函数

RTX51 Tiny 的内核主要提供以下系统函数供用户应用程序引用，见表 11.3。

表 11.3　RTX51Tiny 的主要系统函数说明

系统函数	功能描述	运行时间（cycles）
isr_send_signal	从一个中断发送一个信号到一个任务	46
os_clear_signal	删除一个发送的信号	57
os_create_task	将一个任务加入执行队列	302
os_delete_task	从执行队列中删除一个任务	172
os_running_task_id	返回当前运行任务的任务标识符（task ID）	36
os_send_signal	从一个任务发送一个信号到另一个任务	任务转换时 408 快速任务转换时 316 没有任务转换时 71
os_wait	等待事件	等待信号时 68 等待消息时 160
os_wait1	等待事件	
os_wait2	等待事件	

6. 时间片

RTX51 Tiny 使用的任务调度方法是无优先级时间片轮询法，每个任务使用相同大小的时间片，但时间片是怎样确定的呢？

RTX51 Tiny 的配置参数（在 Conf_tny.a51 文件中定义）有 INT_CLOCK 和 TIMESHARING。这两个参数决定了每个任务使用的时间片的大小：INT_CLOCK 是时钟中断使用的周期数，即基本时间片；TIMESHARING 是每个任务一次使用的时间片数量。两者决定了一个任务一次使用的最大时间片。例如，假设一个系统中 INT_CLOCK 设置为 10000，且系统晶振频率为 $f_{osc}=$ 12MHz，时间片为 10ms，那么 TIMESHARING = 1 时，一个任务使用的最大时间片是 10ms；TIMESHARING = 2 时，任务使用的最大时间片是 20ms；TIMESHARING = 5 时，任务使用的最大时间片是 50ms；当 TIMESHARING 设置为 0 时，系统就不会进行自动任务切换。这时需要用 os_switch_task 函数进行任务切换，这部分功能是 RTX51 Tiny 2.0 中新增的。

7. K_TMO 的延时时间

os_wait 是 RTX51 Tiny 中的基本函数之一。它的功能是挂起当前任务，等待一个信号（K_SIG）、超时（K_TMO）、时间间隔（K_IVL）或它们的组合。虽然 os_wait 很简单，但由于涉及多任务的操作方式，因此很容易产生误解。

在 RTX51 Tiny 中，如果一个任务中使用了语句 os_wait(K_TMO, 1, 0)，那么它的延时时间是多少呢？

很多人认为是一个时间片，其实这不完全正确。正确的理解是，os_wait(K_TMO, 1, 0) 的延时时间与正在运行的任务相关。因为 RTX51 Tiny 不是一个占先或多优先级的实时操作系统，而是一个平级的时间片轮询实时操作系统，所有任务平等地运行。K_TMO 等待产生信号，超时信号产生后，只是置位相应的任务就绪标志位，任务并不能立即运行。任务需要等到其他任务轮流执行后，到自己的时间片时才会执行。

这就是说，最后的效果是延时时间加上正在运行的任务执行时间，而这个时间是与任务数和任务运行情况相关的。如果其他任务执行的时间短，那么延时可能只是一个时间片；如果其他任务执行的时间长，那么就需要多个时间片。

关于延时时间还有一个很容易理解错误的地方，即 os_wait 中无论是使用 K_TMO 还是使用 K_IVL 参数，延时都只与 INT_CLOCK 有关，而与 TIMESHARING 无关。或者说，os_wait 函数一次只使用一个基本时间片而非任务的时间片。

8. 参数 K_TMO 与参数 K_IVL 的区别

函数 os_wait 中有三个参数：K_TMO、K_IVL 和 K_SIG。其中，K_TMO 与 K_IVL 是最容易让人混淆的，尤其搞不清楚 K_IVL 到底是什么含义，好像使用起来与 K_TMO 的效果差不多。普通图书和 Keil 自带的 RTX51 Tiny 的帮助中也没有清楚解释 K_IVL 的含义。

K_IVL 与 K_TMO 有很大的区别，但在一定的环境下最终产生的效果差不多。

K_TMO 是指等待一个超时信号，只有时间到了，才会产生一个信号。它产生的信号是不会累计的。产生信号后，任务进入就绪状态。K_IVL 是指周期信号，每隔一个指定的周期，就会产生一次信号，产生的信号是可以累计的。这里累计的意思是，如果在指定的时间内没有对信号进行响应，那么信号的次数会叠加，以后进行信号处理时就不会漏掉信号。譬如，在系统中有几个任务，其中一个任务使用 K_TMO 方式的延时，另外一个任务使用 K_IVL 方式的延时，延时相同。如果系统的负担较轻，两个任务都可以及时响应，那么这两种延时的效果相同。如果系统的负担较重，任务响应较慢，不能及时响应所有的信号，那么使用 K_TMO 方式的任务可能会丢失一部分没有及时响应的信号，而使用 K_IVL 方式的任务不会丢失信号。只是信号的响应方式会变成这样：在一段时间内不响应信号，然后一次把所有累计的信号都处理完。由此看来，要想在用户任务中做到准确定时，就应采用 K_IVL 方式的延时来实现。

11.3.3　RTX Tiny 内核分析

RTX51 Tiny 内核代码用汇编语言写成，内核完全集成在 Keil C51 编译器中，以系统函数调用的方式运行。

1. 同步机制

为了能保证任务在执行次序上的协调，必须采用同步机制。RTX51 Tiny 内核用事件 SIGNAL、TIME-OUT、INTERVAL 进行任务间的通信和同步。

2. 调度规则

RTX51 Tiny 采用 MCS-51 单片机内部的定时器/计数器 T0 来产生定时节拍，各个任务只在各自分配的定时节拍数（时间片）内执行。时间片用完后，切换至下一个任务运行。RTX51 Tiny 调度程序的调度规则如下。

（1）如果出现以下情况，那么当前运行任务中断：

　　① 任务调用 os_wait 函数，并且指定的事件没有发生。

　　② 任务运行时间超过定义的时间片轮转超时时间。

（2）如果出现以下情况，那么开始另一个任务：

　　① 没有其他的任务运行。

　　② 将要开始的任务处于 READY 或 TIME-OUT 状态。

3. 任务控制块

为了描述和控制任务的运行，内核为每个任务定义了称为任务控制块的数据结构，它主要包括三项内容：

① ENTRY[task_id]：任务的代码入口地址，位于 CODE 空间，以 2B 为一个单位。

② STKP[task_id]：任务所用的堆栈栈底位置，位于 IDATA 空间，以 1B 为一个单位。

③ STATE[task_id].timer 和 STATE[task_id].state：前者表示任务的定时节拍计数器，在每次定时节拍中断后自减一次；后者表示任务状态寄存器，用其各个位来表示任务所处的状态。位于 IDATA 空间，以 2B 为一个单位。

由于任务有几种状态，因要标记任务状态就必须设置状态字。任务状态字的结构如下：

➢　　任务状态.0 = 等待信号
➢　　任务状态.1 = 等待时间到
➢　　任务状态.2 = 信号标志
➢　　任务状态.3 = 时间到标志
➢　　任务状态.4 = 任务就绪（等待运行）
➢　　任务状态.5 = 任务激活（os_create 使能位）
➢　　任务状态.6 = 轮转时间到
➢　　任务状态.7 = 运行标志

4. 存储器管理

内核使用了 Keil C51 编译器的对全局变量和局部变量采取静态分配存储空间的策略，因此存储器管理简化为堆栈管理。内核为每个任务保留一个单独的堆栈区，全部堆栈管理都在 IDATA 空间进行。为了给当前正在运行的任务分配尽可能大的堆栈区，各个任务所用的堆栈位置是动态的，并用 STKP[task_id] 来记录各个任务的堆栈栈底位置。当堆栈自由空间小于 FREESTACK（默认值为 20）字节时，就会调用宏 STACK_ERROR 进行堆栈出错处理。

在以下情况下将进行堆栈管理：

① 任务切换：将全部自由堆栈空间分配给正在运行的任务。

② 任务创建：将自由堆栈空间的 2B 分配给新创建的任务 task_id，并将 ENTRY[task_id] 放入其堆栈。

③ 任务删除：回收被删除任务 task_id 的堆栈空间，并转换为自由堆栈空间。

堆栈管理如图 11.4 所示。

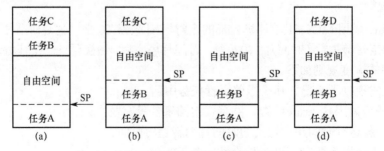

注：(a) 任务A正在运行；　(b) 切换至任务B运行；
(c) 删除任务C后自由空间增加；　(d) 创建任务D后自由空间减少2B

图 11.4　堆栈管理示意图

5. 主程序 main()

主程序 main 的主要任务是初始化各个任务堆栈的栈底指针 STKP、状态字 STATE 和定时器T0,创建任务task0并将其导入执行队列。这个过程加上Keil C51的启动代码CSTARTUP正是一般嵌入式系统中 BSP 所做的工作。

6. 定时器 T0 中断服务程序

RTX51 Tiny 内核使用定时器/计数器 T0 作为定时节拍发生器,是任务切换、时间片轮转的依据。中断服务程序有三个任务。

（1）更新各个任务的节拍数：将 STATE[task_id].timer 减 1,若某个任务超时（STATE[task_id].timer = 0）,且该任务正在等待超时事件,则将该任务置为 READY 状态,使其返回任务队列。

（2）检查自由堆栈空间：自由堆栈空间范围小于 FREESTACK（默认值为 20）字节时,可以调用宏 STACK_ERROR 进行堆栈出错处理,从而使 CPU 进入死循环。

（3）检查当前任务（处于 RUNNING 状态）的时间片是否到时：当前任务的时间片到时后,运行任务切换程序段 TASKSWITCHING,CPU 切换到下一任务运行。

定时器/计数器 T0 的溢出中断服务程序流程如图 11.5 所示。

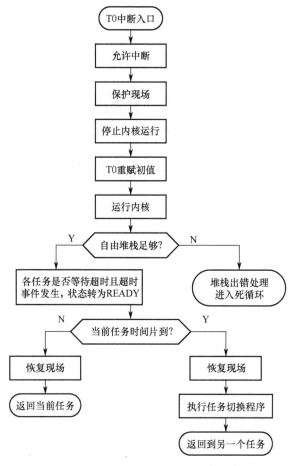

图 11.5　T0 的溢出中断服务程序流程

7. 任务切换程序段

这个程序段是内核中最核心的一个程序段，主要功能是完成任务切换。它共有两个入口 TASKSWITCHING 和 SWITCHINGNOW。前者供 T0 溢出中断服务程序调用，后者供系统函数 os_delete 和 os_wait 调用。相应地，也有两个不同的出口。

基本工作流程是，首先将当前任务置为 TIME-OUT 状态，等待下一次时间片循环，然后找到下一个处于 READY 状态的任务并使其成为当前任务。再后进行堆栈管理，将自由堆栈空间分配给该任务。清除使该任务进入 READY 或 TIME-OUT 状态的相关位后，执行该任务。任务切换程序流程框图如图 11.6 所示。

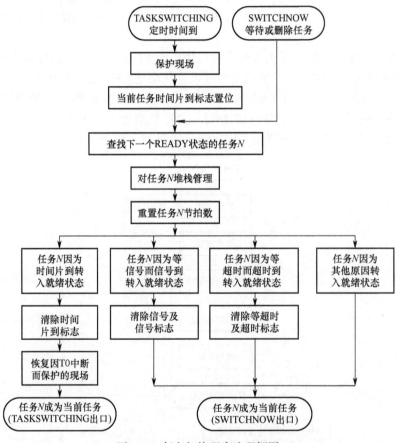

图 11.6　任务切换程序流程框图

8. os_wait 程序段

主要完成 os_wait 函数的功能。任务调用 os_wait 函数，挂起当前任务，等待一个或几个间隔（K_IVL）、一个或几个超时（K_TMO）、信号（K_SIG）事件。如果等待的事件已经发生，那么继续执行当前任务；如果等待的事件未发生，那么置"1"相应的等待标志后，挂起该任务，由入口 SWITCHINGNOW 转到任务切换程序段，切换至下一任务。

9. 其他程序段

其他程序段主要完成 os_create_task、os_delete_task 函数和有关信号处理的 os_send_signal、isr_send_signal、os_clear_signal 函数。这些函数的功能相对比较简单，主要是根据上述存储器管理策略进行堆栈的分配和删除，并改变任务的状态字 STATE[task_id].state，使任务处于不同的状态。

以上所有程序段涉及任务状态字操作时，必须关中断，以防止和 T0 溢出中断服务程序同时操作任务状态字。

11.3.4　RTX Tiny 内核源代码

RTX51 Tiny 内核主要由 2 个用汇编语言编写的源程序文件 conf_tny.a51 和 rtxtny.a51 组成。前者是一个配置文件，用来定义系统运行需要的全局变量和堆栈出错时要执行的宏 STACK_ERROR。对于这些全局变量和宏，用户可以根据自己系统的配置灵活修改，配置文件比较简单。后者是 RTX51 Tiny 内核的主要部分，它完成系统调用的所有函数，源程序文件 rtxtny.a51 比较复杂。RTX51 Tiny 内核代码用汇编语言写成，可读性差，但代码效率较高。内核程序文件 conf_tny.a51 和 rtxtny.a51 的源代码可从互联网得到（www.keil.com）。为便于读者分析和研究 RTX51 Tiny 的内核，下面给出内核程序文件 conf_tny.a51 的源代码。

```
; -----------------------------------------------------------------------
;   This file is part of the 'RTX-51 tiny' Real-Time Operating System Package
;   Copyright KEIL ELEKTRONIK GmbH 1991
; -----------------------------------------------------------------------
;   CONF_TNY.A51:   This code allows the configuration of the
;                   'RTX-51 tiny' Real-Time Operating System
;
;   To translate this file use A51 with the following invocation:
;
;       A51 CONF_TNY.A51
;
;   To link the modified CONF_TNY.OBJ file to your application use the following
;   BL51 invocation:
;       BL51 <your object file list>, CONF_TNY.OBJ <controls>
; -----------------------------------------------------------------------
;   'RTX-51 tiny' Hardware-Timer
;   ============================
;   With the following EQU statements the initialization of the 'RTX-51 tiny'
;   Hardware-Timer can be defined ('RTX-51 tiny' uses the 8051 Timer 0 for
;   controlling RTX-51 software timers).
;
;           define the register bank used for the timer interrupt.
INT_REGBANK         EQU     1           ; default is Register-bank 1
;           define Hardware-Timer Overflow in 8051 machine cycles.
INT_CLOCK           EQU     10000       ; default is 9216 cycles(fosc = 12MHz)
;           define Round-Robin Timeout in Hardware-Timer Ticks.
```

```
TIMESHARING      EQU      5            ; default is 5 ticks.
;                note: Round-Robin can be disabled by using value 0.
;  Note:     Round-Robin Task Switching can be disabled by using '0' as
;               value for the TIMESHARING equate.
; ----------------------------------------------------------------------------------
;  'RTX-51 tiny' Stack Space
;  ==========================
;  The following EQU statements defines the size of the internal RAM used
;  for stack area and the minimum free space on the stack.   A macro defines
;  the code executed when the stack space is exhausted.
;
;           define the highest RAM address used for CPU stack
RAMTOP            EQU      0FFH         ; default is address (256-1)
FREE_STACK        EQU      20           ; default is 20 bytes free space on stack
STACK_ERROR       MACRO
                  CLR      EA           ; disable interrupts
                  SJMP     $            ; endless loop if stack space is exhausted
                  ENDM
; ----------------------------------------------------------------------------------
           NAME     ?RTX51_TINY_CONFIG
PUBLIC   ?RTX_REGISTERBANK, ?RTX_TIMESHARING, ?RTX_RAMTOP, ?RTX_CLOCK
PUBLIC   ?RTX_ROBINTIME, ?RTX_SAVEACC, ?RTX_SAVEPSW
PUBLIC   ?RTX_FREESTACK, ?RTX_STACKERROR, ?RTX_CURRENTTASK
?RTX_TIMESHARING    EQU        -TIMESHARING
?RTX_RAMTOP         EQU        RAMTOP
?RTX_FREESTACK      EQU        FREE_STACK
?RTX_CLOCK          EQU        -INT_CLOCK
?RTX_REGISTERBANK   EQU        INT_REGBANK * 8
                    DSEG       AT      ?RTX_REGISTERBANK
                    DS         2       ; temporary space
?RTX_SAVEACC:       DS         1
?RTX_SAVEPSW:       DS         1
?RTX_ROBINTIME:     DS         1
?RTX_CURRENTTASK:   DS         1
?RTX?CODE           SEGMENT    CODE
                    RSEG    ?RTX?CODE
?RTX_STACKERROR:    STACK_ERROR
                    END
```

11.4　基于 RTX51 的单片机程序设计方法

面对日益复杂的应用系统，常规的面向前后台的软件设计方法已经明显不能满足要求，许多单片机应用程序要求同时执行多个工作或任务，对于这样的应用程序，基于实时操作系统（RTOS）的软件设计方法是一个很好的选择。

RTX51 Tiny 不仅免费，而且功能强大，通常能满足单片机应用系统的软件开发。RTX51 Tiny 可以灵活地为各个任务分配硬件系统资源（CPU、存储器等），因此能大大地缩短程序开发时间，增强软件工作的稳定性。

基于 RTX51 Tiny 操作系统进行单片机程序设计时，首先应根据 RTX51 Tiny 操作系统的准并发特性，对应用软件要完成的功能进行大小适当的划分——按照一定的原则划分为若干任务模块，并对各个任务间的通信和时延进行仔细的确认。然后，完成下面 3 个步骤：

（1）编写 RTX51 应用程序。

（2）编译和链接应用程序。

（3）检验和调试应用程序。

11.4.1　目标系统需求

RTX51 Tiny 可以在没有任何外部数据存储器的单片机 89S51 应用系统上运行，但应用程序仍然可以访问外部数据存储器。RTX51 Tiny 可以使用 C51 支持的全部存储器模式，选择不同的存储器模式仅影响应用目标的位置。RTX51 Tiny 应用程序的系统变量和堆栈区总被保存在 89S51 的内部存储器 DATA 或 IDATA 中，一般来说，RTX51 Tiny 应用程序工作在小模式下。RTX51 Tiny 仅支持时间片轮转任务切换，而不支持抢先式的任务切换和任务优先权。

11.4.2　软件设计指导方针

编写 RTX51 Tiny 应用程序时，有几个原则必须遵循：

（1）要在应用程序中包含头文件 rtx51tny.h。

（2）不要写 C 语言主函数 main()。RTX51 Tiny 操作系统内核中有自己的主函数 main()。

（3）应用程序至少应该包括 1 个任务函数（task function）。

（4）RTX51 Tiny 应用程序必须中断使能（EA = 1），因为 RTX51 Tiny 操作系统使用了定时器/计数器 T0 定时溢出中断。

（5）应用程序至少应调用 1 个 RTX51 Tiny 系统函数，否则连接器不把 RTX51 Tiny 的系统库包含到应用程序中。

（6）任务 task 0 是应用程序中第一个执行的函数。在任务 task 0 中，必须调用 os_create_task 函数来启动其他任务。

（7）任务 task 函数不必退出或返回。任务 task 必须使用一个 while(1)结构或其他类似的结构。任务 task 函数不带参数，也没有返回值。使用系统函数 os_delete_task 挂起（halt）一个运行的任务。

（8）编译和链接应用程序有两种方法：一是使用集成开发环境 μVision IDE，二是使用命令行工具 Command-Line Tools。一般采用德国 Keil 公司提供的集成开发环境 μVision IDE。

（9）中断服务程序的编写方式，与不使用 RTX51 Tiny 操作系统时的编写方式相同。

利用 Keil 公司提供的集成开发环境 µVision IDE 来创建基于 RTX51 Tiny 的应用程序的步骤如下：

- 运行 Keil 公司的集成开发环境 µVision IDE。
- 选择 Project → Options for Target 'Target 1'，在出现的对话框中选择 Target 选项卡。
- 从 Operating system 下拉列表中选择 RTX-51 Tiny，如图 11.7 所示。

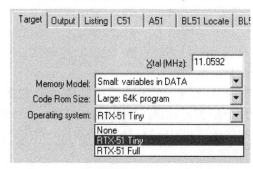

图 11.7　选择 RTX51 Tiny 实时操作系统

11.4.3　任务划分的原则

基于 RTX51 Tiny 操作系统进行单片机软件设计时，首先应根据系统设计方案明确应用软件的功能，然后结合 RTX51 Tiny 操作系统的准并发特性对应用软件要完成的功能进行大小适当的划分，即把应用软件的功能按照一定的原则划分为若干任务模块，并对各个任务间的通信和时延进行仔细的确认。任务划分的原则如下。

1. 将对同一个外设的访问放在一个任务中

将对每个独立硬件（如串行通信端口）进行操作的驱动程序段放在一个任务中，也就是说，要想对某个设备资源进行操作，只能依靠执行相应的任务来实现。这样，无论何时切换任务，都不会对任何独立的"外设"造成影响。

这样做既能避免嵌入式操作系统的特殊问题——资源冲突和重入问题，又有利于系统维护与升级。各个任务之间要实现通信，可以调用 os_send_signal 函数及全局变量。

所谓资源冲突，是指任务 A 在访问某个资源时，恰好发生了任务切换——由任务 A 切换到任务 B，任务 B 也访问这个资源并改变了资源的状态，再次执行任务 A 时就有可能发生冲突或带来不确定性。所谓重入，是指任务 A 在运行某个函数时发生了任务切换，任务 B 也运行这个函数，破坏了任务 A 执行这个函数时的现场，可能导致任务 A 执行函数时结果不正确。这种问题尤其容易出现在串行接口器件的操作中，如串行口 UART、串行的 A/D、D/A 器件等。

2. 通过任务分割提高系统的实时性

在嵌入式多任务实时系统中，任务是指一个程序分段。这个分段被操作系统当作一个基本单元来调度。每个任务通常都是一个无限的循环。

实时操作系统（RTOS）本质上是嵌入的实时内核，它负责管理各个任务，或者说为每个任务分配 CPU 时间，并负责任务之间的通信。实时内核分为可剥夺型和不可剥夺型两类。因此，按照所用内核的不同，嵌入式实时系统也可分为两类：使用不可剥夺型内核的嵌入式实时系统和使用可剥夺型内核的嵌入式实时系统。前面提到，RTX51 Tiny 是一种不可剥夺型实时操作系统内核。

（1）长任务的定义

在 RTOS 中，长任务是指整个任务的执行时间较长，超出了 RTOS 中其他某个或几个任务的实时要求容限，而对整个 RTOS 的实时性构成了威胁的那些任务。需要注意的是，长任务与复杂任务不能混淆，复杂任务的执行时间不一定长，简单任务也可能会构成长任务。

（2）长任务对 RTOS 的影响

使用可剥夺型实时内核时，长任务由于执行的时间较长，因而更容易被高优先级的任务打断；一旦高优先级任务进入就绪状态，当前任务的 CPU 使用权就被剥夺，或者说任务被挂起，那个高优先级的任务立刻得到 CPU 的控制权。这样会出现两个问题：一是长任务可能在一次执行的过程中被频繁打断，长时间得不到一次完整的执行；二是长任务被打断时，可能要保存大量的现场信息，以便保证在高优先级的任务执行完毕并返回时，长任务能得以继续执行。然而，这样做要占用一定的系统资源，同时保存现场本身也要占用 CPU 时间，因此实时性会下降。

使用不可剥夺型实时内核时，长任务对 RTOS 的影响更为明显，因为在这种内核中，任务的响应时间取决于最长的任务执行时间。也就是说，由于长任务的存在，任务的响应时间会变长。结果是 CPU 长时间地停留在长任务中，而其他任务得不到实时响应，甚至根本得不到执行，系统的实时性势必会下降。

总之，无论是使用可剥夺型内核，还是使用不可剥夺型内核，长任务都会对 RTOS 构成严重威胁。

（3）长任务问题的解决方法

解决长任务问题最有效的方法是进行任务分割。所谓任务分割，是指将影响系统实时性的长任务分割成若干小任务。这样，单个任务的执行时间变短，系统的任务响应时间变短，实时性提高。

① 对任务的分析与计算

当然，长任务的分割必须结合系统所用的内核及各个任务对实时性的要求，进行必要的分析与计算，才能保证分割的合理性和有效性，具体步骤如下：

- 分析系统共有多少个任务，这些任务对实时性的要求有多高，求出各个任务所要求的最小执行频率 $f_1, f_2, \cdots, f_n$。
- 计算目前各个任务的实际执行时间 $t_1, t_2, \cdots, t_n$。
- 确定系统中的长任务，如果 $\max(t_1, t_2, \cdots, t_n) \leqslant \min(1/f_1, 1/f_2, \cdots, 1/f_n)$，那么系统中不存在长任务。如果 $\max(t_1, t_2, \cdots, t_n) > \min(1/f_1, 1/f_2, \cdots, 1/f_n)$，那么系统中存在长任务，而且执行时间为 $\max(t_1, t_2, \cdots, t_n)$ 的那个任务就是要找的长任务。
- 分析这个长任务是否需要分割。分析是什么原因导致了执行时间过长，这个时间还能够通过程序的优化来缩短吗？如果能，那么不需要进行任务分割，否则就要对这个长任务进行分割。

② 实施长任务分割

常用的任务分割方法有以下两种：

- 将长任务按功能分为若干小模块，每个模块构成一个小任务，每个小任务执行一个相对独立的功能，且保证执行时间 $t < \min(1/f_1, 1/f_2, \cdots, 1/f_n)$。各个任务被内核顺

序调用，合起来完成整个任务。

➤ 有些长任务比较特殊，如键盘任务和动态 LED 数码管显示任务，很难按照上面的方法分成若干功能相对独立的小模块。这时，一般要按照方便保存现场信息的原则，强制将其分割成若干小任务，每个任务在 $\min(1/f_1,1/f_2,\cdots,1/f_n)$ 时间内主动保存现场信息并放弃 CPU 的控制权，等到再次被内核调度时继续执行。

这种分割方法比较复杂，各个任务之间的界限不明显，看似未经分割，但实际上一个长任务确实是由多个小任务来完成的。

3. 使用软件工程中的"解耦原则"划分任务

我们可以采用软件工程中的解耦原则来划分应用程序的任务，具体方法请参见软件工程方面的书籍。

任务之间的耦合是影响软件复杂度的一个重要因素，因此应采用下述设计原则：尽量使用数据耦合，少用控制耦合和特征耦合，限制公共环境耦合的范围，完全不用内容耦合。

11.4.4　应用程序架构

RTX51 Tiny 内核完全集成在 Keil C51 编译器中，并以系统函数调用的方式运行，因此可以很容易地使用 Keil C51 编写和编译一个多任务用户应用程序，并嵌入实际的应用系统。为了说明应用程序架构，下面给出一个简单的应用实例，详细系统设计实例见第 12 章。

1. 应用系统功能描述及系统硬件结构

在视频监控领域经常要用到协议转换器，它将一种协议的串行数据转换成另外一种协议的串行数据。在设计一款协议转换器时使用了 RTX51 Tiny 实时操作系统，整个应用程序被分解为三个任务和一个中断服务程序。任务 1 处理从串口接收的数据，对数据的结构和含义进行判断，并将其转换为对应协议的数据。任务 2 将转换后的数据从串口发送出去。任务 3 是喂看门狗。当有串口数据成功发送或接收时，产生串口中断，在串口中断服务程序中向等待数据处理的任务发送信号。

系统硬件主要由单片机 AT89S52 和电平转换芯片 MAX232A 组成。

2. 应用程序源代码

基于 RTX51 Tiny 实时操作系统的示意性程序如下。

```
#include<rtx51tny.h>
#include<reg52.h>
#define RECEIVE        1        // 任务标识号的定义
#define TRANSMIT       2
#define WATCH_DOG      3
/************************************************
任务 0：系统初始化，启动其他任务并删除任务 0 自身
************************************************/
void initial(void)_task_ 0{
    initialization();               // 调用系统初始化函数
    os_create_task(RECEIVE);        // 启动接收任务
    os_create_task(TRANSMIT);       // 启动发送任务
```

```
    os_create_task(WATCH_DOG);      // 启动喂看门狗任务
    os_delete_task(0);              // 从任务队列中删除任务 0
}
/*********************************************************************
任务 1：等待串口中断发送的信号，并对从串口接收到的数据进行分析和转换
*********************************************************************/
void receive_task(void)_task_ RECEIVE{
    while(1){
        os_wait1(K_SIG);            // 等待信号
        process_data();             // 数据分析和处理
    }
}
/*****************************************************************
任务 2：等待串口中断发送的信号，并由串口发送转换后的码流
*****************************************************************/
void transmit_task(void)_task_ TRANSMIT{
    while(1){
                uchar data i;
                for(i = 0; i<7; i++){
                    os_wait1(K_SIG);      // 等待信号
                    send_data();          // 发送转换协议后的数据
                }
    }
}
/***************************
任务 3：定期喂看门狗
***************************/
void watch_dog_task(void)_task_ WATCH_DOG{
    while(1){
                watch_dog = !watch_dog;   // 喂看门狗
                watch_dog = !watch_dog;
                }
}
/**********************
串口中断服务程序
**********************/
void serial_ISR(void)interrupt 4 using 2{
    if (RI) {
                RI = 0;
                isr_send_signal(RECEIVE);     // 串口接收中断时向任务 1 发送信号
        }
```

```
        else if (TI) {
                TI = 0;
                if(updata_flag == 1) { isr_send_signal(TRANSMIT); }//串口发送中断时向任务 2 发送信号
        }
}
```

11.5　本章小结

嵌入式实时操作系统大大提高了系统的可靠性。即使某个外设或任务出现故障，与之无关的任务一般也不会受到影响；而传统的顺序循环机制程序设计方法中，如果某环节出现问题，那么会立刻造成整个系统的崩溃。

嵌入式系统开发借鉴 Windows 消息驱动的思想，使部分不需要始终执行的任务处于等待事件（如 SIGNAL）状态，以尽可能少地占用资源；需要进行相应的处理时，才对这些任务发送 SIGNAL，使它们进入 RUNNING 状态。结合 Windows 消息驱动的思想和 RTX51 Tiny 实时操作系统，合理地分配系统的资源，可以有效地保证应用系统工作的可靠性和实时性。

RTX51 Tiny 实时操作系统是为实现多任务调度和实时控制设计的。实践表明，RTX51 Tiny 实时操作系统既能快速处理外界的信息，又能并行运行多个任务，具有实时性和并行性的特点，因此能很好地完成对多个信息的实时测量、处理，并进行相应的多个实时控制。此外，使用 RTX51 Tiny 实时操作系统可加快嵌入式系统的开发速度，降低软件编写的复杂度，提高产品的开发效率，便于系统维护和系统功能扩展。

11.6　思考题与习题

1. 简述嵌入式系统的概念与特征。
2. 简述嵌入式实时操作系统的概念，写出几种常用嵌入式实时操作系统的名称。
3. 嵌入式实时操作系统下，任务的概念是什么？给出 RTX51 对任务的定义格式。
4. 任务划分的原则有哪些？
5. 分析 RTX51 Tiny 内核程序的源代码。
6. 嵌入式实时操作系统 RTX51 Tiny 的系统函数有哪些？
7. 在嵌入式实时操作系统 RTX51 Tiny 中，参数 K_TMO 与参数 K_IVL 的区别是什么？
8. 针对单片机点对点双机串行通信，完成基于 RTX51 Tiny 实时操作系统的单片机应用程序设计。单片机点对点双机串行通信的具体要求见本书第 4 章中的例 4.19。

第 12 章　基于 RTX51 的乐曲编辑器和发生器设计

本章介绍基于嵌入式实时操作系统 RTX51 的乐曲编辑器和发生器设计。重点介绍系统设计方案的选择、系统硬件的设计和系统软件的设计，最后给出完整的源程序代码。

12.1　设计任务

设计一个乐曲编辑发生器，具体要求如下：

（1）系统具有编辑乐曲的功能。

（2）系统具有播放乐曲的功能。

（3）在最小系统硬件设计的基础上，系统的功能尽可能地让软件来完成。

（4）为便于制作，系统硬件要求尽可能简单。

12.2　方案设计与论证

根据设计任务，进行系统设计方案的论证与选择。

12.2.1　以 FPGA 为核心的实现方案

以 FPGA 或 CPLD 为核心的乐曲编辑发生器如图 12.1 所示。键盘和显示器构成编辑乐曲的人机交互界面，在乐曲编辑过程中，操作者可以通过键盘输入约定格式的乐曲信息，同时通过显示器监视当前从键盘输入的信息。在乐曲播放过程中，显示器具有显示系统状态的功能，能够显示正在播放乐曲的当前状态。功率放大器对输入的乐曲音频信号进行放大，用以驱动扬声器发声。存储器用来存放已编辑好的乐曲信息。FPGA 是系统的控制核心，它控制完成编辑乐曲的过程和播放乐曲的过程。

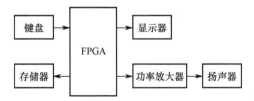

图 12.1　以 FPGA 为核心的乐曲编辑发生器构成框图

为保证 FPGA 的正常工作，在系统硬件设计时必须考虑 FPGA 的配置芯片；另外，一般来说，一块 FPGA 芯片或 CPLD 芯片的价格远高于一块单片机芯片的价格。因此为了降低系统成本，保证硬件系统简单，我们不准备采用以 FPGA 或 CPLD 为核心的实现方案。

12.2.2　以 MCU 为核心的实现方案

以单片机（Micro-Controller Unit，MCU，国外一般称为微控制器，而国内习惯称为单片机）为核心的乐曲编辑发生器如图 12.2 所示。与图 12.1 比较可知，将图 12.1 中的 FPGA 替换为 MCU 就得到了图 12.2。MCU 是系统的控制核心，它控制完成编辑乐曲的过程和播放乐曲的过程。

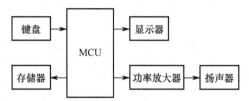

图 12.2　以 MCU 为核心的乐曲编辑发生器构成框图

乐曲是音频信号，音频信号经过功率放大后驱动扬声器发声，人耳就能听到乐曲的声音。

利用 MCS-51 系列单片机的内部定时器/计数器并使其工作在定时方式 1，改变定时器/计数器的计数初值，就能在单片机的 I/O 引脚端产生不同频率的音频矩形脉冲。

例如，音频矩形脉冲信号的频率为 523Hz，周期 $T = 1/523 = 1912\mu s$。因此，只要让定时器/计数器定时 $1912\mu s/2 = 956\mu s$，当 $956\mu s$ 定时到期时，将单片机芯片的乐曲输出引脚反相，就可得到中音 do（523Hz）。

单片机芯片内部定时器/计数器的计数初值 T 与内部机器周期信号频率 f_i 和音频矩形脉冲信号频率 f_r 的关系如下：

$$T = 65536 - \frac{f_i/2}{f_r}$$

为叙述方便，不妨把定时器/计数器的计数初值 T 称为简谱码。

根据上面的分析可知，以 MCU 为核心的乐曲编辑发生器能够实现乐曲的编辑和播放功能，并能较好地满足设计任务中关于"为了便于制作，系统硬件要求尽可能地简单"的要求，因此，我们采用以 MCU 为核心的设计方案。

12.3　系统硬件设计

本系统硬件设计的原则是尽可能地降低系统的成本。为制作方便，采用尽可能简单的硬件电路。

12.3.1　系统硬件电路原理图

为便于系统开发和制作，采用具有在系统编程 ISP 串行下载功能的单片机芯片 AT89S52（作者已研制 AT89S51/52 目标程序 PC 下载软件，可以省略编程器而完成单片机应用系统的开发）。为了能够编辑任意乐曲，本设计采用 4×4 矩阵键盘作为系统的输入设备，采用点阵式液晶显示模块 TC1602A 作为系统的显示输出设备。为了存储已编辑好的任意乐曲，本设计采用带 I^2C 串行接口的 E^2PROM 存储器芯片 AT24C02。为放大单片机芯片 AT89S52 产生的乐曲音频信号，本设计采用功率放大器芯片 LM386。系统硬件电路原理如图 12.3 所示。

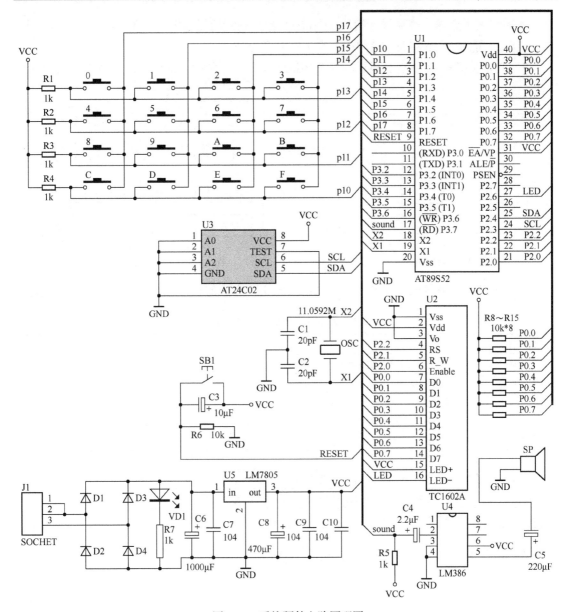

图 12.3　系统硬件电路原理图

　　由图 12.3 可知，这是一种非总线结构的单片机嵌入式应用系统，可以说这是一种最简单的能够完成本设计任务的系统硬件结构。

12.3.2　人机交互界面

　　键盘和 LCD 液晶显示器组成了本系统的人机交互界面。

　　本系统采用 4×4 矩阵结构式键盘，键盘界面如图 12.4 所示，键盘扫描后，16 个按键的键值（即键盘扫描函数的返回值）分别是 0, 1, 2, 3, 4, 5, 6, 7, 8, 9, A, B, C, D, E, F。

　　本系统中仅使用了键值为 3, 6, 9, A, B, C, D 的 7 个按键，通过软件为这 7 个按键定义的功能分别是播放、保存、读出、光标前移、光标后移、上调、下调。

本系统采用点阵式液晶显示模块 TC1602A 作为系统的显示输出设备，LCD 液晶显示模块 TC1602A 能显示 16 字符×2 行共 32 个 ASCII 码字符。

7 个功能按键和 LCD 液晶显示模块 TC1602A 构成本系统的人机交互界面，如图 12.5 所示。

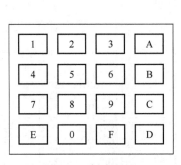

图 12.4　键盘界面

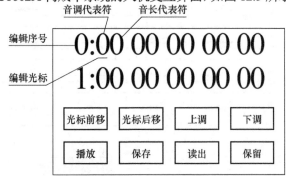

图 12.5　人机交互界面

为便于理解本系统的应用软件，现列出人机交互界面的按键功能说明，如表 12.1 所示。

表 12.1　人机交互界面的按键功能说明

按键名称	功能说明
光标前移键	每按一次该键，可将人机交互界面中的编辑光标前移一位
光标后移键	每按一次该键，可将人机交互界面中的编辑光标后移一位
上调键	每按一次该键，可将编辑光标所在位置的数值上调。如果当前编辑的是音调代表符，那么上调顺序为 0→A→B→…→Z→0；如果当前编辑的是音长代表符，那么上调顺序为 0→1→2→…→8→0
下调键	每按一次该键，可将编辑光标所在位置的数值下调，下调顺序与上调键的相反
播放键	按下该键，即可顺序播放所编辑的乐曲
保存键	按下该键，可将当前编辑的乐曲保存至 E²PROM 存储器 AT24C02
读出键	按下该键，可将 E²PROM 存储器 AT24C02 中保存的乐曲顺序读出
保留键	该键的键值是 F，用于以后功能的扩展

12.4　基于 RTX51 的系统软件设计

系统的功能在系统硬件的基础上主要由软件来完成。系统软件的主要功能是乐曲的编辑与乐曲的播放。基于嵌入式实时操作系统 RTX51，用 C51 高级语言和 MCS-51 汇编语言混合编程来设计系统软件。

12.4.1　乐曲的表示方法

单片机播放乐曲的过程主要是用单片机来识别和播放所编辑的乐曲。一首乐曲由若干音符组成，每个音符包含音调和音长信息（音长亦称节拍），单片机需要识别乐曲中的音调频率和音长时间。本设计使用字母 A～Z 来代表乐曲的各个音调，使用数字 0 作为音调的结束标志，休止符也用数字 0 表示，如表 12.2 所示。本设计使用数字 0～8 来代表音长的倍乘因子，如表 12.3 所示。由表 12.3 可知，如果将音长代表符号视为数字，并将该数字乘以 200ms，那么就可以得到音长。

表 12.2　音调频率的代表符号和简谱码

音符	频率（Hz）	代表符号	简谱码（十六进制）	音符	频率（Hz）	代表符号	简谱码（十六进制）
低 3MI	330	A	FA15	中 4FA	698	N	FD34
低 4FA	349	B	FA67	中#4FA#	740	O	FD5C
低#4FA#	370	C	FAB8	中 5SO	784	P	FD83
低 5SO	392	D	FB04	中#5SO#	831	Q	FDA6
低#5SO#	415	E	FB4B	中 6LA	880	R	FDC8
低 6LA	440	F	FB90	中#6LA#	932	S	FDE2
低#6LA#	466	G	FBCF	中 7SI	988	T	FE06
低 7SI	494	H	FC0C	高 1DO	1046	U	FE22
中 1DO	523	I	FC44	高#1DO#	1109	V	FE3D
中#1DO#	554	J	FC79	高 2RE	1175	W	FE56
中 2RE	587	K	FCAC	高#2RE#	1245	X	FE6E
中#2RE#	622	L	FCDC	高 3MI	1318	Y	FE85
中 3MI	659	M	FD09	高 4FA	1397	Z	FE9A

表 12.3　音长及其代表符号

音长（ms）	代表符号	音长（ms）	代表符号
0	0	1000	5
200	1	1200	6
400	2	1400	7
600	3	1600	8
800	4		

前面提到，乐曲由若干音符组成，我们把每个音符包含的音调和音长信息称为一组乐曲数据，每组乐曲数据由音调和音长构成。例如，所编辑的乐曲如图 12.6 所示，表示所编辑的乐曲由 7 个音符组成，即 1（*do*）、2（*re*）、3（*mi*）、4（*fa*）、5（*so*）、6（*la*）、7（*si*），并且每个音调的音长都为 4×200ms = 800ms。

值得注意的是，如果音调代表符号和音长代表符号均为"0"，那么表示乐曲的结束标志。

```
0: I4  K4  M4  N4  P4
1: R4  T4  00  00  00
```

图 12.6　乐曲编辑实例

12.4.2　编辑乐曲的软件实现方法

基于单片机实现的普通乐曲发生器，其乐曲数据存放在程序中，单片机通过运行程序来播放乐曲，正因为这样，设计并制作好的这类乐曲发生器只能播放已经预置在程序中的特定乐曲，而不能编辑任意乐曲。本设计任务要求设计的乐曲发生器能够编辑任意乐曲，并保存编辑好的乐曲数据，按下播放按键后，系统能够自动播放已编辑好的乐曲。由此可知，本系统的主要功能是乐曲的编辑功能和播放功能。在系统硬件设计基本确定后（见图 12.3），必须结合软件来实现系统的主要功能。采用传统的单片机软件设计方法，即基于单任务顺序循环机制的程序设计方法（见图 11.1）时，程序设计会相当复杂，因此本系统的软件设计拟采用一种基于多任务机制的单片机软件设计方法。

为了保证系统的实时性、可靠性，提高设计效率和程序的可移植性现可读性，本系统采用基于嵌入式实时操作系统 RTX51 的软件设计方法。RTX51 是德国 Keil 公司开发的一种运行于 MCS-51 系列单片机上的实时操作系统。RTX51 有两个版本：RTX51 Full 和 RTX51 Tiny。RTX51 Tiny 短小精悍，只占用 900B ROM、7B DATA 型及 3 倍于任务数量的 IDATA 型 RAM 空间，可以很容易地运行在没有扩展外部存储器的单片机应用系统上。使用 RTX51 Tiny 的用户程序可以访问外部存储器，允许循环任务切换，并且支持信号传递，还能并行地利用中断功能。RTX51 Tiny 允许"准并行"地执行 16 个任务。每个任务在预先定义好的时间片内执行。时间到后挂起正在执行的任务，并让另一个处于 READY 状态的任务开始执行。嵌入式实时操作系统 RTX51 Tiny 集成在 Keil μVision2 6.20 集成开发环境的 C51 编译器中。

在单片机 AT89S52 芯片内部 RAM 内，定义一个乐曲数据的存放区，它在 C51 中用一个一维数组 music[100]代表。此外，为便于编辑乐曲，定义一个编辑指针变量 pnow 指向当前编辑的乐曲数据存放单元，如图 12.7 所示。

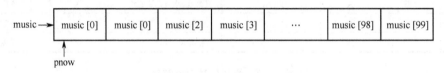

图 12.7　乐曲数据存放区示意图

单片机最好使用增强型 52 子系列，本设计中使用的型号为 AT89S52，因此能保证有较大的内部 RAM 数据存储空间，可存放大量乐曲数据并作为堆栈使用。

这很好理解：每按一次"前移光标"键，就将编辑指针 pnow 加 1，使之指向下一个乐曲数据编辑单元；每按一次"后移光标"键，就将编辑指针 pnow 减 1，使之指向前一个乐曲数据编辑单元；每按一次"上调"键，就将编辑指针所指的单元中的内容加 1；每按一次"下调"键，就将编辑指针所指的单元中的内容减 1。如果编辑指针所指的单元地址为偶数，那么表示编辑的是音调数据，调节范围为数字 0、字母 A～Z；如果编辑指针所指的单元地址为奇数，那么表示编辑的是音长数据，调节范围为数字 0～8。

在设计系统软件时，将按键处理作为一个任务即"按键处理任务"，它的主要功能是编辑乐曲。"按键处理任务"的执行需要"键盘扫描任务"向它发送信号来触发执行，"按键处理任务"的程序流程框图如图 12.8 所示。

12.4.3　播放乐曲的软件实现方法

在"按键处理任务"中，利用了全局变量 keycode，它的值由"键盘扫描任务"来确定。当"键盘扫描任务"获得"播放"键按下的信息后，修改变量 keycode 的值为 4，并向"按键处理任务"发送信号，因等待信号而被挂起的"按键处理任务"开始执行，在"按键处理任务"中，向"播放任务"发送信号，触发"播放任务"的执行。

"播放任务"是整个系统软件的核心任务，系统由它来实现乐曲的播放功能。在设计"播放任务"程序时，利用 AT89S52 单片机芯片内部的定时器/计数器 T1 定时溢出中断来产生音调的频率，并调用 RTX51 操作系统的 os_wait2(K_TMO, ticks)函数来产生音长。"播放任务"的程序流程框图如图 12.9 所示。

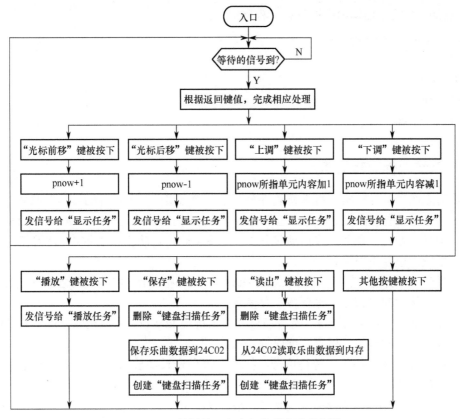

图 12.8　"按键处理任务"的程序流程框图

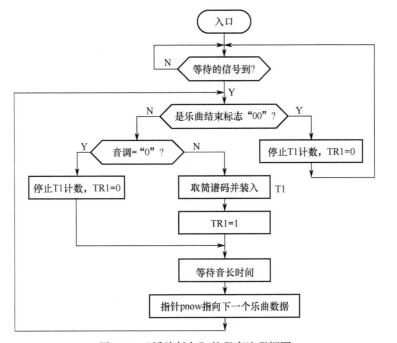

图 12.9　"播放任务"的程序流程框图

定时器/计数器 T1 的定时溢出中断程序很简单：先重装一次查表所得的简谱码，然后将单片机 AT89S52 的乐曲输出引脚反相。程序如下。

```
void intt1(void) interrupt 3 using 0
{
 TH1 = mh;
 TL1 = ml;
 sound =~ sound;
}
```

12.4.4　系统软件流程框图

根据对系统功能的分析，把系统软件分解为 5 个任务，5 个任务的具体情况如下。

➢　任务 0：系统初始化任务，包括 TC1602A 的初始化、定时器/计数器 T1 的初始化、中断初始化。最后，在启动任务 1～任务 4 后，自动删除任务 0，使得任务 0 只在系统上电复位时执行一次。

➢　任务 1：键盘扫描任务。每隔 50ms 执行 1 次，扫描所得的键值存于全局变量 keycode 中，然后向"按键处理任务"发信号。

➢　任务 2：按键处理任务。等待信号，根据键值 keycode 完成相应处理，实现的功能包括乐曲的编辑、保存、读取等。

➢　任务 3：播放任务。等待信号，按照音调和音长播放乐曲。播放任务需要定时器/计数器 T1 的定时溢出中断服务程序来协同完成。

➢　任务 4：显示刷新任务。等待信号，根据光标指针变量的值在液晶屏上显示乐曲数据。

系统软件流程框图如图 12.10 所示。

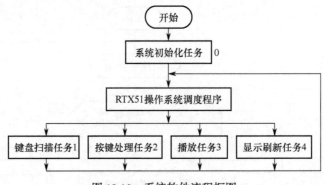

图 12.10　系统软件流程框图

由图 12.10 可知，完成系统软件功能的 5 个"任务"是在嵌入式实时操作系统 RTX51 Tiny 内核的控制下按时间片轮循的方式执行的，各个任务之间通过全局变量和信号进行相互联系与影响。

"键盘扫描任务"根据被按下的键来影响全局变量 keycode 的值，并在"键盘扫描任务"执行过程中置位 SINGNAL（相当于将信号发送给"按键处理任务"）。SINGNAL 被置位时，因等待信号而被挂起的"按键处理任务"会根据键值 keycode 完成相应的按键功能，根据所按下的是"播放"键向"播放任务"发信号，进而触发"播放任务"的执行。在"按键处理任务"的执行过程中，也会向"显示刷新任务"发信号，进而触发"显示刷新任务"的执行。

"显示刷新任务"也是靠等待的信号来触发执行的，所等待的信号来自"按键处理任务"

和"播放任务"，因此可在乐曲编辑过程中显示所编辑的乐曲数据。另外，可以在乐曲播放过程中让系统显示的光标依据跟踪乐曲播放的进程变化。由于液晶显示模块 TC1602A 每屏只能显示 16×2 = 32 个 ASCII 码字符，包括编辑序号和分隔符号，每屏只能显示 10 个音符的音调及音长，50 个音符的乐曲数据需要分 5 屏来显示，因此"显示刷新任务"程序的编程思路是根据编辑指针 pnow 来确定需要显示的乐曲数据内容及光标显示的位置。"显示刷新任务"的源程序见 12.5 节。

12.5　系统源程序清单

在 Keil C51 μVision2 集成开发环境下，完成基于 RTX51 的乐曲编辑发生器的软件开发。采用 C51 高级语言和汇编语言混合编程。一般来说，对工作时序要求比较严格的操作，宜采用汇编语言编写程序。例如，本系统中的具有 I²C 串行接口的 E²PROM 存储器芯片 AT24C02 的读写操作，就是用汇编语言编写的，并且将程序编写成能被 C51 语言调用的子程序形式。实际上，系统软件只由两部分组成：一是用户应用程序的主程序 Music.c，二是嵌入式实时操作系统内核程序 Rtx51tny.a51 和 Conf_tny.a51。

本系统的软件树形结构图如图 12.11 所示。下面给出各程序模块的源代码。

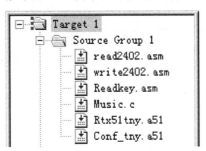

图 12.11　本系统的软件树形结构图

12.5.1　C51 语言主程序

用 C51 语言写成的用户应用程序的主程序 Music.c 如下。

```
#include <reg52.h>
#include <rtx51tny.h>
#define uchar unsigned char
extern void write2402(uchar, uchar);        /*声明写 2402 为外部函数*/
extern uchar read2402(uchar);               /*声明读 2402 为外部函数*/
sbit rs = P2^2;              /*定义 1602 液晶的数据命令控制位*/
sbit rw = P2^1;              /*定义 1602 液晶的读/写命令控制位*/
sbit en = P2^0;              /*定义 1602 液晶的使能控制位*/
sbit sound = P3^7;           /*定义驱动扬声器的位*/
/**********************************************/
/*查询液晶 1602 是否处于忙的函数
/**********************************************/
void chbf1602(void)
```

```
    {
    unsigned char n;
    do
      {
      rs = 0;
      rw = 1;
      en = 0;
      en = 1;
      P0 = 0xff;
      n = P0;
      n = n&0x80;
      en = 0;
      }while(n != 0);
    for(n = 0; n < 100; n++)
      {}
    }


/**********************************************/
/*写指令到液晶 1602 命令寄存器的函数
/**********************************************/
void wrir1602(unsigned char n)
{
  chbf1602();
  en = 0;
  rs = 0;
  rw = 0;
  en = 1;
  P0 = n;
  en = 0;
}


/**********************************************/
/*写数据到液晶 1602 数据缓冲区的函数
/**********************************************/
void wrda1602(unsigned char n)
{
  chbf1602();
  en = 0;
  rs = 1;
  rw = 0;
  en = 1;
```

```
  P0 = n;
  en = 0;
}
```

```
uchar *pnow;     /*定义乐曲数据缓冲区的操作指针*/
uchar mh, ml;    /*定义乐曲音调的频率控制字的高字节和低字节变量*/
uchar idata music[100] = {0};              /*定义乐曲数据缓冲区的数组变量*/
uchar code tab[52] = {0xfa, 0x15, 0xfa, 0x67, 0xfa, 0xb9, 0xfb, 0x04, 0xfb, 0x4b, 0xfb, 0x90, 0xfb, 0xcf,
    0xfc, 0x0c, 0xfc, 0x44, 0xfc, 0x79, 0xfc, 0xac, 0xfc, 0xdc, 0xfd, 0x09, 0xfd, 0x34, 0xfd, 0x5c, 0xfd, 0x83,
    0xfd, 0xa6, 0xfd, 0xc8, 0xfd, 0xe2, 0xfe, 0x06, 0xfe, 0x22, 0xfe, 0x3d, 0xfe, 0x56, 0xfe, 0x6e, 0xfe, 0x85,
    0xfe, 0x9a};          /*音调表*/
uchar keycode;   /*定义键码变量*/
/******************************/
/*初始化任务
/******************************/
void init(void) _task_ 0
{
  wrir1602(0x38);      /*5×7 字符显示两行*/
  wrir1602(0x0f);      /*显示光标并闪烁*/
  wrir1602(0x06);
  wrir1602(0x1);       /*清屏*/
  pnow = music;        /*开机使操作指针指向数据区的首址*/
  TMOD = TMOD|0x10;
  ET1 = 1;
  TR1 = 0;             /*先不要启动定时器 1*/
  PT1 = 1;             /*置定时器 1 中断为最高优先级*/
  EA = 1;
  os_create_task(1);
  os_create_task(2);
  os_create_task(3);
  os_create_task(4);
  os_send_signal(4);
  os_delete_task(0);   /*自我删除任务 0，以后不再执行*/
}


/*****************************************************/
/*键盘扫描任务，扫描所得键码存于变量，然后向按键处理任务发信号
/*****************************************************/
void readkey(void) _task_ 1
{
  uchar n, k;
```

```
  while(1)
    {
    os_wait2(K_IVL, 5);
    P1 = 0xff;
    n = P1;
    k = 0x1;
    for(keycode = 0; keycode < 8; keycode++)
      {
       if((n&k) == 0)
         break;
      k = k << 1;
       }
    os_wait2(K_IVL, 1);
    P1 = 0xff;
    do
      {
      k = P1;
      }while(k == n);
    os_send_signal(2);
    }
}


/******************************************************************/
/*保存所编辑的乐曲数据的函数。注意，对串行器件 2402 操作时必须关中断
/******************************************************************/
void save(void)
{
 uchar *psave, n;
 EA = 0;                    /*关中断*/
 for(psave = music, n = 0; psave <= pnow; psave++, n++)
    write2402(n, *psave);   /*保存乐曲首至光标指示的部分*/
 EA = 1;                    /*开中断*/
 wrir1602(0x01);
 wrda1602(83); wrda1602(97); wrda1602(118); wrda1602(101); wrda1602(32);
 wrda1602(105); wrda1602(115); wrda1602(32);
 wrda1602(111); wrda1602(118); wrda1602(101); wrda1602(114); wrda1602(33);
 os_wait2(K_TMO, 200);   /*保存完毕显示"Save is over"提示信息 2 秒*/
 os_send_signal(4);        /*向任务 4 发信号*/
}


/**************************************************************/
```

```
/*读所存储的乐曲数据的函数。注意,对串行器件 2402 操作时必须关中断
/**********************************************************/
void read(void)
{
 uchar n;
 EA = 0;                       /*关中断*/
 for(pnow = music, n = 0; n < 100; n++, pnow++)
   *pnow = read2402(n);        /*一次性读出 100 个乐曲字节*/
 EA = 1;                       /*开中断*/
 wrir1602(0x01);
 wrda1602(82); wrda1602(101); wrda1602(97); wrda1602(100); wrda1602(32);
 wrda1602(105); wrda1602(115); wrda1602(32);
 wrda1602(111); wrda1602(118); wrda1602(101); wrda1602(114); wrda1602(33);
 os_wait2(K_TMO, 200);   /*读完毕,显示"Read is over!"提示信息 2 秒*/
 pnow = music;           /*读完毕后光标指示为乐曲首*/
 os_send_signal(4);      /*向任务 4 发信号*/
}


/**********************************************/
/*按键处理任务,根据键码进行相应的处理
/**********************************************/
void dokey(void) _task_ 2
{
 while(1)
  {
   os_wait1(K_SIG);
   switch(keycode)
    {
      case 0xa:if((pnow-music) < 99)
             {
               pnow++;
               os_send_signal(4);
              }
             break;          /*光标前移处理*/
      case 0xb:if((pnow-music) > 0)
             {
               pnow--;
             os_send_signal(4);
              }
             break;          /*光标后移处理*/
      case 0xc:if((pnow-music)%2 == 0)
```

```
            {
              if(++*pnow == 27)
                *pnow = 0;
            os_send_signal(4);
              }
          else
              {
              if(++*pnow == 9)
                *pnow = 0;
            os_send_signal(4);
              }
          break;          /*光标所指数据单元值上调处理*/
    case 0xd:if((pnow-music)%2 == 0)
              {
              if(--*pnow == 0xff)
                *pnow = 26;
            os_send_signal(4);
              }
          else
              {
              if(--*pnow == 0xff)
                *pnow = 8;
            os_send_signal(4);
              }
          break;            /*光标所指数据单元值下调处理*/
    case 0x3:os_send_signal(3);
          break;            /*向演奏乐曲任务发信号*/
    case 0x6:os_delete_task(1);
          save();          /*保存乐曲处理*/
          os_create_task(1);
          break;
    case 0x9:os_delete_task(1);
          read();        /*读存储乐曲处理*/
          os_create_task(1);
          break;
    default:break;
      }
    }
  }


/************************************************************/
```

```
/*播放乐曲任务，这个任务要靠按键处理任务向它发信号来触发执行
/*********************************************************/
void playmusic(void) _task_ 3
{
 while(1)
  {
   os_wait1(K_SIG);
   os_delete_task(1);
   os_delete_task(2);
   for(pnow = music; pnow < (music + 100); pnow = pnow + 2)
    {
      os_send_signal(4);
      if((*pnow == 0)&&(*(pnow + 1) == 0))
       {
        TR1 = 0;
        sound = 1;
        break;                /*如果所取音调和音长都为 0，那么认为演奏完毕*/
       }
      else
       {
        if(*pnow == 0)
        {
         TR1 = 0;
          sound = 1;
         os_wait2(K_TMO, *(pnow + 1)*20);
              /*如果所取音调数据为 0，那么根据音长数据确定停止发音的节拍*/
        }
        else
        {
          mh = tab[(*pnow-1)*2];
          ml = tab[(*pnow-1)*2 + 1];
         TH1 = mh;
          TL1 = ml;
          TR1 = 1;
         os_wait2(K_TMO, *(pnow + 1)*20);
                 /*否则，根据所取音调数据发音，发音长短由其后的音长数据确定*/
          TR1 = 0;
          sound = 1;
        }
       }  /*结束 else*/
    }   /*结束 for*/
```

```
        os_create_task(1);
        os_create_task(2);
    }        /*结束 while*/
}


/***********************************************/
/*显示器光标定位函数
/***********************************************/
void cursor(void)
{
 switch((pnow-music)%20)
   {
    case 0: wrir1602(0x82); break;
    case 1: wrir1602(0x83); break;
    case 2: wrir1602(0x85); break;
    case 3:wrir1602(0x86); break;
    case 4: wrir1602(0x88); break;
    case 5: wrir1602(0x89); break;
    case 6: wrir1602(0x8b); break;
    case 7: wrir1602(0x8c); break;
    case 8: wrir1602(0x8e); break;
    case 9: wrir1602(0x8f); break;
    case 10: wrir1602(0xc2); break;
    case 11: wrir1602(0xc3); break;
    case 12: wrir1602(0xc5); break;
    case 13: wrir1602(0xc6); break;
    case 14: wrir1602(0xc8); break;
    case 15: wrir1602(0xc9); break;
    case 16: wrir1602(0xcb); break;
    case 17: wrir1602(0xcc); break;
    case 18: wrir1602(0xce); break;
    case 19: wrir1602(0xcf); break;
    default: break;
   }
}


/*******************************************************************************/
/*显示数据的函数，根据光标变量所在数据区的位置分屏显示乐曲数据区的数据（包括编辑序号）
/*******************************************************************************/
void page(void)
{
```

```
uchar n;
switch((pnow-music)/20)
  {
   case 0:wrir1602(0x80);
          wrda1602(0x30);
           wrda1602(58);
          for(n = 0; n < 5; n++)
            {
             wrda1602(music[2*n] + 0x40);
              wrda1602(music[2*n + 1] + 0x30);
              wrda1602(32);
            }
           wrir1602(0xc0);
          wrda1602(0x31);
         wrda1602(58);
         for(n = 0; n < 5; n++)
            {
             wrda1602(music[2*n + 10] + 0x40);
              wrda1602(music[2*n + 1 + 10] + 0x30);
              wrda1602(32);
            }
           break;              /* 显示乐曲数据区第 0 个到第 19 个数据，序号为 0、1 */
   case 1: wrir1602(0x80);
          wrda1602(0x32);
          wrda1602(58);
          for(n = 0; n < 5; n++)
            {
             wrda1602(music[2*n + 20] + 0x40);
              wrda1602(music[2*n + 1 + 20] + 0x30);
              wrda1602(32);
            }
           wrir1602(0xc0);
           wrda1602(0x33);
          wrda1602(58);
          for(n = 0; n < 5; n++)
            {
             wrda1602(music[2*n + 30] + 0x40);
              wrda1602(music[2*n + 1 + 30] + 0x30);
              wrda1602(32);
            }
           break;           /* 显示乐曲数据区第 20 个到第 39 个数据，序号为 2、3 */
```

```
   case 2: wrir1602(0x80);
          wrda1602(0x34);
          wrda1602(58);
          for(n = 0; n < 5; n++)
             {
               wrda1602(music[2*n + 40] + 0x40);
               wrda1602(music[2*n + 1 + 40] + 0x30);
               wrda1602(32);
             }
            wrir1602(0xc0);
            wrda1602(0x35);
          wrda1602(58);
          for(n = 0; n < 5; n++)
             {
               wrda1602(music[2*n + 50] + 0x40);
               wrda1602(music[2*n + 1 + 50] + 0x30);
               wrda1602(32);
             }
            break;              /* 显示乐曲数据区第 40 个到第 59 个数据，序号为 4、5 */
   case 3: wrir1602(0x80);
          wrda1602(0x36);
          wrda1602(58);
          for(n = 0; n < 5; n++)
             {
               wrda1602(music[2*n + 60] + 0x40);
               wrda1602(music[2*n + 1 + 60] + 0x30);
               wrda1602(32);
             }
            wrir1602(0xc0);
            wrda1602(0x37);
          wrda1602(58);
          for(n = 0; n < 5; n++)
             {
               wrda1602(music[2*n + 70] + 0x40);
               wrda1602(music[2*n + 1 + 70] + 0x30);
               wrda1602(32);
             }
            break;              /* 显示乐曲数据区第 60 个到第 79 个数据，序号为 6、7 */
   case 4: wrir1602(0x80);
          wrda1602(0x38);
          wrda1602(58);
```

```
            for(n = 0; n < 5; n++)
                {
                  wrda1602(music[2*n + 80] + 0x40);
                   wrda1602(music[2*n + 1 + 80] + 0x30);
                    wrda1602(32);
                }
             wrir1602(0xc0);
              wrda1602(0x39);
            wrda1602(58);
            for(n = 0; n < 5; n++)
                {
                  wrda1602(music[2*n + 90] + 0x40);
                   wrda1602(music[2*n + 1 + 90] + 0x30);
                    wrda1602(32);
                }
            break;        /* 显示乐曲数据区第 80 个到第 99 个数据, 序号为 0、1 */
    default: break;
  }
}


/***********************************************************************/
/*显示刷新任务, 等待信号, 可根据光标指针变量在乐曲数据区的位置显示乐曲的内容
/***********************************************************************/
void freshshow(void) _task_ 4
{
 while(1)
  {
   os_wait1(K_SIG);
   page();
   cursor();
   }
}


/*************************************************************************/
/*定时器 1 中断服务程序, 仅重装音调频率的 T1 控制字的高、低字节变量值到定时器中, 并取反
一次扬声器驱动位*/
/*************************************************************************/
void intt1(void) interrupt 3 using 0
{
 TH1 = mh;
 TL1 = ml;
```

```
      sound = ~sound;
    }
```

12.5.2 读 AT24C02 汇编语言子程序

用汇编语言写成并能被 C51 调用的读 AT24C02 程序 read2402.asm 如下。

; 功能：从指定地址读取 AT24C02 的数据，入口参数和出口参数都在 R7 中

```
NAME READ2402
?PR?_READ2402?READ2402 SEGMENT CODE
PUBLIC _READ2402
RSEG ?PR?_READ2402?READ2402
            SDA    BIT  P2.4
            SCL    BIT  P2.5
_READ2402:
            PUSH   ACC
            PUSH   PSW
            PUSH   4
            PUSH   6
            MOV    A,   R7
            MOV    R0,  A
            SETB   SDA
            SETB   SCL
            ACALL    I2CSTART          ;写状态字
            MOV    R7,  #10100000B     ;SET 2402 = WRI
            ACALL    I2CSEND           ;送出状态字
            MOV    A,   R0             ;上程序传来的读取地址
            MOV    R7,  A              ;地址数据送 R7
            ACALL    I2CSEND           ;送出数据
            SETB   SDA
            SETB   SCL                 ;保证 SDA/SCL 起始 = 1
            ACALL    I2CSTART
            MOV    R7,  #10100001B     ;0A1H 读状态
            ACALL    I2CSEND
            ACALL    I2CREAD
            ACALL    I2CSTOP
            POP    6
            POP    4
            POP    PSW
            POP    ACC
            RET

I2CSEND:   PUSH    ACC                 ;保存 ACC
```

```
                MOV     ACC, R7              ;将 R7 中的数发送出去
                MOV     R6, #08H             ;往 2402 发送数据
I2CSLOP1:       RLC     A                    ;将 ACC 中的数据移到数据线上
                MOV     SDA, C               ;送出数据
                ACALL   D15US
                SETB    SCL                  ;发送串行时钟进行写操作
                ACALL   D15US
                CLR     SCL
                DJNZ    R6, I2CSLOP1         ;串行发送 8 位
                SETB    SDA                  ;准备接收 ACK
                ACALL   D15US
                SETB    SCL                  ;接收 ACK 的时钟
                ACALL   D15US
I2CSLOP2:       MOV     C, SDA               ;写完后等待确认信号 ACK
                JC      I2CSLOP2
                CLR     SCL                  ;为下一步的其他操作做准备
                CLR     SDA
                POP  ACC                     ;还原 ACC
                ACALL   D1MS                 ;等待内部写完
                RET

I2CREAD:        PUSH    ACC                  ;保存 ACC
                MOV     R6, #08H
I2CRLOP1:       SETB    SDA                  ;置数据线 = 1
                ACALL   D15US
                SETB    SCL                  ;输出一个串行时钟
                ACALL   D15US
                MOV     C, SDA               ;读数据线上的数据到 C
                RLC     A                    ;移到 ACC
                ACALL   D15US
                CLR     SCL
                DJNZ    R6, I2CRLOP1         ;读 8 位数据
                ACALL   D15US
                CLR     SDA
                MOV     R7, ACC              ;将接收的数据保存到 R7——出口参数
                POP  ACC                     ;还原 ACC
                RET

I2CSTOP:        ACALL   D15US                ;对 2402 操作结束
                SETB    SCL                  ;在 SCL = 1 时，SDA 由 0 变为 1 表示结束
                ACALL   D15US
```

```
                SETB    SDA
                ACALL   D15US
                RET

I2CSTART:       ACALL   D15US           ;对 2402 操作开始
                CLR     SDA             ;在 SCL＝1 时，SDA 由 1 变为 0 表示开始
                ACALL   D15US
                CLR     SCL
                ACALL   D15US
                RET

D15US:          PUSH    PSW
                MOV     R4,  #08H
                DJNZ    R4,  $
                POP PSW
                RET

D1MS:           PUSH    PSW
                MOV     R3,  #10
LOOP:           MOV     R4,  #00
                DJNZ    R4,  $
                DJNZ    R3,  LOOP
                POP PSW
                RET
                END
```

12.5.3　写 AT24C02 汇编语言子程序

用汇编语言写成并能被 C51 调用的写 AT24C02 程序 write2402.asm 如下。

```
NAME WRITE2402
?PR?_WRITE2402?WRITE2402 SEGMENT CODE
PUBLIC _WRITE2402
RSEG ?PR?_WRITE2402?WRITE2402
                SDA     BIT  P2.4
                SCL     BIT  P2.5
                I2CADD  EQU     20H
                I2CDAT  EQU     21H
_WRITE2402:
                PUSH    ACC
                PUSH    PSW
                PUSH    4
                PUSH    6
```

```
              PUSH    20H
              PUSH    21H
              MOV     20H,      R7
              MOV     21H,      R5
              SETB    SDA
              SETB    SCL                 ;置 SDA/SCL = 1
              ACALL   I2CSTART            ;写开始状态字
              MOV     R7,  #10100000B     ;SET 2402 = 写
              ACALL   I2CSEND             ;送
              MOV     ACC, I2CADD         ;I2CADD 指向 2402 的起始地址
              MOV     R7,  ACC            ;将要写 2402 的起始地址送到 R7
              ACALL   I2CSEND
              MOV     ACC, I2CDAT         ;写第一个号
              MOV     R7,  ACC            ;数据传递到 R7
              ACALL   I2CSEND             ;写具体号码
              ACALL   I2CSTOP             ;停止
              ACALL   D1MS                ;等待一定时间使 24C01 内部写完成
              POP     21H
              POP     20H
              POP     6
              POP     4
              POP     PSW
              POP     ACC
              RET
I2CSEND:      PUSH    ACC                 ;保存 ACC
              MOV     ACC, R7             ;将 R7 中的数发送出去
              MOV     R6,  #08H           ;往 2402 发送数据
I2CSLOP1:     RLC     A                   ;将 ACC 中的数据移到数据线上
              MOV     SDA, C              ;送出数据
              ACALL   D15US
              SETB    SCL                 ;发送串行时钟进行写操作
              ACALL   D15US
              CLR     SCL
              DJNZ    R6,  I2CSLOP1       ;串行发送 8 位
              SETB    SDA                 ;准备接收 ACK
              ACALL   D15US
              SETB    SCL                 ;接收 ACK 的时钟
              ACALL   D15US
I2CSLOP2:     MOV     C,   SDA            ;写完后等待确认信号 ACK
              JC      I2CSLOP2
              CLR     SCL                 ;为下一步的其他操作做准备
```

```
              CLR       SDA
              POP  ACC                        ;还原 ACC
              ACALL     D1MS                   ;等待内部写完
              RET

I2CSTOP:      ACALL     D15US                  ;对 2402 操作结束
              SETB      SCL                    ;在 SCL = 1 时，SDA 由 0 变为 1 表示结束
              ACALL     D15US
              SETB      SDA
              ACALL     D15US
              RET

I2CSTART:     ACALL     D15US                  ;对 2402 操作开始
              CLR       SDA                    ;在 SCL = 1 时，SDA 由 1 变为 0 表示开始
              ACALL     D15US
              CLR       SCL
              ACALL     D15US
              RET

D15US:   PUSH     PSW
         MOV      R4,  #08H
         DJNZ     R4,  $
         POP PSW
         RET

D1MS:    PUSH     PSW
         MOV      R3,  #10
LOOP:    MOV      R4,  #00
         DJNZ     R4,  $
         DJNZ     R3,  LOOP
         POP PSW
         RET
    END
```

12.5.4 键盘扫描汇编语言子程序

用汇编语言写成并能被 C51 调用的键盘扫描程序 READKEY.ASM 如下。
```
;功能：4×4 行列式键盘扫描，无入口参数，出口参数在 R7 中，无键按下返回 0XFF
NAME READKEY
?PR?READKEY?READKEY SEGMENT CODE
PUBLIC READKEY
RSEG ?PR?READKEY?READKEY;   /* 为无参函数，全部不要加下横线的函数名 */
```

```
READKEY:
              PUSH     ACC
              PUSH     PSW
              PUSH     DPL
              PUSH     DPH
              PUSH     0
              PUSH     1
              PUSH     2
              PUSH     3
              MOV      R0, #0F7H;
              MOV      R1, #00H;
LP1:          MOV      A, R0;
              MOV      P1, A;
              MOV      A, P1;
              MOV      R2, A;
              SETB     C;
              MOV      R3, #04H;
LP2:          RLC      A;
              JNC KEY;
LP3:          INC R1;
              DJNZ     R3, LP2;
              MOV      A, R0;
              SETB     C;
              RRC      A;
              MOV      R0, A;
              JC       LP1;
              MOV      R7, #0FFH
              LJMP     ENDCHECKKEY;
KEY:          LCALL    DEL10MS;
              MOV      A, P1;
              XRL      A, R2;
              JNZ LP3;
LP4:          MOV      A, P1;
              XRL      A, R2;
              JZ       LP4;
              MOV      A, R1;
              MOV      DPTR,    #KEYTAB;      /* 置键盘码表首址到 DPTR */
              MOVC     A, @A + DPTR;
              MOV      R7, A
ENDCHECKKEY:
              POP 3
```

```
                POP   2
                POP   1
                POP   0
                POP   DPH
                POP   DPL
                POP   PSW
                POP   ACC
                RET

DEL10MS:        MOV   R6,  #100        ;延时 10ms 子程序，用于键盘扫描
LOP1:           MOV   R7,  #200
                DJNZ  R7,  $
                DJNZ  R6,  LOP1
                RET

KEYTAB:         DB    1H, 2H, 3H, 0AH  ;键盘码表
                DB    4H, 5H, 6H, 0BH
                DB    7H, 8H, 9H, 0CH
                DB    0EH, 0H, 0FH, 0DH
                END
```

12.5.5　实时操作系统 RTX51 Tiny 内核程序

RTX51 Tiny 内核程序由文件 conf_tny.a51 和 rtxtny.a51 组成。前者是一个配置文件，用来定义系统运行所需要的全局变量和堆栈出错时要执行的宏 STACK_ERROR，用户可以根据自己系统的配置灵活地修改这些全局变量和宏，配置文件比较简单。后者是 RTX51 Tiny 内核的主要部分，是完成系统调用的所有函数，源程序文件 rtxtny.a51 比较复杂。

RTX51 Tiny 内核程序代码用汇编语言写成，可读性差，但代码效率较高。内核程序 conf_tny.a51 和 rtxtny.a51 的源代码见第 11 章中的 11.3.4 节。

12.6　系统设计总结

普通单片机乐曲发生器只能生成乐曲，而不能编辑乐曲。本章给出了以 AT89S52 为核心构成的乐曲编辑发生器，因为在系统软件设计中采用了嵌入式实时多任务操作系统 RTX51，所以系统较方便地实现了乐曲的编辑功能和播放功能。该系统具有硬件电路简单、操作界面友好、使用方便的特点。系统投入运行后，播放的乐曲效果良好，单片机控制的音调和节拍非常准确。

第 13 章 数控电流源设计

直流电流源是科研、航空航天、半导体集成电路生产领域中的一种很重要的电子设备。普通直流电流源往往固定输出一种电流值，或输出几挡电流值，因此无法通用。本章介绍一种智能化的数控直流电流源，其使用方便，可通过键盘设置输出电流值，输出电流值精确稳定，输出范围大、分辨率高。

13.1 设计任务

本数控直流电流源的设计要求如下。

（1）输出电流范围为 1～2000mA，最小步进值为 1mA。

（2）输入交流电压 200～240V，50Hz；输出直流电压≤10V。

（3）可设置输出电流给定值，并可显示输出电流给定值和输出电流测量值（同时或交替显示输出电流的给定值和实测值）。

（4）具有"+""–"步进调整功能，步进值在 1～99mA 内可任意设置。

（5）改变负载电阻，输出电压在 10V 范围内变化时，要求输出电流变化的绝对值≤输出电流值的 0.1% + 1mA。

（6）输出纹波电流≤2mA。

13.2 方案设计与论证

本系统的总体设计思路是：本着精确、可靠、稳定的原则，采用自顶向下的模块化设计思想。根据题目提出的设计任务及性能技术指标，通过理论分析及计算，整体把握，然后再逐步细化，分模块地进行设计，其间辅以电路仿真软件 EWB 进行电路原理仿真，最后进行各模块的组合以完成整个系统的设计。通过分析，我们决定用键盘接收用户输入的控制信息，经单片机分析用户命令，再发出各种控制信息，以完成各种控制功能。用数模转换模块来接收由单片机发出的数字控制量，实现精确的数字量到模拟量的转换，为恒流源提供精确的可变控制电压；电压控制恒流源模块根据数模转换控制模块提供的控制电压来实现电压到电流的转换，进而实现数控电流源的设计。为了完成实时测量负载输出电流变化的功能，设计了模数转换数据采集模块，由单片机接收采集到的数据并进行处理，然后输出到 LED 数码管，完成负载输出电流的显示。另外，为使系统正常工作，专门设计了多种直流电压源。

以单片机 MCU 为控制核心的系统构成原理示意图如图 13.1 所示。由图 13.1 可知，系统硬件主要由键盘、显示器、MCU 微控制器、D/A 转换模块、恒流源模块、数据采集模块等组成。

设计一个电子应用系统时，除要从系统性能改善的程度、成本、可靠性、可维护性等方面考虑外，还要从市场各元器件的货源供应方面考虑，以期达到最佳性价比。对系统中的各个功能模块，我们进行了多种方案的分析和比较。

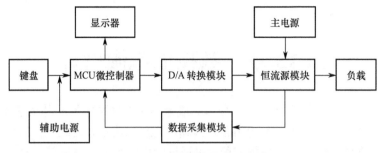

图 13.1　系统构成原理示意图

13.2.1　D/A 转换模块设计方案的论证与比较

1. 方案 1：采用并行 D/A 转换芯片

采用并行数模转换芯片 DAC0832 来构成 D/A 转换模块。目前，DAC0832 是使用最为广泛的并行数模转换器，由于 DAC0832 的分辨率仅为 8 位，难以达到本设计任务要求的输出电流步进值为 1mA 的要求。分辨率高的并行数模转换芯片有 12 位的 DAC1210，其分辨率能够满足系统精度的要求，但它和 DAC0832 采用的都是并行传送数据的方式，与单片机的接口不如采用像 TLC5618 以串行传送数据方式的接口简单。此外，以上所举的两种数模转换芯片都是电流输出型数模转换器，要最终得到电压输出，还需经过运算放大器转换，与本设计希望找到一种与单片机接口电路的简单方案有一定距离，故不采用这种方案。

2. 方案 2：采用串行 D/A 转换芯片

采用串行数模转换芯片 TLC5618 构成 D/A 转换模块。TLC5618 是带有缓冲基准输入（高阻抗输入）的双路 12 位电压输出型 D/A 转换器，其输出电压范围是基准电压的 2 倍，且输出电压是单调变化的，线性度好。该器件应用简单，用 5V 单电源工作。单片机 MCU 通过与 CMOS 电平兼容的 3 线制串行总线对 TLC5618 实现数字控制，TLC5618 接收 MCU 提供的 12 位数字量，产生模拟电压输出。数字输入端带有施密特触发器，具有很强的噪声抑制能力。不仅与单片机接口的电路十分简单，而且 TLC5618 的外围电路也十分简单（电压输出型，不需要运算放大器完成电流到电压的转换），这些正是我们所期望的。

本系统使用数模转换芯片 TLC5618 来实现精密数控，为压控恒流源模块提供精确的控制电压。由于本系统需要实现精密的数模转换，所以对数模转换器的参考电压质量要求较高。本系统采用精密基准电压源 MC1403 为 TLC5618 提供参考电压，MC1403 的输出电压为 2.5V，输入电压在 4.5～15V 范围内变化时，输出电压的变化不超过 3mV，一般只有 0.6mV 左右，并且通过其输出端外接可调电阻能引出 2.048V 的电压，这正好满足数模转换芯片 TLC5618 对参考电压典型值的要求。

13.2.2　恒流源模块设计方案的论证与比较

1. 方案 1：采用数控电阻实现恒流源模块

电路原理如图 13.2 所示，该电路通过改变电阻 R 来实现负载输出电流的改变。为使得电阻 R 数控可调，需要根据系统设计任务自制数控电阻，一般方法是采用电子模拟开关或继电器作为开关，结合电阻构成的电阻网络，由单片机控制电子模拟开关或继电器的通断，来改变电路中接入的电阻 R，达到改变负载输出电流的目的。电子模拟开关的导通电阻较大，会对电阻网络的电阻值精度造成很大的不良影响，继电器虽然导通电阻很小，但体积较大。另外，对电阻网络中的电阻精度要求也较高。总之，难以实现电阻 R 的精密数控可调，制作和调试都相当麻烦，故不准备采用这种方案。

2. 方案 2：采用电压跟随器和达林顿晶体管实现恒流源模块

电路工作原理如图 13.3 所示，由运算放大器构成的比较放大环节、由达林顿晶体管构成的调整环节、能够承受大电流且温度系数很小的精密电阻（作为取样电阻）构成电压控制的恒流源模块。实际上，从反馈的角度来看，图 13.3 所示的电路是一个由运算放大器、达林顿晶体管等构成的电压跟随器，利用晶体管的平坦输出特性即可得到恒流输出。由于电压跟随器是一种深度负反馈电路，因此图 13.3 所示电路具有很好的工作稳定性。

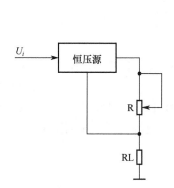

图 13.2　恒流源模块实现方案之一　　　　图 13.3　恒流源模块实现方案之二

采用能够承受大电流、电阻值随工作电流和温度变化小的精密电阻，是实现压控恒流输出的关键，该精密电阻在图 13.3 所示的电路中作为取样电阻使用，取样电阻 RS 的精密度和温度稳定性系数会直接影响到电流源的恒流特性。由理论分析可知，利用运算放大器的虚短特性 $U_+ \approx U_-$，可知通过取样电阻 RS 的电流为 $I_E = U_-/RS \approx U_+/RS$，而通过负载 RL 的电流为 $I_C \approx I_E$（通过达林顿晶体管 VT 的基极电流相对于负载上的电流而言很小，在允许误差范围内，可以忽略不计），数控参考电压 U_i 从运算放大器的同相端加入，有 $U_i = U_+$，只要取样电阻 RS 的电阻值稳定，输出电流就能由数控参考电压 U_i 来控制，从而实现数控恒流输出。为此，我们选用具有较低电阻温度系数、较宽使用温度范围、良好机械加工性能、耐腐蚀易钎焊、能够承受大电流的精密锰铜丝作为取样电阻。

13.2.3　数据采集模块设计方案的论证与比较

本系统中的数据采集模块本质上是一个模数转换电路。

1. 方案 1：采用芯片 ADC0809 实现数据采集模块

采用电压跟随器和模数转换芯片 ADC0809 实现数据采集模块。ADC0809 的分辨率仅为 8 位，难以达到系统设计精度的要求。虽然还能采用分辨率为 12 位的模数转换器 AD574，但 AD574 要进行调零和调满量程操作，比较烦琐，故不准备采用这种方案。

2. 方案 2：采用芯片 MC14433 实现数据采集模块

采用电压跟随器和模数转换芯片 MC14433 实现数据采集模块。这里的电压跟随器是指用运算放大器构成的电压跟随器，与晶体管电压跟随器（又称射极输出器）相比，集成运算放大器构成的电压跟随器的输入阻抗更高，几乎不从信号源吸收电流，输出阻抗更小，可视为电压源，是理想的阻抗匹配器，能够起很好的电路隔离作用。电压跟随器的输入电压是取样电阻 RS 上的电压，其输出电压送给后面的模数转换芯片 MC14433 转换成数字量。MC14433 是 3 位半双积分式 A/D 转换器，最大输入电压有 199.9mV 和 1.999V 两挡，价格低廉，抗干扰能力强，转换精度高，调试简便，能与微处理机和其他数字系统兼容，具有 1/1999 的分辨率（相近于 11 位二进制分辨率），广泛应用于数字面板表、数字万用表、数字量具等检测系统，虽然它的转换速度较慢（1～10 次/秒），但本系统对测量精度要求高，而对测量速度要求不高，故采用该芯片完全能够胜任设计任务的要求。本设计采用这种方案。

13.2.4 辅助电源、主电源设计方案的论证与比较

本系统需要多组直流电压源，如+5V 和±15V 辅助电源、+15V 主电源。

1. 方案 1：采用分立元件设计直流电压源

图 13.4 所示为一种由分立元件组成的串联型稳压电源的电路图，整流部分为单相桥式整流、电容滤波电路，稳压部分由调整元件晶体管 VT1，比较放大器 VT3，取样电路 R5、R6、RP1，基准电压电路 D2，过流保护电路 VT3 和电阻等组成。整个电路是一个具有电压串联负反馈的闭环系统。采用分立元件设计直流稳压电源，制作和调试都比较复杂，所以不准备采用这种方案。

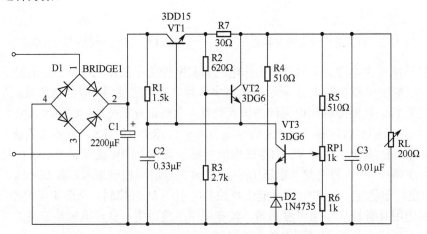

图 13.4　由分立元件组成的串联型稳压电源

2. 方案 2：采用集成稳压器设计直流电压源

由于集成稳压器具有体积小、接线简单、使用方便、工作可靠和通用性强等优点，所以在各种电子设备中应用十分广泛，基本上取代了由分立元件构成的稳压电路。对于大多数电子仪器、设备和电子线路来说，通常选用串联线性集成稳压器，而在这种类型的器件中，又以三端集成稳压器应用最为广泛。三端集成稳压器的输出电压是固定的，是预先调好的，在使用中不能进行调整。为了使本系统电源灵活可调，所有直流稳压电源结构都采用三端可调式集成稳压器；为保证集成稳压器工作正常，对消耗功率较大的主电源（+15V）中的集成稳压器配以大散热片。因为三端集成稳压芯片 LM317 的典型最大输出电流值为 1.5A，而系统对主电源要求高达 2A，因此在主电源中采用三端集成稳压芯片 LM338，而在辅助电源中采用三端集成稳压芯片 LM317。为了能够更好地滤除纹波，在电源输出端加上了由电感和

电容组成的滤波网络，以达到滤除系统纹波电压的效果。

13.2.5 键盘、显示器设计方案的论证与比较

1. 键盘设计方案

（1）方案 1：采用独立式键盘

独立式按键是指各按键相互独立地接到单片机的 I/O 引脚，每个按键需要占用单片机的一个 I/O 引脚，这是最简单的键盘结构。任何一个键被按下时，与之相连的输入数据线即被置为逻辑"0"（低电平），而平时该数据线上保持为逻辑"1"（高电平），单片机程序中只要通过查询与键盘相连的 I/O 引脚即可方便地实现按键处理。不过这种键盘的缺点是，当按键数较多时，需要占用单片机较多的 I/O 口线资源。对于本系统的设计，由于要求有置入输出电流给定值的功能，为了操作方便快捷，达到快速置入输出电流给定值的效果，至少需要设计 0～9 共10 个数字按键，还要包括其他功能键，如步进键"+""−"键等，按键较多，如果采用独立式键盘设计，那么显然会占用过多的单片机 I/O 口线资源，所以不准备采用这种方案。

（2）方案 2：采用行列式键盘

为减少键盘与单片机接口时所占用的 I/O 口线的数量，在按键较多时，通常将键盘设计成行列矩阵式。在本设计中，我们决定采用 16 键的键盘，可以设计成 4×4 矩阵行列式键盘，以便与单片机接口时只需 8 根 I/O 口线，并且在键盘上各按键功能的分配可以做得十分合理：可以设置 0～9 共 10 个数字键、步进键"+""−""菜单"键等，虽然在软件上需要完成行列式键盘的扫描，编程相对较复杂，但这种行列式键盘的扫描程序已有经验程序可供借鉴，我们只需稍加修改即可移植过来使用。因此，我们决定采用这种行列式结构的键盘。

2. 显示器设计方案

（1）方案 1：采用 LCD 液晶显示器

液晶显示器具有微功耗、体积小、显示内容丰富、模块化、接口电路简单等诸多优点，但在本设计中，对系统功耗、体积都没有什么要求，特别是在显示内容上，主要是显示电流的数值，对显示内容的丰富性也没有什么要求，所以不准备采用这种方案。

（2）方案 2：采用 LED 数码管显示器

在单片机应用系统中，通常使用 LED 数码管显示器来显示各种数字和字符，由于它具有显示清晰、亮度高、使用电压低、寿命长等特点，因此使用非常广泛。在本设计中，只需显示电流的数值，使用多位 LED 七段数码管足以满足系统要求，结合上面提到的行列式键盘，可以将系统人机交互界面做得相当完善。在 LED 数码管显示器与单片机接口方面，拟采用软件模拟串口来进行显示刷新，因此只需要两根 I/O 口线，硬件接口相当简单。所以，我们采用这种 LED 数码管显示器。

13.3 理论计算与 EWB 仿真

通过计算确定电路参数，最后用电路仿真软件 EWB 对所设计的主要电路进行模拟仿真。

13.3.1 采样电阻值的确定

由图 13.3 可知，改变运算放大器同相输入端的控制电压，可以调节采样电阻 RS 上的电压，从而达到调节负载输出电流的目的。要得到 1～2000mA 的负载输出电流，如果采样电

阻值取得太小，那么不利于提高电流步进变化的分辨率，而取得太大，当需要大输出电流时，采样电阻 RS 本身的消耗功率会太大，如表 13.1 所示。

表 13.1　采样电阻 RS 的取值

取样电阻 RS	0.5Ω	2Ω
TLC5618 输入的数字变化量 ΔD	2	2
取样电阻上的电压变化量 ΔV	1mV	1mV
取样电阻上的电流变化量 ΔI	2mA	0.5mA
取样电阻的消耗功率 P（@ $I = 2000$mA）	2W	8W

　　分析表 13.1，我们从电流变化分辨率和系统功耗两方面考虑，采取折中方案，即采用 1Ω 的采样电阻。这样，为了得到 1～2000mA 的负载输出电流，就只需要 0.001～2V 的输入控制电压。TLC5618 的输出电压为 0～4.096V，经电位器分压取样后，可提供 0.001～2V 的电压，该电压送到运算放大器的同相输入端作为控制电压，就可得到 1～2000mA 的负载输出电流。

13.3.2　D/A 转换器分辨率的确定

　　要求实现的电流步进值为 1mA，电流变化范围为 1～2000mA。不妨设 D/A 转换器所需分辨率的位数为 n，则有 $n = \log_2(2000-1) \approx 10.965$，可以采用 11 位分辨率的 D/A 转换器。为便于计算与控制，我们采用 12 位 D/A 转换芯片 TLC5618。

13.3.3　TLC5618 参考电压的确定

　　D/A 转换芯片 TLC5618 具有 12 位的分辨率，输出电压与参考电压、输入数字量的关系为

$$V_o = 2(V_{REFIN})\frac{CODE}{4096}$$

式中，CODE 为 12 位数字控制量，它由单片机 AT89S52 的 P2.1、P2.2、P2.3 引脚串行输入，且 $0 \leqslant CODE \leqslant 4095$；$V_{REFIN}$ 为 TLC5618 的输入参考电压。为了能够实现 1mV 的精确步进值，我们采用数字量每增加 2 个字就使运算放大器输入电压增加 1mV 的方式，因此参考电压可以根据上述数模转换关系式确定为 2.048V，这也是 TLC5618 参考电压的典型值。

13.3.4　主电源参数的确定

　　参见图 13.3，主电源+Vcc 为负载提供电流与电压，它是一种具有较大输出功率的直流稳压电源。当负载电阻取最大值 5Ω、输出电流取最大值 2A 时，采样电阻的分压为 2V，负载电阻的分压为 10V，而达林顿晶体管的集电极与发射极之间的压降至少要为 3V 左右，因此该主电源的输出电压至少要为 15V，且具有能够提供至少 2A 电流的能力。

13.3.5　用 EWB 进行电路仿真

　　根据以上理论分析与计算，我们用电路仿真软件 EWB（Electronics Workbench，由加拿大 Interactive Image Technologies Ltd.推出）对所讨论的主要电路进行仿真。在 EWB 软件平台下创建的电路如图 13.5 所示。

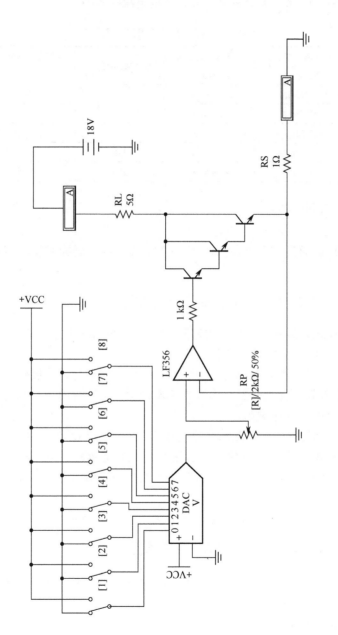

图 13.5　EWB 软件平台下创建的电路

使用 EWB 进行电路仿真时，使用的是位 D/A 转换器，参考电压为 5V，D/A 转换器输出电压经电位器 RP 分压后，为达林顿晶体管提供控制电压，通过 EWB 仿真后获得的测量数据如表 13.2 所示。对表 13.2 的数据进行分析可知，负载电阻为 1Ω 和 5Ω 时，在电流给定值（取决于 D/A 转换器输入的数字控制量）相同的情况下，实际输出电流基本恒定，达到了数控恒流的效果。因此，该电路模型可以实现电流的数控。

表 13.2　EWB 仿真后获得的测量数据

给定的数字控制量	实际输出电流值 （RL = 1Ω）	实际输出电流值 （RL = 5Ω）	给定的数字控制量	实际输出电流值 （RL = 1Ω）	实际输出电流值 （RL = 5Ω）
0	3.215mA	3.222mA	16	159.0mA	159.0mA
1	12.53mA	12.98mA	32	315.3mA	315.3mA
2	22.52mA	22.30mA	64	627.8mA	628.2mA
4	41.82mA	42.05mA	128	1.253A	1.253A
8	80.89mA	80.97mA	255	2.493A	2.493A

13.4　系统硬件设计

系统硬件主要由键盘、显示器、MCU 微控制器、D/A 转换模块、恒流源模块、数据采集模块等组成。

13.4.1　MCU 微控制器、键盘、显示器电路图

为便于以后在线升级系统用户应用程序，本系统采用带 ISP 接口的单片机芯片 AT89S52，并以 AT89S52 为核心构成 MCU 控制器。

键盘采用 4×4 矩阵行列式键盘，因此 16 个按键的键盘与单片机接口时只需 8 根 I/O 口线，并且键盘上各按键功能的分配可通过软件设计做得十分合理——设置 0～9 共 10 个数字键、步进键 "+" "–"、菜单键等。

在本系统中，因为只需显示输出电流的数值，并且为了减小 MCU 的软件开销，所以显示器采用 8 位 LED 数码管，并且约定使用 LED1～LED4 显示输出电流的给定值，使用 LED5～LED8 显示输出电流的测量值。LED 数码管显示的电流数值的单位是 mA，由 AT89S52 的内部串行口控制 LED 数码管显示器的工作。

MCU（微控制器）、键盘、显示器的电路图如图 13.6 所示。

13.4.2　D/A 转换模块、恒流源模块的电路图

D/A 转换模块、恒流源模块电路的设计是本系统硬件设计的核心。D/A 转换模块、恒流源模块的电路如图 13.7 所示。

1. D/A 转换模块的设计

设计任务要求输出电流的范围是 1～2000mA，且步进值为 1mA，因此要求 D/A 转换器能输出不同输出电压的个数为

$$\frac{200\,\text{mA}-1\,\text{mA}}{1\,\text{mA}} = 1999$$

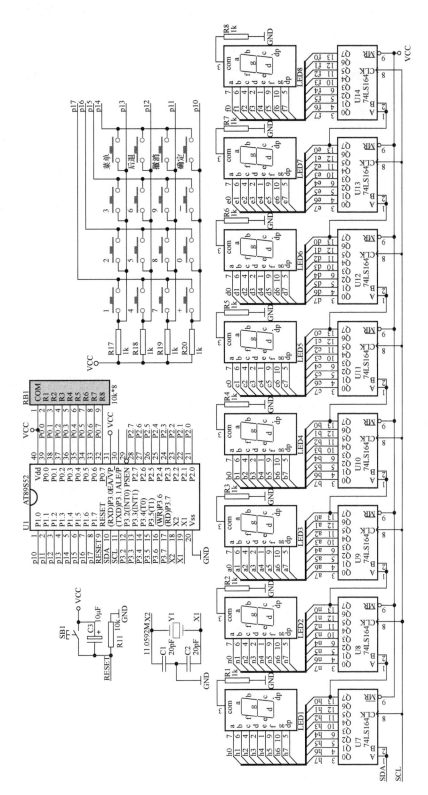

图 13.6　MCU（微控制器）、键盘、显示器的电路图

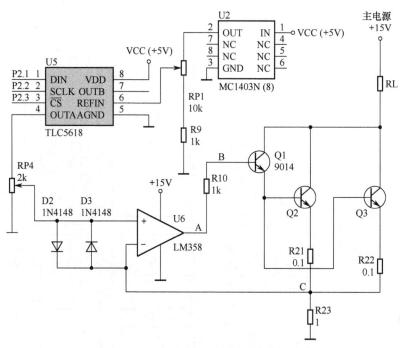

图 13.7　D/A 转换模块、恒流源模块的电路图

　　由此可以确定 D/A 转换器的分辨率为 11 位，但对 D/A 转换器的转换速度要求不高。

　　经过分析与计算，本系统采用美国 Texas Instrument 公司生产的串行可编程 D/A 转换器 TLC5618。TLC5618 是带有参考电压输入缓冲器（高阻抗）的双路 12 位电压输出型数字/模拟转换器，TLC5618 的数字输入端带有施密特触发器，具有很强的噪声抑制能力，其满度输出电压为参考电压的 2 倍，且其输出电压是单调变化的，线性度好。TLC5618 采用 5V 单电源工作，TLC5618 与单片机的接口电路十分简单，单片机通过 3 线串行总线对 TLC5618 实现数字控制，TLC5618 接收 MCU 提供的 16 位数字量（前 4 位是可编程位，后 12 位是数据位），从而产生模拟电压输出。TLC5618 的输出电压与参考电压及输入数字量的关系为

$$V_o = 2(V_{REFIN})\frac{CODE}{4096}$$

式中，CODE 为 12 位数字控制量，它由单片机 AT89S52 的 P2.1、P2.2、P2.3 引脚串行输入，且 $0 \leqslant CODE \leqslant 4095$；$V_{REFIN}$ 为 TLC5618 的输入参考电压，参考电压设计为典型值 2.048V。由于本系统要求输出稳定的输出电流，必须在系统中实现精密的数模转换，所以对数模转换器的参考电源质量要求较高。本系统采用精密基准电压源 MC1403 为 TLC5618 提供参考电压。MC1403 的输出电压为 2.5V，输入电压在 4.5～15V 范围内变化时，输出电压的变化不超过 3mV，一般只有 0.6mV 左右，通过其输出端外接的可调电阻 RP1 可以得到 2.048V 的输出电压，正好满足数模转换器 TLC5618 的参考电压的要求。因此，TLC5618 的输出电压为 $V_o = CODE/1000 = 0 \sim 4.095V$，并且电压步进值为 1mV。D/A 转换器的设计好坏是保证本系统能输出稳定的输出电流的重要依据之一。

2. 恒流源模块的设计

图 13.7 所示电路实际上是一个电压控制恒流源电路。数模转换器 TLC5618 的输出电压作为恒流源的控制电压，运算放大器 U6 与三极管 Q1、Q2、Q3 组成电压跟随器。利用三极管平坦的输出特性得到恒流输出。三极管 Q1 是普通的小功率三极管，三极管 Q2、Q3 是两个相同型号的达林顿三极管，Q2 和 Q3 并联使用，电阻 R21 和 R22 是平衡电阻。由于电压跟随器是一种深度的电压负反馈电路，因此恒流源具有较好的稳定性，这是保证本系统能输出稳定电流的重要依据之二。

电阻 R23 是取样电阻。为了提高恒流源电路输出电流的稳定性，R23 采用大线径锰铜电阻丝制作，锰铜电阻丝温度系数很小（一般小于 5ppm/℃），大线径（如 ϕ2mm）可使其温度影响减至最小。为方便实现电压到电流的转换，取样电阻 R23 的阻值设计为准确的 1Ω，因此电阻 R23 上的电压降与其上流过的电流数值上相等，而电阻 R23 上流过的电流与负载电阻 RL 上流过的电流几乎相等。因此，只要保证取样电阻 R23 上的电压恒定不变，就能保证负载电阻 RL 上流过的电流恒定不变。选择 R23 为 1Ω 的锰铜电阻丝是保证本系统能输出稳定电流的重要依据之三。

恒流源电路输出电流的标定由电位器 RP4 的动触点电压值决定。电位器 RP4 用来对恒流源电路的输出电流进行标定，但由于电位器 RP4 在电路中的分压作用（分压比约为 0.5），数模转换器 TLC5618 的输入数字量每变化 1 个字，TLC5618 的输出电压变化 2 mV，电位器 RP4 的动触点电压变化 1mV，取样电阻 R23 上的电压变化 1 mV，R23 上流过的电流变化 1mA，负载上流过的电流变化 1mA。

13.4.3　数据采集模块的电路图

数据采集模块的电路如图 13.8 所示，该模块的作用是实时测量负载的输出电流。由 MC14433 把被测模拟量（负载输出电流）转化为数字量，通过 MCU 的外部中断 0 向单片机申请中断响应，在中断服务程序中，MCU 接收 MC14433 送来的数字量，进行处理后，通过串行口发送到显示模块，将负载输出电流显示在 LED 数码管上。

为了能够测量较小的模拟量，我们通过继电器改变 MC14433 的基准电压（分别为 200mV 和 2V）和积分电阻（分别为 27kΩ 和 470kΩ），从而实现量程的转化。基准电压分别由两片 MC1403 获得。

13.4.4　辅助电源、主电源的电路图

辅助电源的电路如图 13.9 所示，本系统中由辅助电源提供±5V、±15V 的可调直流电源电压，因此本系统需要 2 个如图 13.9 所示的辅助电源电路。

主电源电路如图 13.10 所示，它以三端集成稳压芯片 LM338 为核心，由整流、滤波、稳压电路构成，能够提供输出最大电流为 5A、输出电压可调范围为 1.25~32V 的主电源电路。为了滤除纹波，我们采用了在稳压电源输出端加大电感和大电容的滤波方法。

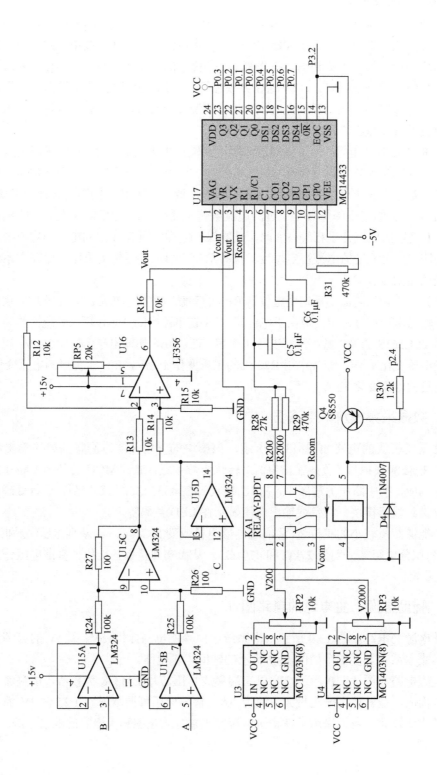

图 13.8 数据采集模块的电路图

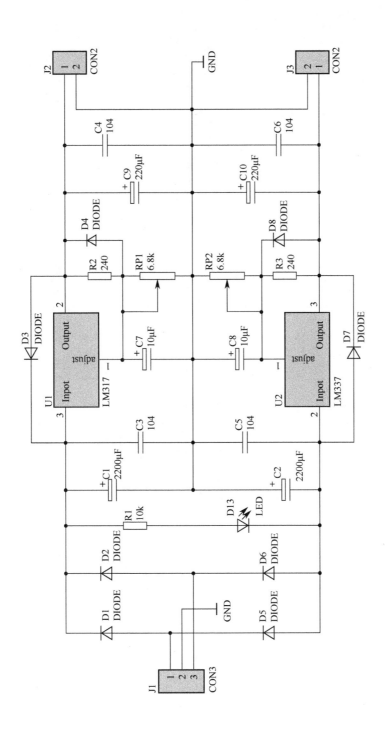

图 13.9　辅助电源的电路图

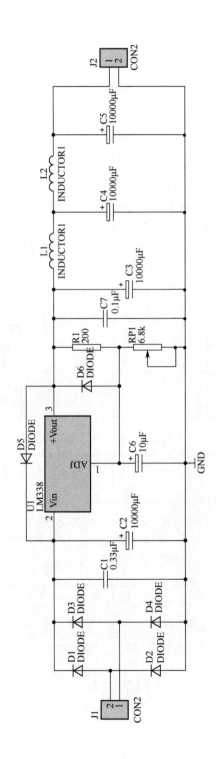

图 13.10　主电源的电路图

13.5 系统软件设计

本系统的软件设计采用 C51 语言和汇编语言混合编程。主程序采用 C51 编写，对时序要求比较严格的程序用汇编语言编写。因为采用了 C51 和汇编语言混合编程的方式，因此大大提高了本系统软件设计的效率和质量。

为让读者便于分析、理解本系统的软件，便于阅读本系统的源程序，下面给出主程序流程框图，所有软件的源程序代码见 13.8 节。

13.5.1 主程序流程框图

主程序流程框图如图 13.11 所示。由主程序流程框图可知，"扫描键盘"起到了很重要的作用。扫描键盘函数的返回值作为 C51 主程序中 Switch 语句的开关变量，根据不同的返回值进行相应的按键处理，因而主程序流程框图相当简单，且系统软件整体程序的可读性高。

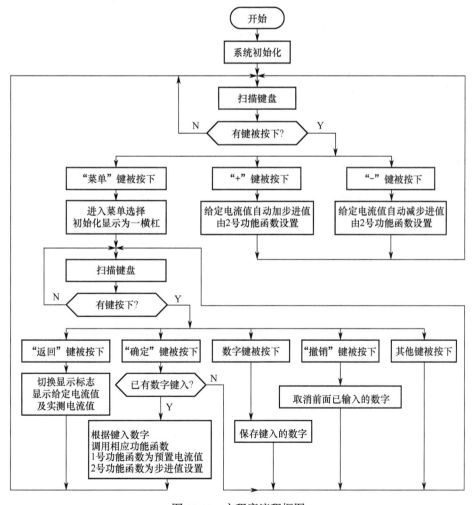

图 13.11 主程序流程框图

13.5.2　设置输出电流给定值功能函数程序流程框图

设置输出电流给定值功能函数程序流程框图如图 13.12 所示。

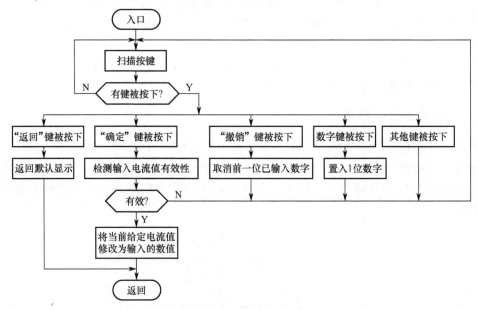

图 13.12　设置输出电流给定值功能函数程序流程框图

13.5.3　设置电流步进值功能函数程序流程框图

设置电流步进值功能函数程序流程框图如图 13.13 所示。

比较图 13.12 和图 13.13 可知，二者很相似，这种相似性有利于程序代码的编写。

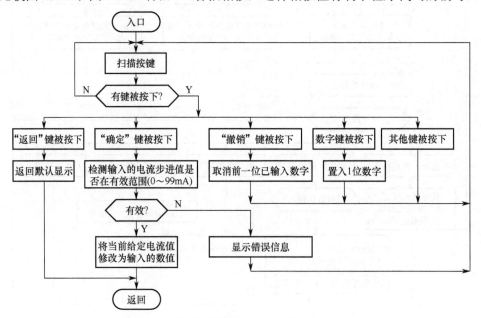

图 13.13　设置电流步进值功能函数程序流程框图

13.5.4　键盘扫描程序流程框图

键盘扫描程序流程框图如图 13.14 所示。

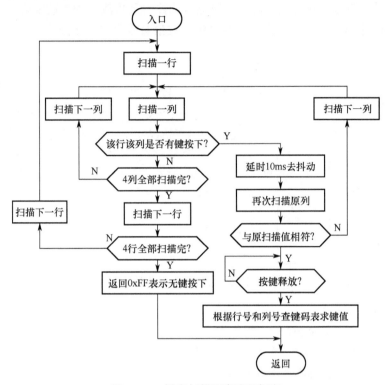

图 13.14　键盘扫描程序流程框图

另外，我们利用单片机的外部中断来采集取样电阻上的电流值（通过换算得到负载输出电流值），利用单片机的定时中断来实现显示内容的刷新。可见，由于充分利用了 51 单片机的中断资源并采用了 C51 语言这种与硬件接口优越的高级语言来进行结构化模块程序设计，因此整个系统的软件条理性好、可读性强，大大提升了系统软件的设计效率和质量。

13.6　系统测试方法与结果分析

根据本设计制作了实物，并对实物进行了测试，对测试结果进行了分析。

13.6.1　测试使用的仪器

完成系统测试使用的仪器如表 13.3 所示。

表 13.3　测试使用的仪器

仪器名称	仪器型号	数量
4 位半数字万用表	FLUKE 111 TRUE RMS MUTIMETER	1
3 位半数字万用表	UNI-T UT56 MULTIMETER	1
数字存储示波器	GDS-820S	1
交流毫伏表	SX2172	1

13.6.2　恒流特性的测试

测试接线原理框图如图 13.15 所示。直流电流表用来测量负载上的输出电流。交流毫伏表用来测量负载上的纹波电压，根据该纹波电压计算得到负载上的纹波电流。直流电压表用来测量负载上的输出电压。数字存储示波器用来观察负载上的电压波形。

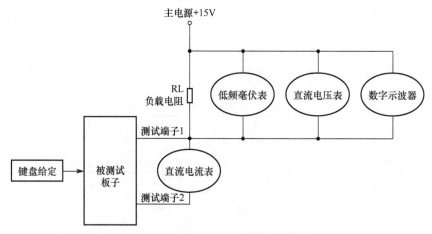

图 13.15　测试接线原理框图

测试步骤及数据如下。

（1）将 1.1Ω、3.4Ω、4.5Ω 的电阻作为负载电阻，分别接到图 13.15 中 RL 所在的位置。

（2）将 4 位半数字万用表（型号为 FLUKE 111 TRUE RMS MUTIMETER）调到电流挡，再串接到图 13.15 中直流电流表所在的位置。

（3）通过键盘将电流给定值分别设置为 20mA、100mA、200mA、500mA、1000mA、1500mA、2000mA，改变负载电阻 RL，测量并记录负载输出的电流值，测量数据如表 13.4 所示。

表 13.4　恒流特性测试数据

电流给定值	20mA	100mA	500mA	1000mA	1500mA	2000mA
电流实测值（RL = 4.5Ω）	21mA	101mA	501mA	999mA	1495mA	1987mA
电流实测值（RL = 3.4Ω）	21mA	101mA	501mA	999mA	1497mA	1993mA
电流实测值（RL = 1.1Ω）	21mA	102mA	501mA	999mA	1498mA	1999mA

13.6.3　电流步进值为 1mA 的测试

测试原理框图如图 13.15 所示，测试步骤及数据如下。

（1）将阻值为 4.5Ω 的负载接到图 13.15 中 RL 所在的位置。

（2）将 4 位半数字万用表调到电流挡，再串接到图 13.15 中直流电流表所在的位置。

（3）首先设置负载输出电流给定值和电流步进值，然后按"＋"键、"－"键来测量步进值的正确性。设置电流步进值为 1mA，并分别设置负载输出电流给定值为 20mA、1000mA、1800mA，按"＋"键进行加 1 操作，步进 5 次后，在此基础上按"－"键进行减 1 操作测试。测试结果如表 13.5 所示。

表 13.5 电流步进值为 1mA 时的测试数据

电流给定值的初始值 20mA	"+" 操作	21mA	22mA	23mA	24mA	25mA
电流给定值的初始值 25mA	"−" 操作	24mA	23mA	22mA	21mA	20mA
电流给定值的初始值 1000mA	"+" 操作	1001mA	1002mA	1003mA	1004mA	1005mA
电流给定值的初始值 1005mA	"−" 操作	1004mA	1003mA	1002mA	1001mA	1000mA
电流给定值的初始值 1800mA	"+" 操作	1795mA	1796mA	1797mA	1798mA	1799mA
电流给定值的初始值 1799mA	"−" 操作	1798mA	1797mA	1796mA	1795mA	1794mA

13.6.4 纹波电流的测试

测试原理框图如图 13.15 所示，测试步骤及数据如下。

（1）将阻值为 4.5Ω 的负载接到图 13.15 中 RL 所在的位置。

（2）将 4 位半数字万用表调到电流挡，再串接到图 13.15 中直流电流表所在的位置。

（3）首先将交流毫伏表（型号为 SX2172）并联在负载 RL 的两端，分别设置负载输出电流给定值为 20mA、1000mA、2000mA，然后分别将交流毫伏表的读数填入表 13.6 中。

表 13.6 纹波电流的测试数据

输出电流给定值	交流毫伏表测量值	计算得到的纹波电流值
20mA	1.26mV	0.28mA
1000mA	1.57mV	0.35mA
2000mA	1.89mV	0.42mA

（4）根据下面的公式将纹波电压换算成纹波电流，并将数据填入表 13.6 中。

$$I_R = U_R / R_L$$

（5）此外，还可通过将并接在负载电阻 RL 的两端来观察纹波电压的波形。通过数字示波器观测到的负载电压波形，是在直流电压上叠加了微小纹波电压的波形。

13.6.5 输出电流范围的测试

测试原理框图如图 13.15 所示，测试步骤及数据如下。

（1）将阻值为 4.5Ω 的负载接到图 13.15 中 RL 所在的位置。

（2）将 4 位半数字万用表调到电流挡，再串接到图 13.15 中直流电流表所在的位置。

（3）将输出电流给定值分别设置为 0mA 和 2000mA，测量负载输出电流值。

经过测量，负载输出电流的范围可达 0～2000mA，并且电流步进值最小为 1mA。

13.6.6 输出电压的测试

测试原理框图如图 13.15 所示，测试步骤及数据如下。

（1）将阻值为 4.5Ω 的负载接到图 13.15 中 RL 所在的位置。

（2）将 4 位半数字万用表调到电流挡，再串接到图 13.15 中直流电流表所在的位置。

（3）设置负载输出电流给定值为 2000mA。

（4）将直流电压表并联在负载电阻的两端，读出电压值。

经过测量，负载电阻为 4.5Ω 时，输出电压值为 8.942V。

13.6.7 1～99mA 内任意电流步进值设置功能的测试

测试原理框图如图 13.15 所示，测试步骤及数据如下。

（1）将阻值为 4.5Ω 的负载接到图 13.15 中 RL 所在的位置。

（2）将 4 位半数字万用表调到电流挡，再串接到图 13.15 中直流电流表所在的位置。

（3）分别设置电流步进值（步进值在范围 0～99mA 内），按"+"键或"−"键观察负载电阻输出电流值的变化情况。

经过测试，我们设计并制作的系统能对步进值在 1～99mA 内任意设置。

13.6.8 测试结果分析

1. 负载输出电流测量误差分析

由于在我们的系统中，负载输出电流测量部分采用的是直接从采样电阻上取得电压值，并根据该电压计算负载输出电流，忽略了达林顿晶体管基极的电流值，并经过了模数转换过程，所以在输出电流值较大时，基极的输入电流也会较大，这时会产生较大的测量误差。此外，模数转换器 MC14433 在模数转换过程中也会产生一定的误差。

2. 电流给定值与实际值之间的误差分析

由于采用的驱动三极管、达林顿晶体管都是非线性器件，所以只能在某个电流输出范围内具有很好的线性度，而在不同电流输出范围内可能会产生不同程度的非线性误差。由数字量转换为模拟量时，也会带来一定的数模转换误差。采样电阻的阻值很难做得非常精确，而这也会带来误差。此外，测量仪器本身也会带来一定的测量误差。

3. 纹波电流分析

由于我们所用的直流电源都是通过 220V/50Hz 的市电经过整流、滤波、稳压而得到的，虽然稳压电路有很好的效果，但这种结构的线性稳压电源总会产生或多或少的纹波电压输出，从而产生纹波电流。

通过测试发现，较大的纹波电流来自图 13.7 中恒流源模块产生的自激振荡。前面提到，恒流源模块电路实际上是一个深度负反馈电路，在一定条件下，深度负反馈电路可能会产生自激振荡，经测试得知，自激振荡的频率约为 30kHz。消除自激振荡的措施是在运算放大器的输出端与反相输入端之间接入适当大小的电容器，采取这种措施我们成功地将纹波电流抑制到了允许的范围内。

在软件设计中，采用了软件补偿测量误差的方法。用高精度的直流电流表与负载电阻串联测量实际电流值，用初步写好的软件对制作的硬件进行多次测试，对大量实测数据进行比较分析，从中总结出误差产生的规律，然后进行软件补偿，使得显示的电流给定值与实测值的误差降低到了最小程度。实践证明，这种软件补偿测量误差的方法效果很好。

经过反复测试，并对测试结果分析可知，该系统比较好地实现了设计任务提出的各项性能指标。

13.7 系统使用说明书

根据本设计制作的数控直流电流源的实物照片如图 13.16 所示。

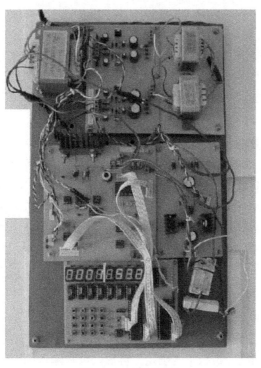

图 13.16　实物照片

13.7.1　键盘界面

因为数控直流电流源主要是通过键盘进行控制操作的，所以有必要首先对该系统的键盘界面进行说明，键盘界面如图 13.17 所示。

图 13.17　键盘界面

由图 13.17 可知，本系统采用的是 4×4 行列式键盘，按键主要由数字键 0～9 和各个功能键组成。功能键包括"菜单"键、"撤销"键、"后退"键、"确定"键、"+"键、"-"键。按下"菜单"键可以从默认的给定电流值和实测值显示状态，进入菜单选择显示状态。按下"后退"键可以中途取消正在进行的操作。按下"撤销"键可以将前面已输入的数字删除，相当于计算机键盘操作上的 Backspace 键。按下"确定"键可以确认正在进行的操作，相当于计算机键盘操作上的 Enter 键。按下"+"键可以实现电流值的正步进变化，按下"-"键可以实现电流值的负步进变化，步进值也可通过键盘操作进行设置。可见，本系统在键盘设计上比较友好，很贴近人们的日常使用习惯。

13.7.2 菜单操作

该数控直流电流源默认的显示状态为，显示给定的电流值和实测值，二者均为 4 位十进制数，分别代表千位、百位、十位和个位，数值单位为 mA。在默认显示情况下，按下"菜单"键时显示器切换为显示一横杠，这时可按下数字键"1"或"2"分别进入相应的功能操作过程。

1. 数字键 1——设置输出电流给定值功能操作

按下数字键"1"后，再按下"确定"键，显示切换为 4 个横杠，这时可通过按数字键置入电流数值来取代 4 个横杠，再按下"确定"键后，可将输入的电流给定值设置为当前的输出电流给定值，但输入电流值必须在 0～2000mA 内，并且必须置满 4 位数字，否则显示出错信息"ERROR"，要求重新输入有效的电流值，错误提示显示约几秒后会自动返回该操作的初始化显示状态，也可按任意键快速返回该操作的初始化显示状态。如果中途不想执行该操作，那么可以按"后退"键返回默认显示状态；如果输入过程中有错误输入，那么可以按"撤销"键撤销前面已输入的电流值数据。

2. 数字键 2——设置电流步进值功能操作

按下数字键"2"后，再按下"确定"键，显示切换为 2 个横杠，这时可按数字键置入电流步进值来取代 2 个横杠，再按下"确定"键后，可将输入的电流步进值设置为当前的电流步进值，可以设置的电流步进值范围为 0～99mA。其他功能按键的操作同上。

13.8 系统源程序清单

数控直流电流源的软件开发在 Keil μVision2 集成开发环境下完成，采用了 C51 高级语言和汇编语言混合编程，主程序用 C51 语言写成，其他程序用 MCS-51 汇编语言写成。软件的树形结构如图 13.18 所示。下面给出各程序模块的源代码。

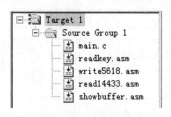

图 13.18 软件的树形结构图

13.8.1 C51 语言主程序

用 C51 语言写成的系统主程序 main.c 如下。

```
#include <reg52.h>
#define uchar unsigned char
#define unit unsigned int
sbit ledbit = P2^0;          /*功能指示灯控制位*/
sbit jidianbit = P2^4;       /*定义 P2.4 为控制继电器位*/
uchar idata buffer[8];       /*定义键盘输入缓冲区空间*/
```

```
uchar idata keycode;              /*扫描键盘码变量*/
uchar idata stepval = 1;          /*步进值变量*/
uchar idata showflag = 0;         /*当前显示标志，用以决定当前显示内容*/
uint idata givecur = 0;           /*电流输出给定值控制变量*/
uint idata truecur;               /*电流实测值变量*/
uchar idata mearflag;             /*MC14433 的电压测量量程挡位换挡标志*/
extern uchar readkey(void);       /*声明扫描键盘函数为外部函数，此函数使用汇编语言编写*/
extern void showbuffer(uchar *);  /*声明缓冲区显示函数为外部函数，入口参数为全局变量数组 buffer 的首址*/
extern void write5618(uint);      /*声明写 5618 为外部函数，入口参数为要写入的 16 位二进制数据，/*
                                  /*默认为 TLC5618 的模拟 A 通道*/
extern uint read14433(void);      /*声明读 14433 为外部函数，无入口参数，出口参数为读出的 16 位二进制数据*/


/*函数原型：void del5s(void)*/
/*功能：信息提示延时显示，按任意键返回*/
/*调用函数：readkey()*/
/*入口参数：无*/
/*出口参数：无*/
void del5s(void)
{
 uint m, n;
   for(m = 0; m <= 2000; m++)
     {
       if(readkey() != 0xff)break;    /*按任意键跳出循环*/
       for(n = 0; n <= 500; n++){}
     }
   return;
}


/*函数原型：void setbcur(void)*/
/*功能：电流给定值设置功能函数，通过矩阵式键盘可快速设置 2000mA 以内的任意电流给定值*/
/*调用函数：readkey()、del5s()*/
/*入口参数：无*/
/*出口参数：无*/
setcur()
{
 uint n;
 uchar numcount = 0;
 ledbit = 1;
 P0 = 0xfd;
 ledbit = 0;       /*初始化功能指示灯亮，表示正在进行的是设置电流给定值的操作*/
```

```
for(n = 0; n < 4; n++)
  {
   buffer[n] = 0x0a;
  }
for(n = 4; n < 8; n++)
  {
   buffer[n] = 0x0d;
  } /*初始化 8 位数码显示器显示：前 4 位为 4 个横杠，后 4 位全灭*/
while(showflag == 0x01)
  {
   do
     {
      keycode = readkey();
     }while(keycode == 0xff);    /*不断扫描键盘，直到有键按下*/
     switch(keycode)
        {
          case 0:;
          case 1:;
          case 2:;
          case 3:;
          case 4:;
          case 5:;
          case 6:;
          case 7:;
          case 8:;
          case 9:if(numcount != 4)     /*缓冲区只接收 4 位电流给定值数据的输入*/
                     {
                          buffer[numcount] = keycode; /*置键盘输入数据至键盘输入缓冲区*/
                          numcount++;
                     }
                 break;     /*每输入一个数据，缓冲区指针 numcount 自加 1*/
          case 0x0b:     showflag = 0x00;
                         P0 = 0xff;
                         ledbit = 1;
                         ledbit = 0;
                         break;       /*如果按下后退键，那么返回默认的显示状态*/
          case 0x0c:     if(numcount != 0x0)
                         {
                           numcount--;   /*缓冲区指针 numcount 自减 1*/
                           buffer[numcount] = 0x0a; /*置入横杠*/
```

```
                }
                break;  /*若撤销键按下，则往前置入一横杠，撤销前面已输入的一位数据*/
    case 0x0d:  n=(uint)buffer[0]*1000+(uint)buffer[1]*100+(uint)buffer[2]*10+ (uint)buffer[3];
                if((numcount == 4)&&(n <= 2000))
                 {
                givecur = n;
                n = ((givecur&0x0fff)*2)|0xc000;  /*合成要写入 5618 的 16 位二进制数据*/
                EX0 = 0;
                ET0 = 0;
                write5618(n);     /*将合成的数据写入 5618*/
                EX0 = 1;
                ET0 = 1;
                showflag = 0;
                ledbit = 1;
                P0 = 0xff;
                ledbit = 0;  /*恢复默认显示状态*/
                 }    /*如果确定键按下，并且输入校验有效执行的操作*/
                else
                  {
                        buffer[0] = 0x0b;
                        buffer[1] = 0x0c;
                        buffer[2] = 0x0c;
                        buffer[3] = 0x00;
                        buffer[4] = 0x0c;
                        buffer[5] = 0x0d;
                        buffer[6] = 0x0d;
                        buffer[7] = 0x0d;
                        del5s();
                /*显示 ERROR 的错误提示，延时约 5 秒后自动返回或按任意键返回*/
                for(n = 0; n < 4; n++)
                  *(buffer + n) = 0x0a;
                for(n = 4; n < 8; n++)
                  *(buffer + n) = 0x0d; /*重新初始化为显示 4 个横杠*/
                        numcount = 0x00; /*恢复缓冲区相对指针*/
                }                /*如果确定键按下，输入校验无效执行的操作*/
                break;
        default:break;
        }
      }
    }
```

```
/*函数原型：void setstep(void)*/
/*功能：步进值设置功能函数，用来设置每次"+""-"键按下时的步进值*/
/*调用函数：readkey()*/
/*入口参数：无*/
/*出口参数：无*/
setstep()
{
  uchar idata n;
  uchar idata numcount = 0;
  ledbit = 1;
  P0 = 0xfb;
  ledbit = 0;
  for(n = 0; n < 2; n++)
   {
    buffer[n] = 0x0a;
   }
  for(n = 2; n < 8; n++)
   {
    buffer[n] = 0x0d;
   }
  while(showflag == 0x01)
   {
    do
      {
       keycode = readkey();
      }while(keycode == 0xff);
    switch(keycode)
      {
        case 0:;
        case 1:;
        case 2:;
        case 3:;
        case 4:;
        case 5:;
        case 6:;
        case 7:;
        case 8:;
        case 9: if(numcount != 2)
              {
```

```
            buffer[numcount] = keycode;
            numcount++;
          }
      break;    /*缓冲区只接收 2 位数据的输入*/
case 0x0b:    showflag = 0x00;
              ledbit = 1;
              P0 = 0xff;
              ledbit = 0;
              break;
case 0x0c:    if(numcount != 0x0)
              {
              numcount--;
              buffer[numcount] = 0x0a;
              }
              break;        /*此功能只允许输入 2 位数据*/
case 0x0d:    if(numcount == 2)
              {
                  stepval = buffer[0]*10 + buffer[1];/*设置的步进值赋给步进值变量*/
                  showflag = 0;
                  ledbit = 1;
                  P0 = 0xff;
                  ledbit = 0; /*恢复默认显示状态*/
              }
              else
              {
                  buffer[0] = 0x0b;
                  buffer[1] = 0x0c;
                  buffer[2] = 0x0c;
                  buffer[3] = 0x00;
                  buffer[4] = 0x0c;
                  buffer[5] = 0x0d;
                  buffer[6] = 0x0d;
                  buffer[7] = 0x0d;
                  del5s();
                  for(n = 0; n < 2; n++)
                      *(buffer + n) = 0x0a;   /*重新初始化为显示 2 个横杠*/
                  for(n = 2; n < 8; n++)
                      *(buffer + n) = 0x0d;
                  numcount = 0x00;
              }
```

```
                            break;
            default:    break;
        }
    }
}       /*此功能函数的分析基本同 setcur()功能函数的分析*/


/*函数原型：void menu(void)*/
/*功能：菜单选择功能函数，通过菜单选择功能号，进入相应的功能操作*/
/*调用函数：readkey()*/
/*入口参数：无*/
/*出口参数：无*/
menufun()
{
    uchar idata n;
    uchar numcount = 0;
    showflag = 1;
    ledbit = 1;
    P0 = 0xfe;
    ledbit = 0;
    buffer[0] = 0x0a;
    for(n = 1; n < 8; n++)
    {
        buffer[n] = 0x0d;
    }
    while(showflag == 0x01)
    {
     do
        {
            keycode = readkey();
        }while(keycode == 0xff);
    switch(keycode)
        {
            case 0:;
            case 1:;
            case 2:;
            case 3:;
            case 4:;
            case 5:;
            case 6:;
            case 7:;
```

```
                case 8:;
                case 9:      if(numcount != 1)
                                {
                                       buffer[0] = keycode;
                                       numcount++;
                                }
                             break;       /*缓冲区只接收 1 位数据的输入*/
                case 0x0b:  showflag = 0x00;
                             ledbit = 1;
                             P0 = 0xff;
                             ledbit = 0;
                             break;
                case 0x0c:   if(numcount == 0x01)
                              {
                                numcount--;
                                buffer[0] = 0x0a;
                              }
                             break;       /*此功能只允许输入 1 位数字*/
                case 0x0d:   if(numcount == 1)
                                switch(buffer[0])
                                {
                                case 0x01: setcur();    /*选择 1 号功能进入设置电流给定值功能操作*/
                                           showflag = 0;
                                           break;
                                case 0x02: setstep();   /*选择 2 号功能进入设置电流步进值功能操作*/
                                           showflag = 0;
                                           break;
                                default:   break;
                                }
                default: break;
            }
        }
}


/*函数原型：void intt0(void)*/
/*功能：定时中断函数，用于数码显示定时刷新*/
/*调用函数：showbufffer()*/
/*入口参数：无*/
/*出口参数：无*/
void intt0(void) interrupt 1
```

```
  {
  uint idata n;
  TH0 = 0xb8;
  TL0 = 0x00;/*重装定时值*/
  if(givecur < 165)
    {
    jidianbit = 0;
    mearflag = 0;
    }
  else
    {
    jidianbit = 1;
    mearflag = 1;
    } /*MC14433 量程切换操作，根据给定电流值的大小设置不同量程*/
  switch(showflag)
      {
      case 0:   n = givecur;
                buffer[0] = (uchar)(n/1000);
                buffer[1] = (uchar)((n-(uint)buffer[0]*1000)/100);
                buffer[2] = (uchar)((n-(uint)buffer[0]*1000-(uint)buffer[1]*100)/10);
                buffer[3] = (uchar)(n-(uint)buffer[0]*1000-(uint)buffer[1]*100-(uint)buffer[2]*10);
                n = truecur;
                buffer[4] = (uchar)(n/1000);
                buffer[5] = (uchar)((n-(uint)buffer[4]*1000)/100);
                buffer[6] = (uchar)((n-(uint)buffer[4]*1000-(uint)buffer[5]*100)/10);
                buffer[7] = (uchar)(n-(uint)buffer[4]*1000-(uint)buffer[5]*100-(uint)buffer[6]*10);
                showbuffer(buffer);
                break;
      case 1:   showbuffer(buffer);break;
    default:break;
        }   /*根据显示刷新标志选择不同的刷新内容*/
  }


/*函数原型：void ext0(void)*/
/*功能：外部中断函数，用于读取 MC14433 的转换数据*/
/*调用函数：read14433()*/
/*入口参数：无*/
/*出口参数：无*/
void ext0(void) interrupt 0
  {
```

```
uint n;
n = read14433();
n = ((n&0xf000) >> 12)*1000 + ((n&0x0f00) >> 8)*100 + ((n&0x00f0) >> 4)*10 + (n&0x000f);
if(mearflag == 0)              n = n/10;
if((n >= 0)&&(n < 200))        truecur = n-20;
if((n >= 200)&&(n < 300))      truecur = n-20;
if((n >= 300)&&(n < 400))      truecur = n-17;
if((n >= 400)&&(n < 500))      truecur = n-14;
if((n >= 500)&&(n < 600))      truecur = n-12;
if((n >= 600)&&(n < 700))      truecur = n-8;
if((n >= 700)&&(n < 800))      truecur = n-7;
if((n >= 800)&&(n < 1050))     truecur = n-5;
if((n >= 1050)&&(n < 1150))    truecur = n-3;
if((n >= 1150)&&(n < 1250))    truecur = n-5;
if((n >= 1250)&&(n < 1350))    truecur = n-7;
if((n >= 1350)&&(n < 1400))    truecur = n-10;
if((n >= 1400)&&(n < 1450))    truecur = n-12;
if((n >= 1450)&&(n < 1500))    truecur = n-14;
if((n >= 1500)&&(n < 1550))    truecur = n-16;
if((n >= 1550)&&(n < 1600))    truecur = n-18;
if((n >= 1600)&&(n < 1650))    truecur = n-20;
if((n >= 1650)&&(n < 1700))    truecur = n-22;
if((n >= 1700)&&(n < 1900))    truecur = n-24;
if((n >= 1900)&&(n < 2000))    truecur = n-28;
if(n >= 2000)             truecur = givecur;      /*对实测偏差值进行软件补偿*/
if(n == 165)              truecur = 165;
}


main()          /*主函数*/
{
 uchar idata n;
 uint idata m;
 SP = 0x40;      /*修改堆栈指针*/
 for(m = 0; m < 1000; m++)
   {
   }
 EA = 1;        /*CPU 开中断*/
 ET0 = 1;       /*允许定时器 0 定时中断*/
 EX0 = 1;       /*允许外部 0 中断*/
 PX0 = 1;
```

```
      IT0 = 1;          /*外部中断采用负边沿出发方式*/
      TMOD = 0x01; /*定时器采用 16 位定时工作方式*/
      TH0 = 0xb8;
      TL0 = 0x00;
      TR0 = 1;          /*启动定时器 0*/
  while(1)
    {
      do
        {
         keycode = readkey();
        }while(keycode == 0xff);
      switch(keycode)
        {
          case 0x0a:     menufun();        /*菜单键按下，进入菜单选择功能*/
                         break;
          case 0x0e:     m = givecur + stepval;
                         if(m <= 2000)
                         {
                         givecur = m;
                         /*若原有值加一次步进值小于等于 2000mA，则将累加值赋给电流给定值变量*/
                         m = ((givecur&0x0fff)*2)|0xc000;        /*合成 5618 数据写入格式*/
                         EX0 = 0;          /*对 TLC5618 串口器件进行操作需要首先关闭一切中断源*/
                         ET0 = 0;
                         write5618(m);    /*将合成的数据写入 5618*/
                         EX0 = 1;
                         ET0 = 1;          /*串口操作结束之后再恢复中断操作*/
                         }
                         break;
          case 0x0f:     if(givecur != 0)
                         {
                             for(n = 0; n < stepval; n++)
                             {
                                givecur--;
                                if(givecur == 0)
                                break;
                             }
                         }
                         m = ((givecur&0x0fff)*2)|0xc000;
                         EX0 = 0;
                         ET0 = 0;
                         write5618(m);
```

```
                        ET0 = 1;
                        EX0 = 1;
                }
                        break;
        default:   break;
        }
    }
}
```

13.8.2 键盘扫描汇编语言子程序

用汇编语言写成并能被 C51 调用的键盘扫描程序 READKEY.ASM 如下。

;功能：4×4 行列式键盘扫描，无入口参数，出口参数在 R7，无键按下返回 0xFF，有键按下时返回其键值。

NAME READKEY

?PR?READKEY?READKEY SEGMENT CODE

PUBLIC READKEY

RSEG ?PR?READKEY?READKEY   ;为无参函数，全部不要加下横线的函数名

READKEY:

```
                PUSH     ACC
                PUSH     PSW
                PUSH     DPL
                PUSH     DPH
                PUSH     0
                PUSH     1
                PUSH     2
                PUSH     3
                MOV      R0,   #0F7H;
                MOV      R1,   #00H;
LP1:            MOV      A,    R0;
                MOV      P1,   A;
                MOV      A,    P1;
                MOV      R2,   A;
                SETB     C;
                MOV      R3,   #04H;
LP2:            RLC      A;
                JNC  KEY;
LP3:            INC  R1;
                DJNZ     R3,   LP2;
                MOV      A,    R0;
                SETB     C;
```

```
              RRC     A;
              MOV     R0, A;
              JC      LP1;
              MOV     R7, #0FFH
              LJMP    ENDCHECKKEY;
KEY:          LCALL   DEL10MS;
              MOV     A, P1;
              XRL     A, R2;
              JNZ LP3;
LP4:          MOV     A, P1;
              XRL     A, R2;
              JZ      LP4;
              MOV     A, R1;
              MOV     DPTR,   #KEYTAB;置键盘码表首址到 DPTR
              MOVC    A, @A + DPTR;
              MOV     R7, A
ENDCHECKKEY:
              POP 3
              POP 2
              POP 1
              POP 0
              POP DPH
              POP DPL
              POP PSW
              POP ACC
              RET

DEL10MS:MOV    R6, #100        ;延时 10ms 子程序，用于键盘扫描
LOP1:         MOV     R7, #200
              DJNZ    R7, $
              DJNZ    R6, LOP1
              RET

KEYTAB:       DB   1H, 2H, 3H, 0AH       ;键盘码表
              DB   4H, 5H, 6H, 0BH
              DB   7H, 8H, 9H, 0CH
              DB   0EH, 0H, 0FH, 0DH
              END
```

13.8.3　写 TLC5618 的汇编语言子程序

用汇编语言写成并且能被 C51 调用的写 TLC5618 程序 WRITE5618.ASM 如下。

```
NAME WRITE5618
?PR?_WRITE5618?WRITE5618 SEGMENT CODE
PUBLIC _WRITE5618
RSEG ?PR?_WRITE5618?WRITE5618
DADAT          BIT  P2.1
DACLK          BIT  P2.2
DACS           BIT  P2.3
_WRITE5618:
               PUSH     ACC
               PUSH     PSW
               PUSH     2
EXDA1:         SETB     DACLK
               CLR      DACS
               MOV      R2, #08H
               MOV      A,   R6
EXDA2:         RLC      A
               MOV      DADAT,  C
               CLR      DACLK
               SETB     DACLK
               DJNZ     R2,  EXDA2
               MOV      A,   R7
               MOV      R2,  #08H
EXDA3:         RLC      A
               MOV      DADAT,  C
               CLR      DACLK
               SETB     DACLK
               DJNZ     R2,  EXDA3
               SETB     DACLK
               SETB     DACS
               POP      2
               POP      PSW
               POP      ACC
               RET
               END
```

13.8.4　读 MC14433 的汇编语言子程序

用汇编语言写成并能被 C51 调用的读 MC14433 程序 READ14433.ASM 如下。

```
NAME READ14433
?PR?READ14433?READ14433 SEGMENT CODE
PUBLIC READ14433
RSEG ?PR?READ14433?READ14433 ;为无参函数，全部不要加下横线的函数名
USING 0
READ14433:
                PUSH    ACC
                PUSH    PSW
                PUSH    DPL
                PUSH    DPH
                PUSH    20H
                PUSH    21H
                MOV     20H, #0
                MOV     21H, #0
                MOV     DPTR,    #7EF9H
WAITQ:          MOVX    A,    @DPTR
                JNB     ACC.4,    WAITQ
                JB      ACC.0,    ERROR
                JNB     ACC.3,    QING1
                CLR     04H
                SJMP    WAITB
QING1:          SETB    04H
WAITB:          MOVX    A,    @DPTR
                JNB     ACC.5,    WAITB
                ANL     A,    #0FH
                ORL     A,    20H
                MOV     20H, ACC
WAITS:          MOVX    A,    @DPTR
                JNB     ACC.6,    WAITS
                ANL     A,    #0FH
                SWAP    A
                MOV     21H, A
WAITG:          MOVX    A,    @DPTR
                JNB     ACC.7,    WAITG
                ANL     ACC,#0FH
                ORL     A,    21H
                MOV     21H, A
```

```
                CLR     05H
                CLR     06H
                CLR     07H
                MOV     R6,  20H
                MOV     R7,  21H
                SJMP    EXIT
ERROR:          JB      ACC.3,   DWE
                MOV     R6,  #0FFH
                MOV     R7,  #0FFH
                SJMP    EXIT
DWE:            MOV     R6,  #00H
                MOV     R7,  #0FFH
EXIT:           POP     21H
                POP     20H
                POP     DPH
                POP     DPL
                POP     PSW
                POP     ACC
                RET
                END
```

13.8.5　显示缓冲器的汇编语言子程序

用汇编语言写成并能被 C51 调用的显示缓冲器程序 SHOWBUFFER.ASM 如下。

```
NAME SHOWBUFFER
?PR?SHOWBUFFER?SHOWBUFFER SEGMENT CODE
PUBLIC _SHOWBUFFER
RSEG ?PR?SHOWBUFFER?SHOWBUFFER
_SHOWBUFFER:
                PUSH    ACC
                PUSH    PSW
                PUSH    DPL
                PUSH    DPH
                PUSH    2
                PUSH    3
                MOV     DPTR,    #BLEDTAB
                MOV     R3,  #8
BLOOP2:         MOV     A,   @R1
                MOVC    A,   @A + DPTR
                MOV     R2,  #8
BLOOP1:         RLC     A
```

```
          CLR     P3.4
          MOV     P3.3,  C
          SETB    P3.4
          DJNZ    R2, BLOOP1
          INC R1
          DJNZ    R3, BLOOP2
          POP 3
          POP 2
          POP DPH
          POP DPL
          POP PSW
          POP ACC
          RET
BLEDTAB:  DB  0fcH, 60H, 0daH, 0f2H    ;"0", "1", "2", "3"
          DB  66H, 0b6H, 0beH, 0e0H    ;"4", "5", "6", "7"
          DB  0feH, 0f6H, 2H, 9eH      ;"8", "9", "-", "E"
          DB  0eeH, 00h, 0ech, 8eh     ;"R", " ", "n", "F"
          DB  7ch, 7ah, 1Ch, 3eh       ;"U", "d", "L", "b"
          DB  9CH                      ;"C"
          DB  0FDH, 61H, 0DBH, 0F3H    ;"0.", "1.", "2.", "3."
          DB  67H, 0B7H, 0BFH, 0E1H    ;"4.", "5.", "6.", "7."
          DB  0FFH, 0F7H               ;"8.", "9."
          END
```

13.9　系统设计总结

本章给出的数控直流电流源的设计方案，已成功地应用于 2005 年第七届全国大学生电子设计竞赛，并且荣获了电子设计竞赛全国二等奖和湖南省赛区一等奖。

附录 A 单片机课程设计

与单片机课程实验不同,单片机课程设计的目的是以简单系统设计为主,引导学生逐步走进单片机应用系统的设计领域。通过单片机课程设计,可使学生将所学的模拟电子技术、数字电子技术、模数转换技术、传感器技术、单片机应用技术及智能仪器等知识综合起来,通过理论联系实际,通过设计题目分析、电路设计与调试、程序设计与调试、传感器的标定等完整的实践过程,培养学生正确的设计思想和方法,使学生充分发挥主观能动性,独立分析和解决实际问题,达到提升学生的知识综合能力、动手能力、文献资料查阅能力的目的,培养和提高学生的独立工作能力及解决实际技术问题的能力,为毕业设计和以后的技术工作打下良好的基础。

题目 1 数字频率计的设计 1

数字频率计是一种用十进制数字显示被测信号频率的数字测量仪器,它的基本功能是测量正弦信号、矩形波信号、尖脉冲信号以及其他各种在单位时间内变化的物理量,因此用途十分广泛。

1. 设计要求

(1) 测量频率范围:0～9999Hz 和 1Hz～100kHz。

(2) 测量信号:矩形波信号峰峰值为 3～5V(与 TTL 电平兼容)。

(3) 闸门时间:10ms、0.1s、1s、10s。

2. 设计任务

(1) 以单片机为核心,设计系统硬件电路。

(2) 编写相应的软件程序。

(3) 编写设计说明书,内容包括:各单元电路原理图、整机电路框图和总体电路原理图;程序流程框图、主要源程序清单;电路实测波形、电路原理分析、硬件调试分析、软件调试分析、结论和体会。

题目 2 数字频率计的设计 2

数字频率计是一种用十进制数字显示被测信号频率的数字测量仪器,它的基本功能是测量正弦信号、矩形波信号、尖脉冲信号以及其他各种在单位时间内变化的物理量,因此用途十分广泛。

1. 设计要求

(1) 测量频率范围:10Hz～100kHz。

(2) 测量信号:矩形波,信号电压与 TTL 电平兼容。

(3) 在整个频率范围内测量的相对误差不超过 0.25%,测量速率不小于 2 次/秒。

2. 设计任务

（1）硬件电路设计，内容包括：选择单片机型号，设计硬件电路原理图，用 Protel 99 SE 绘制电路原理图，用 Protel 99 SE 设计印制电路板图。

（2）分析任务要求，写出程序设计思路，并编写相应的软件程序。

（3）编写设计说明书，内容包括：系统电路原理图，程序流程框图，主要源程序清单，电路原理分析，软件调试分析，结论和体会。

题目 3　基于 DS18B20 的多点温度测量系统的设计

在粮库测温系统、冷库测温系统、智能建筑自控系统、中央空调系统等多种系统中，都需要多点温度测量。因此，多点温度测量实现技术很重要。

美国 Dallas 公司的 1-Wire 单总线数字温度传感器 DS18B20 的转换精度高，抗干扰能力强，使用时无须标定或调试，与单片机的接口简单，可方便地实现多点组网测温，给系统硬件设计带来了极大的方便。

1. 设计要求

（1）测温点数：8 点。

（2）测温范围：-40℃～+40℃。

（3）测量精度：±0.5℃。

（4）系统响应时间：1s。

（5）数据传送方式：采用串行数据传送方式。

2. 设计任务

（1）以单片机为核心，设计系统硬件电路。

（2）编写相应的软件程序。

（3）编写设计说明书，内容包括：电路组成框图、电路原理图；程序流程框图、主要源程序清单；电路实测波形、电路原理分析、硬件调试分析、软件调试分析、结论和体会。

题目 4　基于 HS1101 的湿度测量系统的设计

测量空气湿度的方式很多，其原理是根据某种物质从周围的空气中吸收水分后引起的物理或化学性质的变化，间接地获得该物质的吸水量及周围空气的湿度。

HS1101 使用时不需要校准，具有高可靠性、长期稳定性、快速响应时间、专利设计的固态聚合物结构，有顶端接触（HS1100）和侧面接触（HS1101）两种封装产品，适用于电压输出和频率输出两种电路。

1. 设计要求

（1）测湿范围：5%～95%。

（2）测湿精度：±3%。

（3）系统响应时间：15s。

（4）数据传送方式：采用串行数据传送方式。

2. 设计任务

（1）以单片机 AT89S51 芯片和 HS1101 测湿芯片为核心，设计系统硬件电路。

（2）编写相应的软件程序。

（3）编写设计说明书，内容包括：电路组成框图、电路原理图；程序流程框图、主要源程序清单；电路实测波形、电路原理分析、硬件调试分析、软件调试分析、结论和体会。

题目 5 密码锁的设计

密码锁由键盘、控制电路、电控锁等组成。当从键盘输入的 8 位串行码与密码锁内置的二进制数码一致时，才能开锁。

1. 设计要求

（1）开锁时，串行 8 位二进制数码从键盘输入。

（2）从键盘输入的 8 位串行码与密码锁内置的二进制数码一致时，输出信号 OPEN 为低电平，表示密码锁可以被打开，同时输出信号 ERROR 为低电平。

（3）从键盘输入的 8 位串行码与密码锁内置的二进制数码不一致时，输出信号 OPEN 为高电平，表示密码锁不能被打开；同时，输出信号 ERROR 为高电平，表示输入密码错误。

2. 设计任务

（1）以单片机 AT89S51 芯片为核心，设计 8 位串行数字密码锁的硬件电路。

（2）编写相应的单片机程序。

（3）编写设计说明书，内容包括：电路组成框图、电路原理图；程序流程框图、主要源程序清单；电路原理分析、软件调试分析、结论和体会。

题目 6 水塔水位控制器的设计

水塔水位状态由 4 个水位开关检测，从低到高的 4 个水位开关 S1、S2、S3、S4 依次代表低水位报警检测、低水位控制、高水位控制、超高水位报警检测。

1. 设计要求

（1）单片机能根据水位开关的状态，通过中间继电器 K 控制上水电动机的运行与停止。

（2）分析系统可能出现哪几种故障情况，故障发生时发出声音报警信号，并用一位 LED 数码管显示故障代码，故障代码与故障类型的对应关系由设计者自行确定。

（3）说明水位开关检测的原理。

2. 设计任务

（1）硬件电路设计，内容包括：选择单片机型号，设计硬件电路原理图，用 Protel 99 SE 绘制电路原理图，用 Protel 99 SE 设计印制电路板图。

（2）分析任务要求，写出程序设计思路，并编写相应的软件程序。

（3）编写设计说明书，内容包括：系统电路原理图；程序流程框图、主要源程序清单；电路原理分析、软件调试分析、结论和体会。

题目 7　循环移位逻辑信号序列发生器的设计

软件设计的灵活性，使得我们能设计出硬件电路非常简单且满足任务要求的基于单片机的逻辑信号序列发生器。

1. 设计要求

（1）8 位循环移位逻辑信号序列波形如图 A.1 所示。由图可见，重复输出循环移位逻辑信号序列为 $Q_7Q_6Q_5Q_4Q_3Q_2Q_1Q_0 = 00000101$。

（2）要求重复输出循环移位逻辑信号序列可预置。

（3）输出信号为 TTL 电平，序列时钟信号频率为 100Hz。

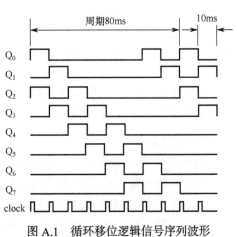

图 A.1　循环移位逻辑信号序列波形

2. 设计任务

（1）以单片机 AT89S51 为核心，设计系统硬件电路。

（2）编写相应的软件程序。

（3）编写设计说明书，内容包括：电路组成框图、电路原理图；程序流程框图、主要源程序清单；电路原理分析、软件调试分析、结论和体会。

题目 8　MCU 与 PC 串行通信的设计 1

MCS-51 系列单片机内部的 UART 经扩展 RS-232C 接口后，可直接与 PC 串行口 COM1 或 COM2 通信。单片机与 PC 通信时，要注意使通信双方的波特率、传送字节数、校验位和停止位等保持一致，这些工作由软件来完成，因此要实现单片机与 PC 之间的通信，除硬件连接外，还需要为单片机和 PC 设计相应的通信软件。

1. 设计要求

（1）由单片机 UART 串口以中断方式接收特定字符串"I love you."。

（2）接收到上述特定字符串后，由单片机 UART 串口以查询方式发送字符串"I love you, too. My name is …. I am a student. Hunan University of Technology."。

（3）PC 端的通信软件采用"串口调试助手"（见本书第 10 章）。

2. 设计任务

（1）画出 AT89S51 单片机与 PC 通过 RS-232C 实现串行通信的电路图。

（2）用 C51 高级语言编写 AT89S51 单片机的串行通信程序。

（3）编写设计说明书，内容包括：电路原理图；程序流程框图、主要源程序清单；电路原理分析、软件调试分析、结论和体会。

题目 9　MCU 与 PC 串行通信的设计 2

MCS-51 系列单片机内部的 UART 经扩展 RS-232C 接口后，可直接与 PC 串行口 COM1

或 COM2 通信。单片机与 PC 通信时，要注意使通信双方的波特率、传送字节数、校验位和停止位等保持一致，这些工作由软件来完成，因此要实现单片机与 PC 之间的通信，除硬件连接外，还需要为单片机和 PC 设计相应的通信软件。

1. 设计要求

（1）由单片机 UART 串口以中断方式接收特定字符串"I love you."。

（2）接收到上述特定字符串后，由单片机 UART 串口以查询方式发送字符串："I love you, too. My name is …. I am a student. Hunan University of Technology."。

（3）PC 端的通信软件采用"串口调试助手"（见本书第 10 章）。

2. 设计任务

（1）画出 AT89S51 单片机与 PC 通过 RS-232C 实现串行通信的电路图。

（2）用 MCS-51 汇编语言编写 AT89S51 单片机的串行通信程序。

（3）编写设计说明书，内容包括：电路原理图；程序流程框图、主要源程序清单；电路原理分析、软件调试分析、结论和体会。

题目 10　智能计数器的设计

具有完整功能的计数器在工农业生产中应用非常广泛。

1. 设计要求

（1）对外部脉冲进行计数，假设外部脉冲信号为 TTL 电平。

（2）能实时显示已计数的脉冲个数，用 LED 数码管以十进制数字显示。

（3）能设置计数器的最大计数值（如 252、511、65125）。

（4）当计数到所设置的最大计数值时，自动清"0"并从 0 开始继续计数。

2. 设计任务

（1）画出以 AT89S51 单片机为核心的系统电路图。

（2）编写相应的单片机程序。

（3）编写设计说明书，内容包括：电路组成框图、电路原理图；程序流程框图、主要源程序清单；电路原理分析、软件调试分析、结论和体会。

题目 11　LED 电子钟的设计 1

与指针式石英钟相比，LED 电子钟具有无噪声、主动显示、以数字醒目显示的优点，应用非常广泛。

1. 设计要求

（1）用 6 个 LED 数码管作为系统显示器。

（2）时间显示格式："时.分.秒"，采用 24 小时制。

（3）计时精度：误差≤1s/月。

（4）能进行时间设置（时间调整）。

（5）系统具有掉电正常计时的功能。

（6）为方便制作实物，要求硬件电路尽可能简单。

2. 设计任务

（1）以单片机 AT89S51 为核心，设计系统硬件电路，并根据设计的电路制作实物。

（2）用 MCS-51 汇编语言编写相应的软件程序。

（3）编写设计说明书，内容包括：电路组成框图、电路原理图；程序流程框图、主要源程序清单；电路实测波形、电路原理分析、硬件调试分析、软件调试分析、结论和体会。

题目 12　LED 电子钟的设计 2

与指针式石英钟相比，LED 电子钟具有无噪声、主动显示、以数字醒目显示的优点，应用非常广泛。

1. 设计要求

（1）用 6 个 LED 数码管作为系统显示器。

（2）时间显示格式："时.分.秒"，采用 24 小时制。

（3）计时精度：误差≤1s/月。

（4）能进行时间设置（时间调整）。

（5）系统具有掉电正常计时的功能。

（6）为便于制作实物，要求硬件电路尽可能简单。

2. 设计任务

（1）以单片机 AT89S51 为核心，设计系统硬件电路，并根据设计的电路制作实物。

（2）用 C51 高级语言编写相应的软件程序。

（2）编写设计说明书，内容包括：电路组成框图、电路原理图；程序流程框图、主要源程序清单；电路实测波形、电路原理分析、硬件调试分析、软件调试分析、结论和体会。

题目 13　音乐倒数定时器的设计

用 AT89S51 单片机芯片、字符型 LCD 显示模块 TC1602A 为核心，设计一个倒数定时器，定时时间到时，系统能发出音乐声音。这种音乐倒数定时器能作为煮方便面、烧开水、小睡、烫发等的定时提醒。

1. 设计要求

（1）TC1602A 的显示格式为 "Time 分：秒"。

（2）用 4 个按键来设置当前想要的倒计数时间，倒计数时间的最大值为 99 分：59 秒。

（3）通过按键启动程序后，系统的工作指示灯 LED 闪烁显示，表示系统正在定时。

（4）定时器从设置的倒计数时间开始倒计数定时，计数到 0 时发出音乐声。

2. 设计任务

（1）以 AT89S51 单片机芯片、TC1602A 显示模块为核心设计系统硬件电路，并根据设计的电路制作实物。

（2）编写相应的软件程序。

（3）编写设计说明书，内容包括：电路原理图；程序流程框图、主要源程序清单；电路实测波形、电路原理分析、硬件调试分析、软件调试分析、结论和体会。

题目 14　基于单片机的数字电压表的设计

用 AT89S51 单片机、A/D 转换器 ADC0809 为核心设计一个数字电压表。

1. 设计要求

（1）以单片机为控制核心，采用中断方式，循环采集 2 路 0~5V 的模拟电压，采集的数据送 LED 数码管显示，并存入内存。

（2）对每路模拟电压连续采集 16 次，取平均值作为采集的数据。

（3）能分别设定每路的电压上限值。

（4）采集的电压平均值超过上限值时，对应模拟输入通道的 LED 指示灯闪烁 10 次后一直亮，LED 指示灯在闪烁显示的同时，喇叭发声，以示声音警告。

2. 设计任务

（1）以单片机 AT89S51、ADC0809 芯片为核心，设计系统硬件电路，并根据设计的电路制作实物。

（2）分析任务要求，绘制程序流程图，编写相应的软件程序。

（3）编写设计说明书，内容包括：电路原理图；程序流程框图、主要源程序清单；电路实测波形、电路原理分析、硬件调试分析、软件调试分析、结论和体会。

题目 15　基于单片机的二维图形显示器的设计

用 AT89S52、D/A 转换器、普通双踪示波器设计一个二维图形显示器。

1. 设计要求

（1）线段显示。用单片机控制 D/A 转换器在普通双踪示波器的 X、Y 输入模式下稳定显示如图 A.2 所示的长度约为 4cm 的直线段（坐标不显示），线段显示的刷新频率应大于 20Hz。直线线段应由不少于 120 个点组成，且相邻点之间的间距基本一致。

（2）图形显示。用单片机控制 D/A 转换器在普通双踪示波器的 X、Y 输入模式下稳定显示如图 A.3 所示双曲线在第一象限的图形（坐标不显示），图形显示的刷新频率应大于 20Hz。双曲线应由不少于 120 个点组成，且相邻点之间的间距基本一致。

（3）选择双曲线图形显示模式时，不再显示直线段。同理，选择直线段显示模式时，不再显示双曲线图形。

（4）调试时示波器的功能与挡位可任意调整，调试结束后不能再改变。D/A 转换器可供选择的型号有 TLC5620 和 MAX518。

2. 设计任务

（1）以单片机 AT89S52、D/A 转换器为核心，设计系统硬件电路，并根据设计的电路制作实物。

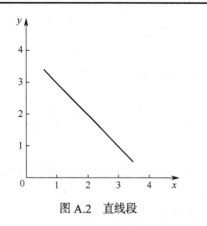
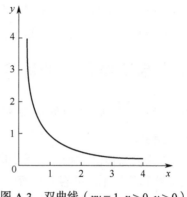

图 A.2　直线段　　　　　　　　图 A.3　双曲线（$xy=1, x>0, y>0$）

（2）分析任务要求，绘制程序流程图，编写相应的软件程序。

（3）编写设计说明书，内容包括：电路原理图；程序流程框图、主要源程序清单；电路实测波形、电路原理分析、硬件调试分析、软件调试分析、结论和体会。

题目 16　按钮按下时长显示器的设计

使用 LED 数码管显示单片机应用系统中按钮开关被按下的时长。

1. 设计要求

（1）AT89S51 单片机的 P1.0 引脚外接独立式按键 S1，P0 和 P2 端口控制 8 个 LED 数码管采用动态扫描方式进行显示，其中 P0 口输出共阴极段码，P2 口输出低电平有效的位选码。

（2）8 位 LED 数码管的中间 2 位显示 S1 被按下的时长，最高 2 位和最低 2 位显示符号"–"，其余 2 位 LED 数码管消隐不显示。

（3）按钮被按下的时长的显示分辨率为 0.1s，最大计时时间为 9.9s。

（4）按钮每次被按下的时长从 0 开始计时。按钮被按下期间，数码管显示的计时值以 0.1s 为步长递增，直至按钮松开。按钮按下的时长超过 9.9s 时，计时时间闪烁显示 9.9s。按钮松开后，显示器显示按钮这次被按下的时长。

2. 设计任务

（1）以单片机 AT89S51 为核心，设计系统硬件电路，并根据设计的电路制作实物。

（2）分析任务要求，绘制程序流程图，编写相应的软件程序。

（3）编写设计说明书，内容包括：电路原理图；程序流程框图、主要源程序清单；电路实测波形、电路原理分析、硬件调试分析、软件调试分析、结论和体会。

题目 17　城市十字路口交通信号灯控制电路的设计

城市十字路口由主干道和支干道交叉汇合而成，在十字路口的每个入口处设置红、绿、黄三色信号灯，自动指挥过往行人及车辆的通行。红灯亮禁止通行，绿灯亮允许通行，黄灯亮给行驶的车辆和行人有时间停在禁行线外。

1. 设计要求

（1）一般情况下，保持主干道畅通，主干道绿灯亮、支干道红灯亮，并且主干道绿灯亮的时间不得少于 60s。

（2）主干道无车而支干道有车时，主干道红灯亮、支干道绿灯亮，但支干道绿灯亮的时长不得超过 30s。

（3）每次主干道或支干道由绿灯亮变为红灯亮时，黄灯先亮 5s。

2. 设计任务

（1）用红、绿、黄发光二极管作为信号灯，设计城市十字路口交通信号灯的控制电路。

（2）编写相应的软件程序。

（3）编写设计说明书，内容包括：控制电路框图、控制电路原理图；程序流程框图、主要源程序清单；控制电路原理分析、电路实测波形、硬件调试分析、软件调试分析、结论和体会。

题目 18　模糊控制算法温控仪的设计

温度控制系统具有非线性、时滞和不确定性。单纯依靠传统的控制方式或现代控制方式都很难达到高质量的控制效果。而智能控制中的模糊控制根据专家积累经验并总结的控制规则对温度进行控制，可以有效地解决温度控制系统的非线性、时滞和不确定性。

1. 设计要求

（1）测温范围：0℃～100℃。

（2）系统可设定温度值。

（3）设定温度值和测量温度值能实时显示。

（4）控温精度：±0.5℃。

2. 设计任务

（1）以单片机 AT89S52 芯片和 Pt100 铂热电阻温度传感器为核心，设计温控仪硬件电路。

（2）绘制软件流程图，编写系统软件主要部分的源程序。

（3）编写设计说明书，内容包括：电路组成框图、电路原理图；程序流程框图、主要源程序清单；电路原理分析、软件调试分析、结论和体会。

附录 B 89S51 指令表

十六进制代码	助记符	功 能	对标志位的影响				字节数	周期数
			P	OV	AC	CY		
算术运算指令								
28~2F	ADD A, Rn	(A) + (Rn) → A	√	√	√	√	1	1
25 direct	ADD A, direct	(A) + (direct) → A	√	√	√	√	2	1
26, 27	ADD A, @Ri	(A) + ((Ri)) → A	√	√	√	√	1	1
24 data	ADD A, #data	(A) + data → A	√	√	√	√	2	1
38~3F	ADDC A, Rn	(A) + (Rn) + CY → A	√	√	√	√	1	1
35 direct	ADDC A, direct	(A) + (direct) + CY → A	√	√	√	√	2	1
36, 37	ADDC A, @Ri	(A) + ((Ri)) + CY → A	√	√	√	√	1	1
34 data	ADDC A, #data	(A) + data + CY → A	√	√	√	√	2	1
98~9F	SUBB A, Rn	(A) − (Rn)−CY → A	√	√	√	√	1	1
95 direct	SUBB A, direct	(A) − (direct) − CY → A	√	√	√	√	2	1
96, 97	SUBB A, @Ri	(A) − ((Ri)) − CY → A	√	√	√	√	1	1
94 data	SUBB A, #data	(A) − data − CY → A	√	√	√	√	2	1
04	INC A	(A) + 1 → A	√	×	×	×	1	1
08~0F	INC Rn	(Rn) + 1 → Rn	×	×	×	×	1	1
05 direct	INC direct	(direct) + 1 → (direct)	×	×	×	×	2	1
06, 07	INC @Ri	((Ri)) + 1 → (Ri)	×	×	×	×	1	1
A3	INC DPTR	(DPTR) + 1 → DPTR	×	×	×	×	1	2
14	DEC A	(A) − 1 → A	√	×	×	×	1	1
18~1F	DEC Rn	(Rn) − 1 → Rn	×	×	×	×	1	1
15 direct	DEC direct	(direct) − 1 → (direct)	×	×	×	×	2	1
16, 17	DEC @Ri	((Ri)) − 1 → (Ri)	×	×	×	×	1	1
A4	MUL AB	(A)•(B) → BA, 高位在 B 中	√	√	×	0	1	4
84	DIV AB	(A)/(B) → AB, 余数在 B 中	√	√	×	0	1	4
D4	DA A	对 A 进行十进制调整	√	×	√	√	1	1
逻辑运算指令								
58~5F	ANL A, Rn	(A) & (Rn) → A	√	×	×	×	1	1
55 direct	ANL A, direct	(A) & (direct) → A	√	×	×	×	2	1
56, 57	ANL A, @Ri	(A) & ((Ri)) → A	√	×	×	×	1	1
54 data	ANL A, #data	(A) & data → A	√	×	×	×	2	1
52 direct	ANL direct, A	(direct) & (A) → direct	×	×	×	×	2	1
53 direct data	ANL direct, #data	(direct) & data → direct	×	×	×	×	3	2
48~4F	ORL A, Rn	(A)	(Rn) → A	√	×	×	×	1	1
45 direct	ORL A, direct	(A)	(direct) → A	√	×	×	×	2	1
46, 47	ORL A, @Ri	(A)	((Ri)) → A	√	×	×	×	1	1

（续表）

十六进制代码	助记符	功　能	对标志位的影响				字节数	周期数
			P	OV	AC	CY		
逻辑运算指令								
44 data	ORL A, #data	(A) | data → A	√	×	×	×	2	1
42 direct	ORL direct, A	(direct) | (A) → direct	×	×	×	×	2	1
43 direct data	ORL direct, #data	(direct) | data → direct	×	×	×	×	3	2
68～6F	XRL A, Rn	(A) ^ (Rn) → A	√	×	×	×	1	1
65 direct	XRL A, direct	(A) ^ (direct) → A	√	×	×	×	2	1
66, 67	XRL A, @Ri	(A) ^ ((Ri)) → A	√	×	×	×	1	1
64, data	XRL A, #data	(A) ^ data → A	√	×	×	×	2	1
62 direct	XRL direct, A	(direct) ^ (A) → direct	×	×	×	×	2	1
63 direct data	XRL direct, #data	(direct) ^ data → direct	×	×	×	×	3	2
E4	CLR　A	0 → A	√	×	×	×	1	1
F4	CPL　A	$\overline{A}$ → A	×	×	×	×	1	1
23	RL　A	(A)循环左移一位	×	×	×	×	1	1
33	RLC　A	(A)带进位循环左移一位	√	×	×	√	1	1
03	RR　A	(A)循环右移一位	×	×	×	×	1	1
13	RRC　A	(A)带进位循环右移一位	√	×	×	√	1	1
C4	SWAP　A	(A)半字节交换	×	×	×	×	1	1
数据传送指令								
E8～EF	MOV A, Rn	(Rn) → A	√	×	×	×	1	1
E5 direct	MOV A, direct	(direct) → A	√	×	×	×	2	1
E6, E7	MOV A, @Ri	((Ri)) → A	√	×	×	×	1	1
74 data	MOV A, #data	data → A	√	×	×	×	2	1
F8～FF	MOV Rn, A	(A) → Rn	×	×	×	×	1	1
A8～AF direct	MOV Rn, direct	(direct) → Rn	×	×	×	×	2	2
78～7F data	MOV Rn, #data	data → Rn	×	×	×	×	2	1
F5 direct	MOV direct, A	(A) → direct	×	×	×	×	2	1
88～8F direct	MOV direct, Rn	(Rn) → direct	×	×	×	×	2	2
85 direct2 direct1	MOV direct1, direct2	(direct2) → direct1	×	×	×	×	3	2
86, 87 direct	MOV direct, @Ri	((Ri)) → direct	×	×	×	×	2	2
75 direct data	MOV direct, #data	data → direct	×	×	×	×	3	2
F6, F7	MOV @Ri, A	(A) → (Ri)	×	×	×	×	1	1
A6, A7 direct	MOV @Ri, direct	(direct) → (Ri)	×	×	×	×	2	2
76, 77 data	MOV @Ri, #data	data → (Ri)	×	×	×	×	2	1
90 data 16	MOV DPTR, #data16	data16 → DPTR	×	×	×	×	3	2
93	MOVC A, @A + DPTR	((A) + (DPTR)) → A	√	×	×	×	1	2
83	MOVC A, @A + PC	(PC) + 1 → PC, ((A) + (PC)) → A	√	×	×	×	1	2
E2, E3	MOVX A, @Ri	((Ri)) → A	√	×	×	×	1	2
E0	MOVX A, @DPTR	((DPTR)) → A	√	×	×	×	1	2

（续表）

十六进制代码	助记符	功　能	P	OV	AC	CY	字节数	周期数
			对标志位的影响					

数据传送指令

十六进制代码	助记符	功　能	P	OV	AC	CY	字节数	周期数
F2, F3	MOVX @Ri, A	(A) → (Ri)	×	×	×	×	1	2
F0	MOVX @DPTR, A	(A) → (DPTR)	×	×	×	×	1	2
C0 direct	PUSH direct	(SP) + 1 → SP，(direct) → (SP)	×	×	×	×	2	2
D0 direct	POP direct	((SP)) → direct，(SP) − 1 → SP	×	×	×	×	2	2
C8~CF	XCH A, Rn	(A) ↔ (Rn)	√	×	×	×	1	1
C5 direct	XCH A, direct	(A) ↔ (direct)	√	×	×	×	2	1
C6, C7	XCH A, @Ri	(A) ↔ ((Ri))	√	×	×	×	1	1
D6, D7	XCHD A, @Ri	$A_{0\sim3}$ ↔ $(Ri)_{0\sim3}$	√	×	×	×	1	1

位操作指令

十六进制代码	助记符	功　能	P	OV	AC	CY	字节数	周期数
C3	CLR C	0 → CY	×	×	×	√	1	1
C2 bit	CLR bit	0 → bit	×	×	×	×	2	1
D3	SETB C	1 → CY	×	×	×	√	1	1
D2 bit	SETB bit	1 → bit	×	×	×	×	2	1
B3	CPL C	!CY → CY	×	×	×	√	1	1
B2 bit	CPL bit	$\overline{bit}$ → bit	×	×	×	×	2	1
82 bit	ANL C, bit	(CY) & (bit) → CY	×	×	×	√	2	2
B0 bit	ANL C, /bit	(CY) & $\overline{bit}$ → CY	×	×	×	√	2	2
72 bit	ORL C, bit	(CY) | (bit) → CY	×	×	×	√	2	2
A0 bit	ORL C, /bit	(CY) | $\overline{bit}$ → CY	×	×	×	√	2	2
A2 bit	MOV C, bit	(bit) → CY	×	×	×	√	2	1
92 bit	MOV bit, C	(CY) → bit	×	×	×	×	2	2

控制转移指令

十六进制代码	助记符	功　能	P	OV	AC	CY	字节数	周期数
*1	ACALL addr11	(PC) + 2 → PC, (SP) + 1 → SP, PCL → (SP), (SP) + 1 → SP, PCH → (SP), addr11 → PC10~0	×	×	×	×	2	2
12 addr16	LCALL addr16	(PC) + 3 → PC, (SP) + 1 → SP, PCL → (SP), (SP) + 1 → SP, PCH → (SP), addr16 → PC	×	×	×	×	3	2
22	RET	从子程序返回：((SP)) → PCH, (SP) − 1 → SP, ((SP)) → PCL, (SP) − 1 → SP	×	×	×	×	1	2
32	RETI	从中断返回：((SP)) → PCH, (SP) − 1 → SP, ((SP)) → PCL, (SP) − 1 → SP	×	×	×	×	1	2
*2	AJMP addr11	(PC) + 2 → PC, addr11 → PC10~0	×	×	×	×	2	2
02 addr16	LJMP addr16	addr16 → PC	×	×	×	×	3	2
80 rel	SJMP rel	(PC) + 2 → PC, (PC) + rel → PC	×	×	×	×	2	2
73	JMP @A + DPTR	(A) + (DPTR) → PC	×	×	×	×	1	2
60 rel	JZ rel	(PC) + 2 → PC, 若 A=0, 则(PC) + rel → PC	×	×	×	×	2	2
70 rel	JNZ rel	(PC) + 2 → PC, 若 A≠0, 则(PC) + rel → PC	×	×	×	×	2	2

（续表）

十六进制代码	助记符	功能	对标志位的影响				字节数	周期数
			P	OV	AC	CY		
控制转移指令								
40 rel	JC　rel	(PC)+2→PC，若 CY=1，则 (PC)+rel→PC	×	×	×	×	2	2
50 rel	JNC　rel	(PC)+2→PC，若 CY=0，则 (PC)+rel→PC	×	×	×	×	2	2
20 bit rel	JB bit, rel	(PC)+3→PC，若 bit=1，则 (PC)+rel→PC	×	×	×	×	3	2
30 bit rel	JNB bit, rel	(PC)+3→PC，若 bit=0，则 (PC)+rel→PC	×	×	×	×	3	2
10 bit rel	JBC bit, rel	(PC)+3→PC，若 bit=1，则 0→bit，(PC)+rel→PC	×	×	×	×	3	2
B5 direct rel	CJNE　A, direct, rel	(PC)+3→PC，若(A)≠(direct)，则(PC)+rel→PC，若(A)<(direct)，则 1→CY	×	×	×	√	3	2
B4 data rel	CJNE　A, #data, rel	(PC)+3→PC，若(A)≠data，则(PC)+rel→PC，若(A)<data，则 1→CY	×	×	×	√	3	2
B8~BF data rel	CJNE　Rn, #data, rel	(PC)+3→PC，若(Rn)≠data，则(PC)+rel→PC，若(Rn)<data，则 1→CY	×	×	×	√	3	2
B6~B7 data rel	CJNE @Ri, #data, rel	(PC)+3→PC，若((Ri))≠data，则(PC)+rel→PC，若((Ri))<data，则 1→CY	×	×	×	√	3	2
D8~DF rel	DJNZ　Rn, rel	(Rn)-1→Rn，(PC)+2→PC，若(Rn)≠0，则(PC)+rel→PC	×	×	×	×	2	2
D5 direct rel	DJNZ　direct, rel	(direct)-1→direct，(PC)+3→PC，若(direct)≠0，则(PC)+rel→PC	×	×	×	×	3	2
00	NOP	空操作	×	×	×	×	1	1

"*1" 代表 $a_{10}a_9a_810001a_7a_6a_5a_4a_3a_2a_1a_0$，其中 a_{10}~a_0 为 $addr_{11}$ 各位；

"*2" 代表 $a_{10}a_9a_800001a_7a_6a_5a_4a_3a_2a_1a_0$，其中 a_{10}~a_0 为 $addr_{11}$ 各位。

参 考 文 献

[1] 姜志海等. 单片机的 C 语言程序设计与应用[M]. 北京：电子工业出版社，2015.

[2] 欧伟明等. 单片机原理与应用系统设计[M]. 北京：电子工业出版社，2009.

[3] 张齐，朱宁西. 单片机应用系统设计技术[M]. 北京：电子工业出版社，2009.

[4] 张毅刚，彭喜元. 单片机原理与应用设计[M]. 北京：电子工业出版社，2008.

[5] 欧伟明. 基于 MCU、FPGA、RTOS 的电子系统设计方法与实例[M]. 北京：北京航空航天大学出版社，2007.

[6] 彭伟. 单片机 C 语言程序设计实训 100 例[M]. 北京：电子工业出版社，2012.

[7] 何立民. 单片机高级教程[M]. 北京：北京航空航天大学出版社，2000.

[8] 马忠梅等. 单片机的 C 语言应用程序设计[M]. 北京：北京航空航天大学出版社，2003.

[9] 凌玉华等. 单片机原理及应用系统设计[M]. 长沙：中南大学出版社，2006.

[10] 周润景，张丽娜. 基于 PROTEUS 的电路及单片机系统设计与仿真[M]. 北京：北京航空航天大学出版社，2006.

[11] 徐爱钧，彭秀华. Keil Cx51 V7.0 单片机高级语言编程与 μVision2 应用实践[M]. 北京：电子工业出版社，2005.

[12] 罗耀华，蒋志坚. 电子测量仪器原理及应用（Ⅱ）智能仪器[M]. 北京：哈尔滨工程大学出版社，2002.

[13] 晨风. 嵌入式实时多任务软件开发基础[M]. 北京：清华大学出版社，2004.

[14] 陆应华，王照平，王理. 电子系统设计教程[M]. 北京：国防工业出版社，2005.

[15] 杨志亮. Protel 99 SE 电路原理图设计技术[M]. 西安：西北工业大学出版社，2002.

[16] 谢淑如，郑光钦，杨渝生. Protel PCB 99 SE 电路板设计[M]. 北京：清华大学出版社，2001.

[17] 欧伟明. 嵌入式应用软件任务划分原则的研究[J]. 单片机与嵌入式系统应用，2007，6.

[18] KEIL Software Inc. *RTX51 Real-time Kernel*[OL]. http://www.keil.com/rtx51，2004.